磁液双悬浮轴承“间隙—碰摩”动力学

赵建华 高殿荣 著

燕山大学出版社
·秦皇岛·

图书在版编目(CIP)数据

磁液双悬浮轴承“间隙-碰摩”动力学 / 赵建华,高殿荣著.
秦皇岛 : 燕山大学出版社, 2023. 12.
ISBN 978-7-5761-0685-5

Ⅰ. TH-33. 3

中国国家版本馆 CIP 数据核字(2021)第 071750 号

磁液双悬浮轴承“间隙-碰摩”动力学

CIYE SHUANGXUANFU ZHOUCHENG “JIANXI-PENGMO” DONGLIXUE

赵建华 高殿荣 著

出 版 人:陈　玉	
责任编辑:唐　雷	**策划编辑**:唐　雷
责任印制:吴　波	**封面设计**:吴　波
出版发行:燕山大学出版社 YANSHAN UNIVERSITY PRESS	**电　　话**:0335-8387555
地　　址:河北省秦皇岛市河北大街西段 438 号	**邮政编码**:066004
印　　刷:涿州市般润文化传播有限公司	**经　　销**:全国新华书店

开　　本: 710 mm×1000 mm　1/16	**印　　张**: 12
版　　次: 2023 年 12 月第 1 版	**印　　次**: 2023 年 12 月第 1 次印刷
书　　号: ISBN 978-7-5761-0685-5	**字　　数**: 248 千字
定　　价: 58. 00 元	

序

磁力轴承被誉为“工业的关节”，集电磁学、控制工程、电子技术、信号处理、机械学等学科理论于一身，具有无摩擦、高转速、高精度、无须润滑等优点，是21世纪最具发展前景的高新技术之一，广泛应用于精密机床、风力发电、航空航天等重要领域。

磁悬浮系统所具有的固有缺陷，如磁极磁饱和导致的电磁吸引力不足、铜损及其涡流损耗导致的磁极/线圈温升过高等现象，使得主动电磁轴承的承载性能及其运行可靠性提升受限，成为制约其进一步发展及应用推广的“技术瓶颈”。

基于以上问题，本书作者在总结前人成果的基础上努力创新、另辟蹊径，将静压支承理念引入主动电磁轴承系统中，构思了一种以电磁悬浮为主、静压支承为辅的磁液双悬浮轴承。与常规磁力轴承相比，磁液双悬浮轴承包括电磁悬浮及其液体静压两套支承系统，能够在不影响原有电磁悬浮力的前提下，额外增加静压支承效应，实现磁液两系统的实时耦合支承，大幅度提升承载能力、支承刚度及其运行稳定性，集电磁悬浮及其静压支承的优势于一身，特别适合于中速重载、大承载能力及其支承刚度、高运行稳定性及其可靠性、长服役寿命的作业工况及其场合。

机械设计中为了提高旋转机械的输出功率，采用的重要措施之一就是缩小旋转机械转子与定子之间的间隙，使得磁液双悬浮轴承的液膜厚度比传统的电磁气隙缩小了近90%（气隙＝液膜＋镀层，液膜约为30～50 μm，气隙约为100～300 μm）。但由于存在转子偏心、裂纹、弯曲、装配不当等现象，极易引发磁极与导磁套之间的“间隙–碰摩”故障，导致磁极镀层的过度磨损现象，降低静压支承系统的刚度和阻尼，影响磁液双悬浮轴承的运行稳定性及其可靠性。本书在参考国内外同行研究的基础上，结合作者的研究成果与经验，系统提出了磁液双悬浮轴承的产生背景及其支承结构；建立了单自由度、二自由度、三自由度、四自由度支承系统的数学模型，分析了磁液双悬浮轴承“间隙–碰摩”动力学行为规律；建立电磁故障模式下转子在三种保护装置中的碰摩动力学方程，仿真模拟了转子在三种保护装置中的“间隙–碰摩”动力学行为；通过有限元软件进行模态分析、谐响应分析得到了磁液比例系数、流量、液膜厚度与转子固有频率、固有频率下响应幅值之间的规律；建立了五自由度支承系统的数学模型，并推导碰撞状态下转子的瞬态动力方程，通过有限元软件进行瞬态动力学分析得到转子位移响应、轴心轨迹以及应力分布状况，最终分析得出径向激励的峰值以及径向激励的次数与转子瞬态动力学特性之间的规律。

本书由燕山大学赵建华、高殿荣撰写。第1章由高殿荣撰写，第2章～第10章由赵建华撰写；研究生闫伟东、幸岚春、王梓琦、张瀚文、陈建霖、潘瑞婷等也参与了本书的撰写工作。在撰写的过程中，得到了燕山大学流体传动及其控制专业全体老师的大力支持及帮助，在此一并感谢。

本书由燕山大学高殿荣教授主审。

因作者水平有限，书中疏忽在所难免，恳请各位专家、读者批评指正。

赵建华

目　　录

第 1 章　绪　论

1.1　磁力轴承的发展历史与趋势

利用磁力使物体处于无接触悬浮状态是人类一个古老的梦想，人们试图采用永久磁铁实现物体的稳定悬浮，均未成功。直到 1840 年英国剑桥大学的恩休（S. Earnshaw）教授从理论上证明了单靠永久磁铁是不能使物体在空间六个自由度上都保持稳定悬浮的。只有采用抗磁性材料才能依靠选择恰当的永久磁铁结构与相应的磁场分布而实现稳定悬浮。

为了使得由铁磁体所得到的力能够用于稳定的自由悬浮，必须根据物体的悬浮状态连续不断地调节磁场，这可以通过可控电磁铁来实现。实现这一目标的设想发表于 1937 年，主要用于两个完全不同的领域：交通学和物理学。同年，肯珀（Kemper）申请了一项有关悬浮技术的专利，专利提出了采用新的交通办法的可能，并详细介绍了与此相关的实验：电磁铁的磁极面积为 30 cm×15 cm，磁感应强度为 0.25 T，功率为 250 W，气隙为 15 mm，承载量为 210 kg。在控制中它采用了电感或电容式传感器以及电子管放大器，这一实验结果正是之后出现的磁悬浮列车的前身。

1957 年，法国 Hispano-Suiza 公司第一个提出了利用电磁铁和感应传感器组成主动（有源）全悬浮系统的设想，并获得了法国专利（French Patent 1186527，November，1957），这是现代磁悬浮技术的开始。然而，由于控制理论、控制元件、控制电路等方面的问题没有解决，早期的磁悬浮研究主要侧重于被动（无源）悬浮。麻省理工学院的文献总结了 1974 年以前的研究。由于被动悬浮刚度小、阻尼差，所以主要应用于仪器仪表，无法应用于大负载、高刚度的主轴部件。

20 世纪 60 年代中期，随着控制元器件的不断发展和完善，法国、日本、美国相继对主动磁悬浮投入了研究。1969 年法国 SEP 公司开始研究主动磁悬浮系统的特性，1972 年将第一个磁力轴承应用于卫星导向器飞轮支承。与此同时，美国 NASA 系统也投入了大量的人力物力来开发主动和被动磁悬浮混合型磁力轴承在卫星飞轮上的应用。在日本，森美郎、金子礼三等于 1965 年、1968 年分别发表了“可控磁力轴承的基础研究”的相关论文，提出了磁力轴承线性化理论，并建立了采用一个电磁铁的主动控制磁力轴承数学模型，为单自由度控制的磁力轴承研究奠定了基础。

从 20 世纪 70 年代末到 80 年代初，随着现代控制理论的发展、电子元器件技术的日臻完善，人们开始逐步将主动磁力轴承推广应用到工业设备中，相应的控制方法也从单自由度控制（古典控制理论）发展到多自由度控制（现代控制理论）。作为磁力轴承发展的代表人物，法国 S2M 公司的 H. Haberman 和 L. Liard 相继于 1979 年、1980 年发表了论文，全面介绍了主动磁力轴承的工作原理、性能以及 S2M 公司的应用情况，但没有给出设计理论和设计方法。1977 年，S2M 公司开发出了世界上第一台转速为 2～4 r/min 的高速机床电主轴。1981 年，S2M 公司在 Hanover 欧洲国际机床博览会上，首次向公众推出了 B20/500 主轴系统，并在 35 000 r/min 下进行了钻、铣削的现场演示，其高速、高效、高精度、低功耗的优良性能引起了国际上的关注。1983 年，该公司又在第五届欧洲国际机床博览会上展出了系列磁力轴承及其主轴部件。其后该公司与日本精工精机公司合资建立了 JMB（Japan Magnetic Bearing Co. Ltd.）公司，与美国 Kollmorgen 公司共建了 MBI（Magnetic Bearing Inc.）公司，形成了以 S2M 总公司和 JMB、MBI 两个子公司为基地的全球生产、销售和研究开发磁力轴承的体系。在日本，1981 年，日本的松村文夫等人采用现代控制理论，建立了多输入多输出的径向磁力轴承数学模型。NTN 东洋轴承公司于 1984 年推出了高速铣削磁力轴承主轴、超高速磨削主轴部件，并有已标准化的径向磁力轴承和轴向磁力轴承产品。

这一时期研究的主要特点：将转子作为刚体处理；忽略陀螺效应的影响；尽管建立了多输入多输出的数学模型，控制系统还是采用单自由度控制，即忽略各自由度之间的耦合；商业化的磁力轴承控制系统均为模拟控制。

与此同时，国际上磁悬浮技术却达到了理论研究的高峰。1988 年 6 月，在瑞士苏黎世召开了第一届国际磁力轴承学术会议。会议就磁力轴承在空间技术、物理学、机器人、机床、真空泵等方面的理论研究与工业应用进行了广泛的交流。会议商定以后每两年召开一次国际磁力轴承学术交流会。1990 年 7 月，在日本东京大学召开了第二届国际磁力轴承学术会议，与第一次会议相比，这次会议涉及的应用范围更广、参加的国家更多。到目前为止，已召开了九次国际会议，将磁力轴承的理论研究与工业应用推向高潮。

进入 20 世纪 90 年代，随着机械向高速度、高精度发展，将转子作为刚体来处理已无法满足精度要求，磁悬浮控制开始转向柔性转子的控制。1990 年，瑞士联邦理工学院提出了柔性转子研究的问题，日本千叶工业大学进行了柔性转子的研究，将转子进行离散化，建立磁悬浮系统的状态方程，从而进行磁悬浮控制系统的设计，这使得磁力轴承的控制系统越来越复杂。因此，采用滑模控制、模糊控制、非线性控制、H * 控制、μ 控制等先进控制理论进行磁悬浮研究的越来越多。1994 年发表的文献总结了几种典型控制规律的特点，在静态特性、响应速度、鲁棒性、抗干扰、刚度等五个指标上比较了各种控制规律的优缺点，并指出了各种控制规律的应用特征。

20 世纪 90 年代计算机技术得到飞速发展，计算机的性能、价格比越来越高，为磁力轴承采用计算机数字控制提供了可能。1990 年，G. Schweitzer 教授提出了数字控制问题，1994 年发表的文献探讨了高速磁悬浮转子数字控制问题，1996 年在日本召开的第五届国际磁力轴承学术研讨会上，将数控磁力轴承作为一个专题来研究。

磁力轴承在性能不断提高的同时，应用领域逐步扩展。1998 年，瑞士联邦理工学院的 R. Vvillemin 和 B. Aeschlimann 等人提出了磁悬浮硬盘驱动器，对磁悬浮硬盘从结构到控制进行了研究；同年，美国弗吉尼亚大学的 M. J. Baloh 和 P. E. Allaire 等人提出了磁悬浮人工心脏泵、无传感器的磁力轴承、无支承电动机等。

在国内，1982 年，清华大学的张祖明、温诗铸就小钢球的单自由度磁悬浮进行了理论分析和实验研究；1983 年，上海微电机研究所采用径向被动、轴向主动的混合型磁悬浮研发了我国第一台全悬浮磁力轴承样机。这些研究由于模型简单、刚度小、负载低，离工业应用还有很大距离。1988 年，哈尔滨工业大学的陈易新等提出了磁力轴承结构优化设计理论和方法，建立了主动磁力轴承机床主轴控制系统数学模型，这是国内首次对主动磁力轴承全悬浮机床主轴从结构到控制进行的系统研究。同年，国防科技大学的杨泉林采用状态反馈原理探讨了磁悬浮控制的多自由度解耦问题。随后，清华大学、西安交通大学、武汉理工大学、北京工业大学、南京航空航天大学、天津大学、上海大学等相继投入人力和物力进行研究。国防科技大学、西南交通大学用磁悬浮技术成功研究了磁悬浮列车。

1998 年，上海大学开发了磁力轴承控制器(600 W)用于 150 m^2 制氧透平膨胀机的控制，在实验室获得成功；2000 年，清华大学与无锡开源机床集团有限公司合作，实现了内置磨床磁力轴承电主轴的工厂应用实验。结果表明，内圆磨床磁力轴承电主轴系统在主轴转速、回转精度、磨削刚度和稳定性等方面初步满足了工厂应用要求。

然而，由于磁力轴承研究涉及机械、电子、计算机、控制、传感等多学科技术，国内的研究从整体上来说还处在理论研究阶段，没有成功的应用实例。到目前为止，国内外还没有一套成熟的理论和设计方法，阻碍了磁力轴承进一步的推广应用。

纵观国内外磁力轴承的应用与发展，21 世纪有关磁力轴承的理论研究与发展呈现以下趋势：

（1）从模拟控制转向数字控制。

（2）从 PID 稳定性控制转向采用现代控制理论、鲁棒控制理论、非线性控制理论、自适应控制理论、智能控制理论的应用研究。

(3) 从刚性转子的研究转向柔性转子的研究。

(4) 将传感器与轴承进行混合控制,提出了无传感器的磁力轴承。

(5) 将驱动与轴承进行混合控制,引入了无支承电动机的概念。

(6) 提出零功耗磁力轴承,即超导磁力轴承等。

尽管磁悬浮控制技术得到飞速发展,但目前在磁力轴承的研究方面仍存在着以下问题:

(1) 将转子作为柔性体进行处理导致了磁力轴承控制系统的复杂化,如何处理转子结构的非线性与控制系统的非线性的问题有待解决。

(2) 探索更为有效的磁力轴承先进控制理论与方法。

(3) 磁力轴承控制系统与转子结构动态特性之间的协调与匹配。

(4) 磁力轴承支承特性对转子特性的影响。

(5) 磁力轴承结构与控制的耦合、各控制系统之间的耦合。

(6) 磁力轴承结构与控制系统的综合优化设计。

(7) 磁力轴承系统的设计理论和设计方法,通用的设计软件。

(8) 磁力轴承生产的标准化和批量化。

1.2 磁力轴承的工作原理与分类

磁力轴承系统按工作原理可分为三类:主动磁力轴承(Active Magnetic Bearing)、被动磁力轴承(Passive Magnetic Bearing)、混合式磁力轴承(Hybrid Magnetic Bearing)。

1.2.1 主动磁力轴承

主动磁力轴承利用可控电磁力将转轴悬浮起来,它主要由转子、电磁铁、传感器、控制器和功率放大器等组成。电磁铁安装在定子上,转子悬浮在按径向对称放置的电磁铁所产生的磁场中,每个电磁铁上都装有一个或多个传感器,以连续监测转轴的位置变化情况。从传感器中输出的信号,借助电子控制系统,校正通过电磁铁的电流,从而控制电磁铁的吸引力,使转轴在稳定平衡状态下运转,并达到一定的精度要求。图 1-1 为一个主动磁力轴承系统的组成部分及工作原理。传感器检测出转子偏离参考点的位移后,作为控制器的微处理器将检测到的位移变换成控制信号,然后功率放大器将这一控制信号转换成控制电流,控制电流在执行电磁铁中产生磁力从而使转子维持其稳定悬浮位置不变。悬浮系统的刚度、阻尼以及稳定性由控制系统决定。

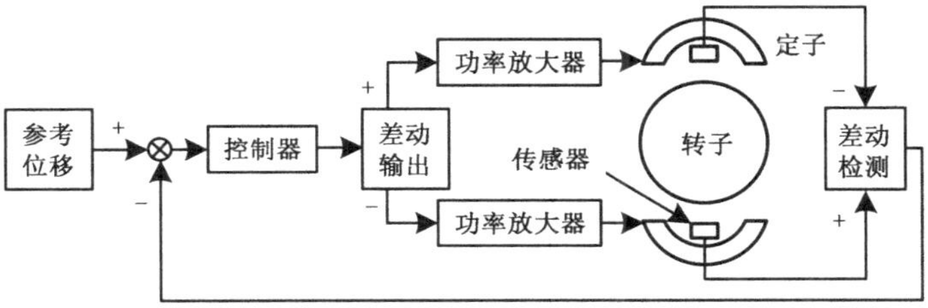

图 1-1　磁力轴承系统的组成部分及工作原理

主动磁力轴承按控制方式的不同可分为电流控制和电压控制,按支承方式的不同可分为径向磁力轴承和轴向磁力轴承。目前,在主动磁力轴承中,应用最广泛的是直流控制型磁力轴承。

主动磁力轴承的机械部分一般由径向轴承和轴向轴承组成,如图 1-2 所示。径向轴承由定子(电磁铁)、转子构成;轴向轴承由定子(电磁铁)和推力盘构成。为克服涡流损耗,定子及转子(轴颈部分)套环均采用冲片叠成。径向轴承的电磁铁类似于电动机的定子结构,磁极数可以是 8 极、16 极或者更多。

由于主动磁力轴承具有转子位置、轴承刚度和阻尼可由控制系统确定等优点,所以在磁悬浮应用领域中,主动磁力轴承得到了最为广泛的应用,而且主动磁力轴承的研究一直是磁悬浮技术研究的重点。经过多年的努力,其设计理论和方法已经日趋成熟。

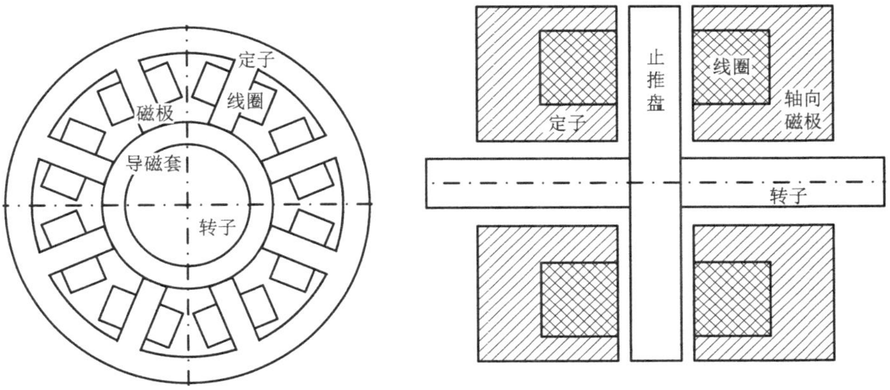

(a) 径向轴承　　(b) 轴向轴承

图 1-2　主动磁力轴承组成部分示意图

1.2.2　被动磁力轴承

被动磁力轴承作为磁力轴承的一种形式,具有自身独特的优势,它体积小、无功耗、结构简单。被动磁力轴承与主动磁力轴承最大的不同在于,前者没有主动电子控制系统,而是利用磁场本身的特性将转轴悬浮起来。从目前来看,在被动磁力轴承中,应用最多的是由永久磁体构成的永磁轴承。永磁轴承又可以分为斥力型和吸力型两种。E. S. I 被动永磁轴承可同时被用作径向轴承和推力轴承(轴向轴承),两种轴承都可采用吸力型或斥力型。根据磁环的磁化方向及相对位置的不同,永磁轴承有多种磁路结构。但其最基本的结构有两种,如图 1-3 所示。

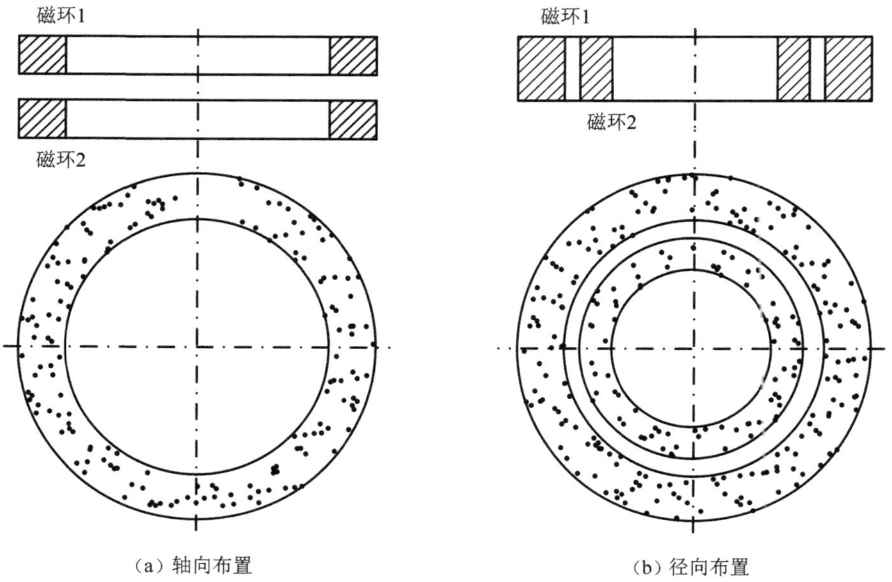

图 1-3　永磁轴承基本结构类型

永磁轴承可以由径向或轴向磁环构成。刚度和承载力可以通过采用多对磁环叠加的方法来增加。如图 1-3(a)所示,当磁环 1 和磁环 2 采用轴向充磁,且按极性相同装配时构成吸力型径向轴承,按极性相对装配时则构成斥力型推力轴承。如图 1-3(b)所示,当磁环轴向充磁,且按极性相同装配时构成斥力型径向轴承,按极性相对装配时则构成吸力型推力轴承。如果结合径向磁化情况可构成更多的结构形式。

另一类被动磁力轴承建立在吸力基础上,吸力作用在磁化了的软磁部件之间,如图 1-4 所示。当转子部件作径向运动时,吸力效应来自磁阻的变化,所以也称作"磁阻轴承"。这种轴承可以设计成永磁部分不旋转、仅仅软铁部分旋转,使系统具有更好的稳定性。

将磁阻轴承和主动电磁铁的稳定作用结合起来,可构成具有最小能耗的磁力轴承系统。

对于永磁轴承,当转轴上作用了一定载荷后,转子和定子磁环间的工作气隙将发生变化,最小工作气隙处的斥力要比最大气隙处的斥力大,从而使转轴径向位置发生变化,趋于平衡状态。如前所述,仅采用永磁轴承是不可能获得稳定平衡的,至少在一个坐标上是不稳定的。

因此，对于永磁轴承系统，至少要有一个方向上引入外力（如电磁力、机械力、气动力等）才能实现系统的稳定。

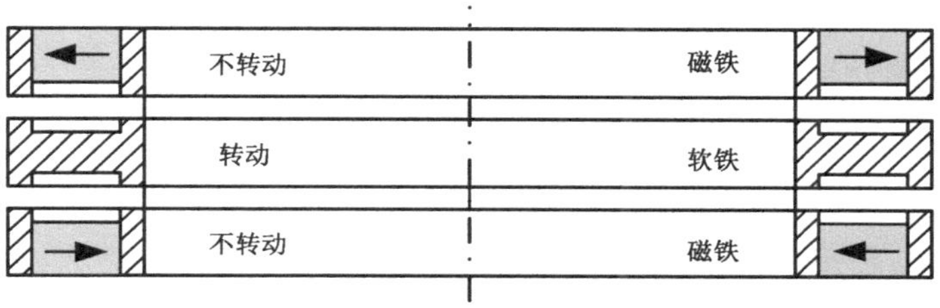

图 1-4　被动径向磁阻轴承

1.2.3　混合式磁力轴承

混合式磁力轴承是在主动磁力轴承、被动磁力轴承以及其他一些辅助支承和稳定结构基础上形成的一种组合式磁力轴承系统。它兼顾了主动磁力轴承和被动磁力轴承的综合特点。

混合式磁力轴承是利用永久磁铁产生的磁场取代电磁铁的静态偏置磁场，这不仅可以显著降低功率放大器的功耗，而且可以使电磁铁的安匝数减小一半，缩小磁力轴承的体积，提高承载能力等。图 1-5 为一径向永磁偏置混合式磁力轴承的工作原理图。

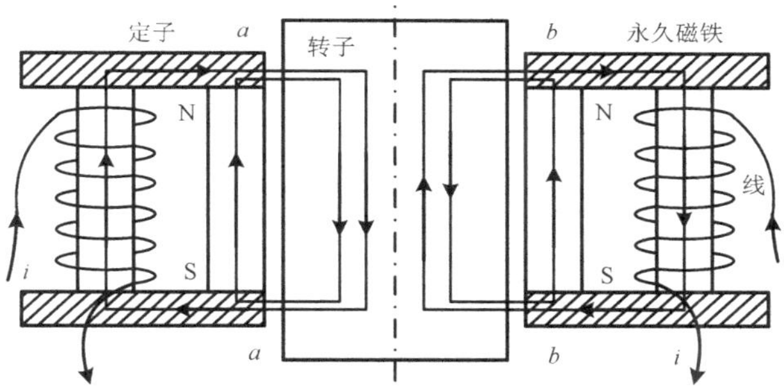

图 1-5　径向永磁偏置混合式磁力轴承的工作原理图

图中转子在永久磁铁产生的静磁场吸力作用下，处于平衡位置（即中间位置），也为参考位置。根据结构的对称性可知，永久磁铁产生的永久磁通在转子左右气隙 a-a 和 b-b 处是相同的。此时两气隙处对转子产生的吸力相等，即 $F_a = F_b$。假设转子受到一个向右的外干扰，转子将偏离参考位置向右运动，则转子左右气隙大小将发生变化，从而使其磁通变化。左边气隙增大，磁通 Φ_a 减小；右边气隙减小，磁通 Φ_b 增大。由磁场受力与磁通的关系可知，此时转子所受吸力 $F_a<F_b$。此时，传感器检测出转子偏离参考置的位移，控制器将这一位移信号变换成控制信号传给功率放大器，功率放大器将该控制信号变化成控制电流 i，该电流流经电磁铁线圈使铁心内产生一平衡外来干扰的电磁磁通 Φ_d，磁通 Φ_d 在气隙 a-a 中与原有永磁磁

通 Φ_a 叠加，而在气隙 b-b 中与原有永磁磁通 Φ_b 相减。

当 $\Phi_a+\Phi_d \geqslant \Phi_b-\Phi_d$ 时，两气隙处产生的吸力 $F_a \geqslant F_b$，使得转子重新回到原来的平衡位置。同理，如果转子受到一个向左的外来干扰并向左运动，便可得到相反的结论。混合式磁力轴承的主动控制部分与全主动磁力轴承的工作原理是相同的。

由于通过永久磁铁产生偏置磁场，电磁铁产生控制磁场，因此永磁偏置混合式磁力轴承具有以下优点：

（1）采用永久磁铁提供偏置静磁场，电磁铁只是提供平衡负载或外界干扰的控制磁场，可以避免系统因偏置电流所产生的功率损耗，降低了线圈发热。

（2）混合式磁力轴承的电磁铁所需的安匝数相对于主动磁力轴承减少许多，有利于缩小磁力轴承的体积，节省材料。这种轴承具有体积小、质量轻、效率高等优点，适合于微型化、体积小的应用场合。

1.3　磁力轴承支承技术的特点

由于实现了无机械接触和电子控制，磁力轴承与普通轴承相比有以下特点：

1. 表现在无机械接触方面的特点

（1）由于磁力轴承具有无接触、无润滑以及无磨损等特点，它可以用于真空技术、净室及无菌车间以及腐蚀性介质或非常纯净介质的传输。

（2）完全消除了磨损。磁力轴承的寿命实质上是控制电路元器件的寿命，比机械接触应力疲劳寿命要长得多。另外，通过对控制电路的冗余设计或更换，理论上可获得永久性工作寿命，比机械硬件冗余或轨道更换要方便得多。

（3）无须润滑和密封。磁力轴承不用相应的泵、管道、过滤器和密封件，不会因润滑剂而污染环境，特别适用于航空航天产品。

（4）耐环境性强。磁力轴承能在极高或极低的温度（−253～+450 ℃）下工作。

（5）发热少、功耗低。磁力轴承仅由磁滞和涡流引起很小的磁损，因而效率高，功耗大约仅为普通轴承的 1/10。

（6）圆周速度高。磁力轴承转速只受转子材料抗拉强度的限制，因此磁力轴承圆周速度高。圆周速度的不断提高，为设计具有全新结构的大功率机器提供了可能性。如果采用能承受高应力并同时具有优良的软磁特性的非晶态金属，圆周速度大约可达到 350 m/s。

2. 表现在控制方面的特点

（1）可对转子位置进行控制。磁力轴承不同于其他轴承，即使转子不在轴承中心也能支承主轴。转轴可在径向和轴向自由移动。

(2) 轴承刚度和阻力由控制系统决定,不但在一定范围内可自由设计,而且在运行过程中可控可调,所以轴承动态特性好。

(3) 轴承可以自动绕惯性主轴旋转,而不是绕支承的轴线转动,因此消除了质量不平衡引起的附加振动。

(4) 转子的控制精度,例如转子的回转精度,主要取决于控制环节中信号的测量精度。普通电感传感器的分辨率大约在 0.001~0.01 mm 之间。

(5) 为了对磁力轴承实施控制,需要对转子的全部或部分状态变量进行测量。这些测量信号还可以用于不平衡大小的评估和运行状态的在线监测,以提高系统的可靠性。

(6) 磁力轴承不仅可以支承转子、阻尼振动和稳定转子,而且还可以作为激振器使用。对转子施加激振,利用激振信号和响应信号可以识别一些未知的转子特性。

当然,磁力轴承在目前的发展阶段中,也有一些缺点,现归纳如下:

(1) 磁力轴承尚处于发展阶段,不能形成批量生产,而且结构复杂,成本较高,因此磁力轴承的价格和普通轴承相比还比较高。但目前已经可以看到磁力轴承大幅度降低成本的前景。

(2) 由于磁力轴承技术涉及机械工程、电气工程、计算机等多种学科,基础知识比较复杂,大多数用户不具备相关知识,因此这项新技术不大容易被接受。

(3) 尽管在一些特例中,磁力轴承在安全性、可靠性、功耗等方面取得了令人满意的结果,但仍需要对通用的系统设计方法进行研究。

1.4　磁液双悬浮轴承的产生背景

由于磁力轴承采取磁悬浮的形式来支承转子,因此存在一系列的弊端。

(1) 工作转速高,保护轴承容易损坏。磁力轴承需要一套辅助的保护轴承机构在断电、过载或其他原因导致磁悬浮轴承突然失效时,保证高速运行的转子不与磁悬浮轴承定子接触,从而保护磁悬浮轴承系统的安全。国内外通常用的磁悬浮保护轴承均采用滚动轴承。然而在磁悬浮轴承失效或过载后,高速旋转的转子与滚动轴承接触的瞬间,转子对保护轴承的冲击很大,而且转子运动不稳定,产生激烈碰撞的同时容易产生后向涡动。这些巨大的振动冲击力和涡动力,不仅会损坏保护轴承,严重时还会破坏转子和定子。固定间隙保护轴承在地面设备上还勉强可以使用,但是在航空、航天等重要领域可靠性不能得到保证。事实证明,保护轴承的可靠性问题已成为制约磁悬浮轴承系统发展和应用的关键因素之一。

(2) 涡流损耗大。电磁轴承的高频电流在实心定子和转子中会产生较大的涡流损耗。涡流损耗使轴向定子和转子发热,产生热膨胀,影响轴向磁轴承的定位精度;在涡流损耗足够大时，会引起定子和转子变形，影响转子的正常运转。

(3) 位移传感器昂贵。国内外大都采用位移传感器来检测转子位置，通常位移传感器有电涡流式、电感式、光电式及电容式等。但无论采用哪一种位移传感器，都会存在以下几个问题：磁轴承机械结构轴向尺寸变大、系统的动态性能降低；由于结构的限制，传感器不能装在磁悬浮轴承的中间，使得系统的控制方程相互耦合，控制器的设计更为复杂；传感器的价格较高，导致磁悬浮轴承的售价很高，大大限制了磁悬浮轴承在工业上的推广应用。

(4) 磁力轴承的支承能力降低。磁力轴承的定子和转子采用了硅钢片材料，该材料具有非线性的磁导率，会在工作时达到磁饱和，并出现漏磁以及磁路耦合等现象，这些损耗将会以热量的形式散发到环境中，从而极大地降低了磁力轴承的支承能力。

(5) 刚度、阻尼较低。磁悬浮轴承在抑制振动方面因自身的刚度、阻尼调节范围较窄，有先天不足，尤其在系统过临界时，容易因转子振幅过大而发生碰磨，甚至引发事故。

(6) 依赖控制系统。由于电磁轴承的动态稳定性能取决于自身复杂的控制系统，因此可靠性成为一个潜在的安全隐患。

电磁轴承是一个开环不稳定系统，必须在精确的控制下才能稳定地工作。同时，电磁轴承结构复杂，既有机械零件，又有电子电路，还必须由软件来实现复杂的控制算法，是一个机械、电子、控制等技术的综合产品，零部件多，结构复杂。因此，电磁轴承比常规的机械轴承具有更多的失效模式。如果在电磁轴承的设计阶段不进行深入的可靠性分析，很难保证电磁轴承的可靠性。

1.5 磁液双悬浮轴承的结构

综上所述，本课题组在总结前人成果的基础上努力创新、另辟蹊径，将静压支承理念引入主动电磁轴承系统，构思了一种以电磁悬浮为主、静压支承为辅的磁液双悬浮轴承。

磁液双悬浮轴承主要由端盖、导磁片（冷轧无取向硅钢+镀铬处理）、导磁套（冷轧无取向硅钢片+镀铬处理）、径向线圈、轴向线圈、隔磁环、定子（冷轧无取向硅钢+镀铬处理）、转子等部件组成，其结构如图 1-6 所示。

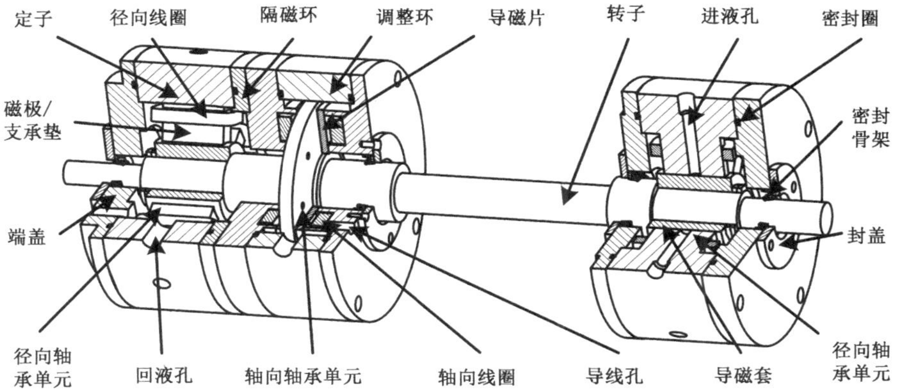

图 1-6 五自由度磁液双悬浮轴承系统

径向轴承单元周向均布 8 个磁极，圆周方向呈 NSSNNSSN 分布，而且每两个异性磁极作为一对磁极对，其与导磁套间形成磁回路，产生电磁吸力，每个磁极内部加工有进油腔，如图 1-7 所示。在初始条件下，电磁线圈直流电大小相等。电磁吸引力相等；与此同时，静压支承腔初设支承压力相等，每个静压支承腔初始支承力认为是相同的，其支承形式为斥力型，因此两相邻异性磁极对具有相等的电磁力以及静压支承力。可以把相邻而且磁性相反的磁极结合为一个支承单元，则每个径向磁液双悬浮轴承有 4 个支承单元，轴向推力轴承有 2 个支承单元。

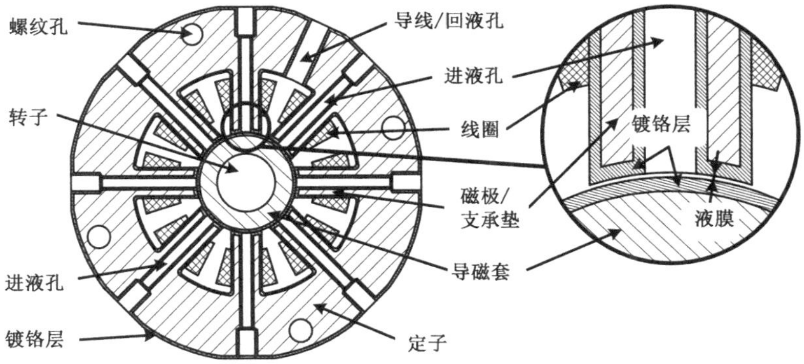

注：气隙=液膜+镀铬层；镀铬层为 100~120 μm；液膜为 30~50μm。

图 1-7 磁液双悬浮轴承系统径向轴承单元

磁液双悬浮轴承包括电磁悬浮及其液体静压两套支承系统（其组成部分及其工作原理如图 1-8 所示），能够在不影响原有电磁悬浮力的前提下，额外增加静压支承效应，实现磁液两系统的实时耦合支承，大幅度提升承载能力、支承刚度及其运行稳定性，集电磁悬浮及其静压支承的优势于一身（其优点如图 1-9 所示），特别适合于中速重载、大承载能力及其支承刚度、高运行稳定性及其可靠性、长服役寿命的作业工况及其场合。

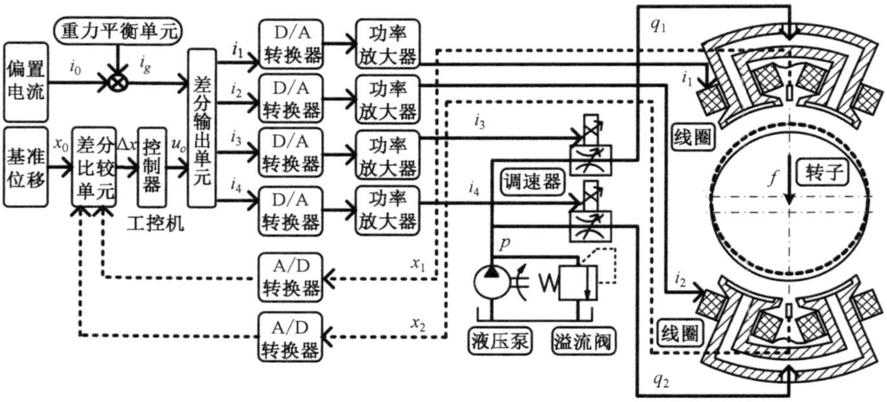

图 1-8　磁液双悬浮轴承系统的组成部分及工作原理

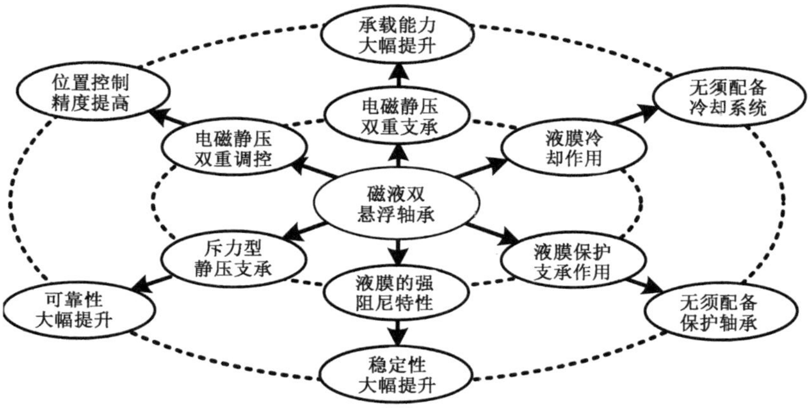

图 1-9　磁液双悬浮轴承系统的优点

磁液双悬浮轴承与涡轮泵复合轴承、离心血泵磁液轴承等支承形式上大相径庭，功能与支承特点也具有较大的差异，而且其环境温度、作业工况、润滑介质、调节方式及支承机理有着本质区别，如表 1-1 所示。

表 1-1　涡轮泵复合轴承、离心血泵磁液轴承与本课题的区别

	涡轮泵复合轴承	离心血泵磁液轴承	磁液双悬浮轴承
环境温度	超低温（-196 ℃）	人体温度（37 ℃）	自然温度（16~19 ℃）
作业工况	超高速重载	中高速轻载	中速重载
润滑介质	液氮	血液	液压油/水
液压支承	静压斥力支承	动压斥力支承	静压斥力支承
磁力支承	超导斥力支承	永磁斥力支承	电磁吸力支承

续表 1-1

	涡轮泵复合轴承	离心血泵磁液轴承	磁液双悬浮轴承
调节方式	无调节,转子自动稳定	调节动压,转子实现稳定	磁力、静压力均可调节,转子实现稳定
支承机理	启动阶段为磁力支承,承载能力适中	动压力与永磁力互相作用,承载能力较小	静压力与磁力实时共同支承,承载能力及刚度较大

1.6 磁液双悬浮轴承研究现状

目前,国内外学者对磁悬浮轴承和静压轴承的研究较为成熟,但对磁液复合轴承的研究尚不多见。

西安交通大学袁小阳教授研发了火箭发动机涡轮泵用超导磁力-液体静压复合推力轴承,并研究了不同液膜厚度下复合轴承的承载力和刚度的变化规律。

武汉第二船舶设计研究所姚世卫教授等为减小轴承接触摩擦力及其轴系振动的影响,基于磁力支承技术,设计了一种全新的集成永磁支承力的复合式水润滑轴承(如图 1-10 所示),并对其摩擦学及动力学性能进行分析。研究发现:该设计能有效改善轴承润滑状态,最小液膜压力提高 79.6%,最大液膜压力减小 75.7%。同时,船轴稳定性保证在 1~8 之间,远大于去稳定性阈值 0.02。

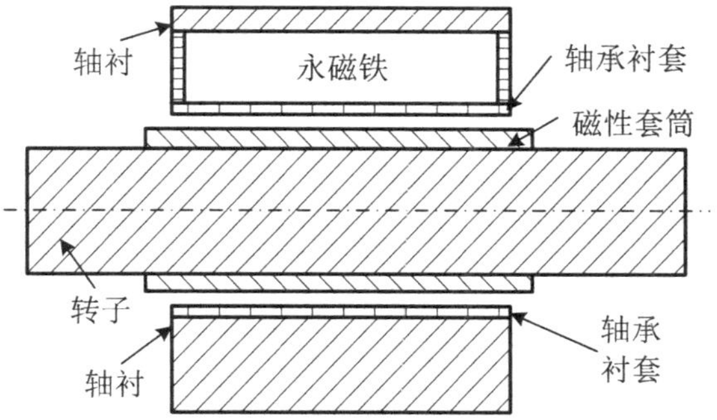

图 1-10 磁支承的复合水润滑轴承结构

中南大学云忠教授等为解决第三代血泵中磁力和液力悬浮系统体积偏大、发热多、水力性能差、血损严重等问题,提出了一种磁液双悬浮支承系统(如图 1-11 和图 1-12 所示)。磁液双悬浮支承系统轴向靠磁力、径向靠液力共同实现转子的稳定悬浮;并利用 ANSYS 电磁模块和楔形动压承载原理对轴向磁力、径向液力进行分析,利用 Fluent 对磁液双悬轴流血泵的水力性能进行仿真分析。研究表明:通过对悬浮系统轴向、径向承载力的分析以及悬浮实验的结果可知该系统可以实现稳定的悬浮；Fluent 仿真及水力实验表明，当血泵转子转速为 9 500 r/min 以上时，能满足人体需要。

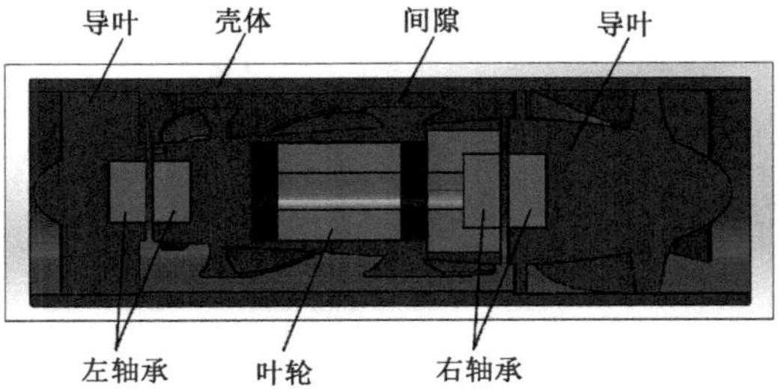

图 1-11　磁液悬浮离心血泵

图 1-12　轴流血泵

中国医学科学院李国荣教授等研制了一种通过磁力和流体动压控制来实现轴流泵叶轮完全悬浮的轴流泵心脏辅助装置，此装置利用约束磁力限制旋转叶轮轴向位移，利用液体产生的流体动压对叶轮径向位移进行约束，初步达到了左心辅助的要求。

北京精密机电控制设备研究所姜洋工程师等提出了一种基于磁液双悬浮技术的第三代人工辅助心脏系统（如图 1-13 和图 1-14 所示），采用人工辅助心脏系统完成了体外溶血实验以及动物实验并取得了较好的效果。

图 1-13　磁液悬浮离心血泵实物图

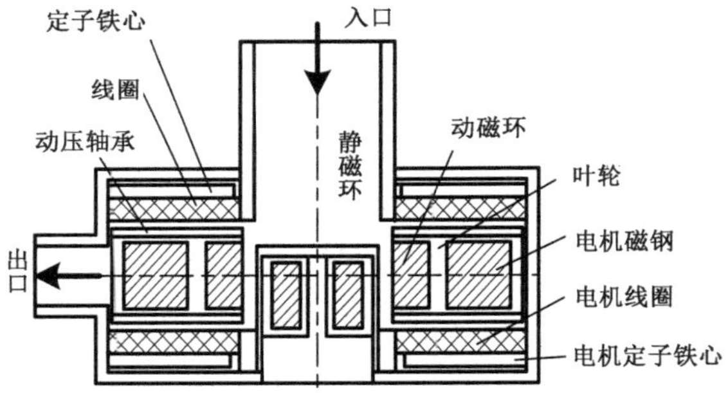

图 1-14　磁液悬浮离心血泵原理图

综上所述，从目前已掌握的文献来看，基于磁液双悬浮轴承系统"间隙-碰摩"及其磁极组磨损状态下的支承性能及动力学行为的相关研究尚不多见，且磁液双悬浮轴承包含两套支承系统，承受磁—液—热—固等多物理场的耦合作用，进一步加剧了"间隙-碰摩"的发生概率及其程度，诱发磁极组/支承垫/导磁套镀层的过度磨损及其疲劳脱落现象，降低磁液双悬浮轴承的运行稳定性及其可靠性，缩短服役寿命。因此本课题开展的磁液双悬浮轴承"间隙-碰摩"失效演变机理及其"防碰摩"调控策略方面的研究尤为关键。

1.7　转子系统碰摩动力学研究现状

工业及其他领域对旋转机械高转速高效率的需求,使得转子与轴承定子之间的间隙越来越小,导致转子与轴承定子间的“间隙-碰摩”故障时有发生。碰摩分为四个阶段,依次为初始冲击黏着、滑动抖振相互作用的碰摩、伴随转子自由振动的撞击以及碰摩分离。碰摩按照其发生位置可分为径向碰摩、轴向碰摩和组合碰摩,径向碰摩又分为局部碰摩和整周碰摩。根据碰摩接触的物理条件,按接触面积可分为整周碰摩、偏摩、点碰摩和偏摩与点碰摩的混合碰摩四种类型,除了整周碰摩以外,其他碰摩均为局部碰摩,如图 1-15 所示。

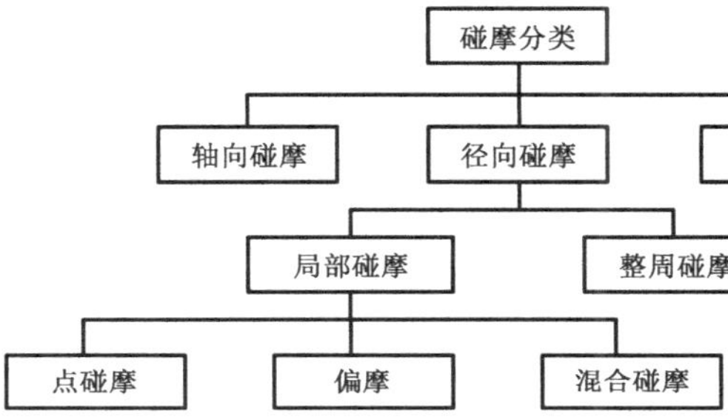

图 1-15　转子系统碰摩分类

基于对碰摩过程的研究侧重不同,碰摩力学模型大体上可分为约束微分系统和分段光滑系统描述的两大类力学模型。约束微分系统能比较客观地从动力学角度描述碰摩过程。1983 年,Muszynska 教授应用动量守恒定律研究了转子碰摩问题,建立了一个较为完备的约束微分系统的碰摩力学模型,并于 1989 年在该模型中引入弹性恢复系数表示碰摩期间的能量损失,完善了该模型。分段光滑系统考虑转静子接触导致动力学结构的变化,在模型中反映在分段线性的系统刚度上。

近年来,国内外许多学者均对转子系统的碰摩行为及磨损状态下转子—轴承系统的支承特性进行了深入的研究,取得了丰硕的成果。克罗地亚学者 Braut 教授提出了用变分模态分解法来诊断部分转子-定子碰摩的方法及实验。俄罗斯学者 Bulgarevich 教授研究了滑动摩擦下液体润滑剂在摩擦表面的吸附与分离现象。俄罗斯学者 Kostyuk 教授研究了绝对刚性转子与绝对刚性定子之间的碰摩行为。西安交通大学张钢教授研究了五自由度磁悬浮轴承-转子系统的非线性动力学行为,分析了不同参数下转子运动的稳定性。浙江大学祝长生教授分析了支撑刚度、支撑阻尼和间隙对主动电磁轴承失效后的非线性跌落动力学特性的影响。俄罗斯 Nikiforov 教授研究了在以转矩为标准的涡轮特性条件下,转子在接触时突然发生不平衡,转子转速低于或高于临界转速时的过渡过程。重庆大学张根宝教授基于 L—N 模型,建立了一个时变磨损模型，研究了在不平衡运行条件下缺陷对系统性能的影响。清华大学蒋东翔教授利用赫兹接触理论和库仑模型，建立了软-冲击干摩擦条件下的动力学微分方程，分析了断裂动力学特征及摩擦间隙对旋转振动的影响。

综上所述，传统的碰摩动力学研究主要是将轴承假定为刚性支承单元来分析"转子系统"的动力学特性及其规律，而磁液双悬浮轴承作为"转子系统"的重要支承单元，承受着剧烈的"间隙-碰摩"复合冲击载荷，是"转子系统"最为薄弱的环节。

"间隙-碰摩"是磁液双悬浮轴承的外在故障表征，而动力学行为及规律才是其内在机理。因此本书建立了磁液双悬浮轴承二自由度支承系统的"间隙-碰摩"动力学方程，将其转化为泰勒级数形式并保留其非线性成分，运用量纲归一法对其进行无量纲处理，数值模拟了不同转子偏心比及转速下转子位移响应，分析了不同运行参数对磁液双悬浮轴承碰摩动力学行为的影响规律。

磁液双悬浮轴承包括磁液两套支承系统，且二者之间互相影响、相互耦合，使得其支承机理及规律与传统的轴承—转子系统有着本质区别。而支承特性又是磁液双悬浮轴承安全稳定运行的内在基础和前提条件。因此本书提出了磁极组磨损量软测量方案，建立了磁极磨损状态下的磁液双悬浮轴承二自由度支承系统"间隙-碰摩"动力学方程，研究了不同磁极磨损状态下轴承的支承特性及动力学行为，最后通过电磁调控方法，对系统性能进行再调试。

磁液双悬浮轴承作为支承部件的支承特性对其在实际中的应用尤为重要，因此本书建立了磁液双悬浮轴承支承下的碰摩转子无量纲微分方程，然后运用四阶 Runge-Kutta 法模拟了不同转速及偏心比作用下的转子位移及碰摩规律，通过建立偏心比及转速的复合平面，研究了转子轴承处与转子转盘处发生分岔及碰摩的复合区域，为磁液双悬浮轴承的推广应用提供了理论基础。

1.8 本章小结

本章阐述了磁力轴承的发展历史与现状，介绍了磁力轴承的工作原理及其支承特点、磁液双悬浮轴承的产生背景及其结构。与磁力轴承相比，磁液双悬浮轴承能够有效克服磁力轴承所固有的缺陷，其承载能力及刚度更大，具有更加良好的运行稳定性及可靠性。

参考文献

[1] Jung V. Magnetisches Schwebende [M]. Berlin: Springer Verlag, 1988.

[2] 弗雷泽 R, 吉林森 P J, 奥伯贝克 G A. 磁悬浮和电悬浮[M]. 北京: 国防工业出版

社，1982.

[3] 胡业发，周祖德，江征风. 磁力轴承的基础理论与应用[M]. 北京：机械工业出版社，2006.

[4] 陶海亮，潘波，高庆，等. 滚动轴承-转子系统非线性动力响应分析[J]. 燃气轮机技术，2013，26(1)：15-20.

[5] Muszynska A. Stability of Whirl and Whip in Rotor Bcaring System [J]. Journal of Sound and Virbration, 1988, 127(1): 49-64.

[6] Braut S, Zigulic R, Stimacroncevic G, et al. Diagnosis of Partial Rotor-Stator Rubbing using Variational Mode Decomposition [C]// 14th International F ederation for the Promotion of Mechanism and Machine Science World Congress, October 25-30, Rijeka, Croatia, 2015:11-17.

[7] Bulgarevich S B, Boiko M V, Lebedinskii K S, et al. Adsorption Separation of Components of Liquid Lubricant on Rubbing Surfaces under Sliding Friction [J]. Journal of Friction & Wear, 2015, 36(6): 534-541.

[8] Kostyuk A G, Shatokhin V F, Volokhovskaya O A, et al. Specific Features Relating to the Motion of a Rotor with Rubbing against the Stator [J]. Thermal Engineering, 2013, 60(9): 628-634.

[9] 张钢，殷庆振，梁世颇，等. 5 自由度磁悬浮轴承-转子系统非线性动力学研究[J]. 机械工程学报，2010，46(20)：15-21.

[10] 熊万里，胡灿，吕浪，等. 可控节流参数对液体静压轴承特性的影响研究[J]. 机械工程学报，2018，54(21)：63-71.

[11] Nikiforov A N. A Vibroimpact motion, Slippage and Return of the Rotor on the Stator [J]. Journal of Machinery Manufacture and Reliability, 2012, 41(1): 11-19.

[12] Kankar P K, Sharma S C, Harsha S P. Fault Diagnosis of Ball Bearings using Machine Learning Methods [J]. Expert Systems with Applications, 2011, 38(3): 1876-1886.

[13] Xu H Z, Wang N F, Jiang D X, et al. Dynamic Characteristics and Experimental Research of Dual-Rotor System with Rub-Impact Fault [J]. Shock and Vibration, 2016 (6): 1-11.

[14] Zhao J H, Zhang G J, Cao J B, et al. Decoupling Control of Single DOF Supporting System of Magnetic-Liquid Double Suspension Bearing [J]. Machine Tool & Hydraulics, 2020, 48(18): 1-8.

[15] 孙保苍，梁荣生，陈威. 磁悬浮轴承-转子系统非线性行为的控制[J]. 噪声与振动控制，2011，31(3)：11-14.

[16] 程力，程贵生，杨晶. 高转速下舰艇轴承磨损自动修复方法[J]. 舰船科学技术，2019，

41(20)：203-205.
[17] 谢振宇，牟伟兴，周红凯，等. 基于转速的磁悬浮轴承转子系统变参数控制[J]. 振动工程学报，2012，25(6)：739-744.
[18] Torkhani M，May L，Voinis P. Light，Medium and Heavy Partial Rubs during Speed Transients of Rotating Machines：Numerical Simulation and Experimental Observation [J]. Mechanical Systems and Signal Processing，2012(29)：45-66.
[19] 商远杰，林建中，刘献军，等. 静压轴承对电主轴转子系统动态特性的影响分析[J]. 机械科学与技术，2015，34(5)：688-693.
[20] 单小磊. 磁悬浮转子系统的动力学行为分析[J]. 时代农机，2015，42(12)：34-36.
[21] 彭刚，李超，曹冲，等. 冲击激励转子系统动力学响应及安全性设计[J]. 推进技术，2018，39(5)：1111-1121.
[22] 马恩，等. 流体力学与流体传动[M]. 北京：清华大学出版社，2018.
[23] 赵建华，高殿荣. 线性化处理前后开式静压工作台动态特性比较[J]. 机械工程学报，2012，48(24)：158-163.

第2章 单自由度支承系统转子"间隙-碰摩"动力学行为规律

2.1 单自由度支承系统转子"间隙-碰摩"动力学数学模型

磁液双悬浮轴承径向单元周向分布有8个磁极,每两个绕线方向不同的磁极构成一个磁极组,输入端通入电流使磁极与导磁套间形成磁通回路,产生电磁悬浮力。同时每个磁极内部和底部分别加工有进液孔和支承腔,当润滑介质流经支承腔与导磁套之间的缝隙时,形成液膜,产生液阻,进而产生静压支承力。综上,每个磁极组包含两个支承腔简称为一个支承单元。

由于磁液双悬浮轴承径向单元各个方向的结构及支承原理相同,取 y 方向磁液双悬浮支承模型为研究对象,如图2-1所示,并作如下假设:

(1) 润滑液呈层流状态,忽略液体的惯性力;

(2) 由于压力较低,忽略液体的黏压特性;

(3) 忽略绕组漏磁通且在磁路中均布;

(4) 忽略铁芯和转子中的磁阻,即认为磁势仅作用于气隙上;

(5) 忽略磁性材料的磁滞和涡流影响;

(6) 支承表面假定为刚体。

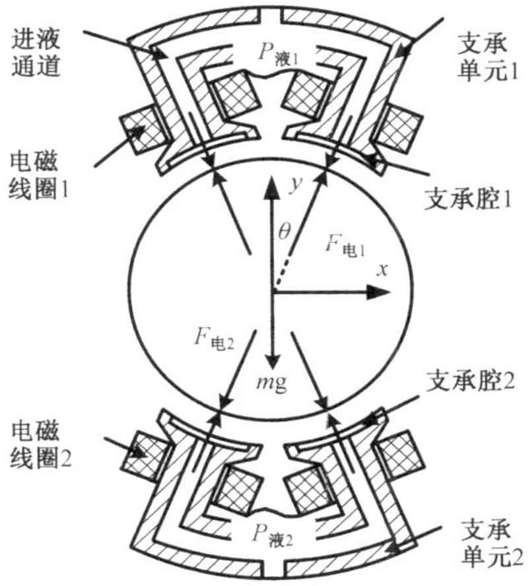

图2-1 磁液双悬浮轴承单自由度受力示意图

根据图2-1所示受力情况,建立 y 方向上电磁悬浮力与静压支承力增量表达式,为了简化研究,将其转化为泰勒级数的形式,并保留其非线性部分。

初始状态下,转子处于回转中心,上、下磁极组间的气隙相等,此时电磁悬浮力的增量为转子在 y 方向所受外力 F_{y0},(如无特殊说明,y 方向所受外力即为转子重力),输入端初始电流为 i_0,初始调控电流为 i_{y0}。综上,根据麦克斯韦吸引力公式,得到初始状态磁液双悬浮轴承上、下支承单元的电磁悬浮力的表达式为:

$$\begin{cases} F_{电1} = \dfrac{\mu_0 N^2 S\cos\theta}{2\delta_0^2}(i_0 - i_{y_0})^2 \\ F_{电_2} = \dfrac{\mu_0 N^2 S\cos\theta}{2\delta_0^2}(i_0 + i_{y_0})^2 \end{cases} \tag{2-1}$$

式中:

μ_0——空气磁导率,H/m,$\mu_0 = 4\pi\times10^{-7}$ H/m;

N——电磁线圈匝数,无量纲;

S——铁芯面积,m^2;

δ_0——气隙,m。

转子所受电磁悬浮支承力的增量表达式为:

$$\Delta F = F_{电_2} - F_{电1} = \frac{8ki_0 i_{y_0}}{\delta_0^2}\cos\theta = F_{y_0} \tag{2-2}$$

工作状态下,转子回转中心位移(简称转子位移)发生变化,假设磁液双悬浮轴承 y 方向转子向上移动,此时磁液双悬浮轴承上气隙 δ_1 减小,下气隙 δ_2 增大,则轴承气隙为:

$$\begin{cases} \delta_1 = \delta_0 - y\cos\theta \\ \delta_2 = \delta_0 + y\cos\theta \end{cases} \tag{2-3}$$

系统输入端调控电流 i_{cy},由电磁悬浮 PD 控制系统可知,$i_{cy}=i_{y_0}+P_y y+D_y\dot{y}$,其中 P_y 为电磁控制系统比例系数,D_y 为电磁控制系统微分系数。

工作状态下,引入系统输入端调控电流,此时磁液双悬浮轴承上、下支承单元的电磁悬浮力表达式为:

$$\begin{cases} F_{电1} = 2k\dfrac{(i_0 - i_{y_0} - P_y y - D_y\dot{y})^2}{(\delta_0 - y\cos\theta)^2}\cos\theta \\ F_{电_2} = 2k\dfrac{(i_0 + i_{y_0} + P_y y + D_y\dot{y})^2}{(\delta_0 + y\cos\theta)^2}\cos\theta \end{cases} \tag{2-4}$$

根据式(2-4)可知,工作状态下,转子所受电磁悬浮力增量表达式为:

$$\Delta F = 2k\left[\frac{(i_0 + i_{y_0} + P_y y + D_y \dot{y})^2}{(\delta_0 + y\cos\theta)^2} - \frac{(i_0 - i_{y_0} - P_y y - D_y \dot{y})^2}{(\delta_0 - y\cos\theta)^2}\right]\cos\theta \tag{2-5}$$

磁液双悬浮轴承静压支承系统采用恒压式供油系统，恒压供油式静压支承结构简单、调整方便。

初始状态下，转子处于回转中心，上、下支承腔与导磁套间的液膜厚度 h_0 相同，流入上、下支承腔的流量相等，为节流阀流出的流量。

综上，根据 Navier-Stokes 方程，得到初始状态下上、下支承单元的静压支承力表达式为：

$$P_{液_1} = P_{液_2} = \frac{2p_s A_e \cos\theta}{1+(\beta-1)} \tag{2-6}$$

式中：

θ——支承腔中心线与转轴中心线夹角（如式 2-5 所示），rad；

β——节流比，无量纲，$\beta = p_s/p_r = \lambda + 1$；

λ——液阻比，无量纲，$\lambda = R_g/R_{h0}$；

A_e——支承腔承载面积，m^2，$A_e = (A-a)(B-b)$；

p_s、p_r——供油压力、支承腔压力，MPa；

R_g、R_{h0}——节流阀、支承单元初始液阻，N · s/m，$R_{h0} = \mu/(\bar{B}h_0^3)$；

A、B——支承腔的长度、宽度（如图 2-2 所示），m；

a、b——封液带的长度、宽度（如图 2-2 所示），m。

初始状态下，磁液双悬浮轴承系统采用恒流量的供给模式，支承腔 1、支承腔 2 的流量等于节流阀的输出流量，则支承腔 1、支承腔 2 的初始流量分别为：

$$\begin{cases} q_{1,0} = q_{阀,1} \\ q_{2,0} = q_{阀,2} \\ q_{阀,1} = q_{阀,2} = q_0 \end{cases} \tag{2-7}$$

式中：

$q_{1,0}$、$q_{2,0}$——支承腔 1、支承腔 2 的初始流量，L/min；

$q_{阀,1}$、$q_{阀,2}$——节流阀 1、节流阀 2 的输出流量，L/min；

q_0——节流阀的初始流量，L/min。

根据 Navier-Stokes 方程，可得到支承腔 1、支承腔 2 的初始静压支承力 $f_{液,1,0}$、$f_{液,2,0}$ 分别为：

$$\begin{cases} f_{液,1.0} = 2p_1A_e\cos\theta = 2q_{1,0}R_0A_e\cos\theta \\ f_{液,2.0} = 2p_2A_e\cos\theta = 2q_{2,0}R_0A_e\cos\theta \\ f_{液,1.0} = f_{液,2.0} = 2q_0R_0A_e\cos\theta \end{cases} \tag{2-8}$$

式中：

θ——支承腔中心线与转轴中心线夹角（如式 2-5 所示），rad；

p_1、p_2——支承腔 1、支承腔 2 的压力，MPa；

R_0——支承腔 1、2 的初始液阻，N·s/m^5，$R_0 = \mu/\bar{B}h_0^3$；

$\bar{B}$——支承腔支承流量系数，无量纲，$\bar{B} = (A-a)/6b+(B-b)/6a$；

A_e——支承腔承载面积，m^2，$A_e = (A-a)(B-b)$；

A、B——支承腔的长度、宽度（如图 2-2 所示），m；

a、b——封液带沿周向、轴向方向的宽度（如图 2-2 所示），m。

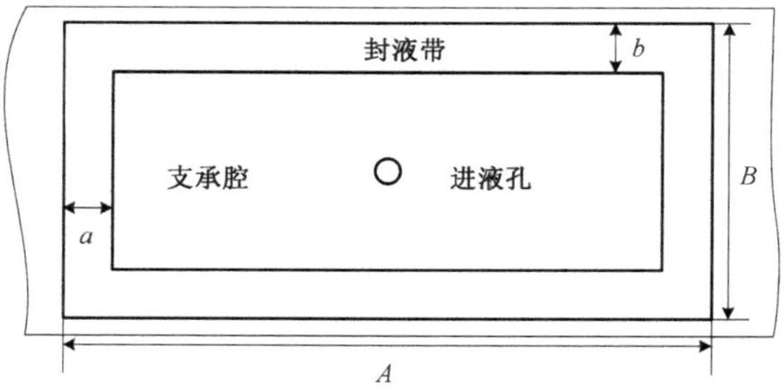

图 2-2　支承腔结构

工作状态下，磁液双悬浮轴承转子位移发生变化，假设磁液双悬浮轴承 y 方向转子向上移动，此时静压支承系统液膜厚度为：

$$\begin{cases} h_1 = h_0 - y\cos\theta \\ h_2 = h_0 + y\cos\theta \end{cases} \tag{2-9}$$

则工作状态下上、下支承单元静压支承力表达式为：

$$\begin{cases} P_{液_1} = \dfrac{2p_sA_e\cos\theta}{1 + (\beta - 1)\left(1 - \dfrac{y}{h_0}\cos\theta\right)^3} \\ P_{液_2} = \dfrac{2p_sA_e\cos\theta}{1 + (\beta - 1)\left(1 + \dfrac{y}{h_0}\cos\theta\right)^3} \end{cases} \tag{2-10}$$

则静压支承力的增量表达式为：

$$\Delta P_y = A\left[\frac{1}{1+(\beta-1)(1-\tilde{y})^3} - \frac{1}{1+(\beta-1)(1+\tilde{y})^3}\right] \tag{2-11}$$

式中：

$A=2p_sA_e\cos\theta$，$\tilde{y}=y\cos\theta/h_0$。

引入流量平衡方程，由于上、下支承腔液膜厚度的改变引起上、下支承腔液阻和压力的改变，考虑液膜的动态挤压的影响，忽略液体的可压缩性，则上、下每个支承腔的流量平衡方程为：

$$\begin{cases} q_1 = \dfrac{q_{节1}}{2} - A_b(h_0 - y\cos\theta)' = q_{节1} + A_b\dot{y}\cos\theta \\ q_2 = \dfrac{q_{节2}}{2} - A_b(h_0 + y\cos\theta)' = q_{节2} - A_b\dot{y}\cos\theta \end{cases} \tag{2-12}$$

式中：

$q_{节1}$、$q_{节2}$——上、下支承单元的阀口流量，L/min；

A_b——支承腔的等效挤压面积，m^2，$A_b=(A-2a)(B-2b)$。

则引入流量平衡方程，得到的上、下支承单元的静压支承力表达式为：

$$\begin{cases} P_{液_1} = 2q_1R_{h_1}A_e\cos\theta = 2\left(\dfrac{q_{节_1}}{2} + A_b\dot{y}\cos\theta\right)R_{h_1}A_e\cos\theta \\ P_{液_2} = 2q_2R_{h_2}A_e\cos\theta = 2\left(\dfrac{q_{节_2}}{2} - A_b\dot{y}\cos\theta\right)R_{h_2}A_e\cos\theta \end{cases} \tag{2-13}$$

式中：

R_{h1}、R_{h2}——上、下支承腔的液阻，$R_1=\mu/(\bar{B}h_1^3)$；$R_2=\mu/(\bar{B}h_2^3)$，$N\cdot s/m^5$。

化简式(2-10)、式(2-11)，得到静压支承力表达式为：

$$\begin{cases} P_{液_1} = 2\left[\dfrac{p_sA_e\cos\theta}{1+(\beta-1)\left(1-\dfrac{y}{h_0}\cos\theta\right)^3} + \dfrac{A_b\dot{y}R_{h_0}A_e\cos^2\theta}{\left(1-\dfrac{y}{h_0}\cos\theta\right)^3}\right] \\ P_{液_2} = 2\left[\dfrac{p_sA_e\cos\theta}{1+(\beta-1)\left(1+\dfrac{y}{h_0}\cos\theta\right)^3} - \dfrac{A_b\dot{y}R_{h_0}A_e\cos^2\theta}{\left(1+\dfrac{y}{h_0}\cos\theta\right)^3}\right] \end{cases} \tag{2-14}$$

则引入流量平衡方程，静压支承力增量表达式为：

$$\Delta P_y = A\left[\frac{1}{1+(\beta-1)(1-\tilde{y})^3} - \frac{1}{1+(\beta-1)(1+\tilde{y})^3}\right] + B\left[\frac{1}{(1+\tilde{y})^3} + \frac{1}{(1-\tilde{y})^3}\right]\dot{y} \tag{2-15}$$

式中：

$B=2A_bA_eR_{h0}\cos^2\theta$。

电磁悬浮力和静压支承力数学模型复杂，在很多实际研究中，都会运用二元泰勒级数展开公式，对其数学模型进行非线性化简：

$$F(x_0+h,y_0+k)=F(x_0,y_0)+\left(h\frac{\partial}{\partial x}+k\frac{\partial}{\partial y}\right)F(x_0,y_0)+\frac{1}{2!}\left(h\frac{\partial}{\partial x}+k\frac{\partial}{\partial y}\right)^2F(x_0,y_0)+R_n \tag{2-16}$$

式中：

$R_n=\dfrac{1}{3!}\left(h\dfrac{\partial}{\partial x}+k\dfrac{\partial}{\partial y}\right)^3F(x_0+\theta h,y_0+\theta h)$。

垂直 y 方向上，在平衡位置有：$F_y(y,\dot{y})=F_y(0,0)=F_{y_0}=mg$，$i_{y_0}=\dfrac{F_{y_0}\delta^2}{8ki_0\cos\theta}$。令 $i_{cy}=i_{y_0}+P_yy+D_y\dot{y}$，对式(2-5)进行泰勒级数展开有：

$$\Delta F_y=2\zeta_{\dot{y}}\dot{y}+\beta_yy+\varphi_{y^2}y^2+\varphi_{y\dot{y}}y\dot{y} \tag{2-17}$$

式中：

$\zeta_{\dot{y}}=\dfrac{4D_yi_0k}{\delta_0^2}$ 为电磁阻尼系数；

$\beta_y=\dfrac{8k\cos\theta}{\delta_0^2}\left[P_yi_0-\dfrac{(i_0^2+i_{y_0}^2)\cos\theta}{\delta_0}\right]$ 为电磁刚度系数；

$\varphi_{y^2}=\dfrac{F_{y_0}\cos\theta\left(-2P_y+\dfrac{3i_0\cos\theta}{\delta_0}\right)}{i_0\delta_0}$、$\varphi_{y\dot{y}}=\dfrac{-2D_yF_{y_0}\cos\theta}{i_0\delta_0}$ 为电磁非线性系数。

此外垂直 y 方向上，在平衡位置($y=0,\dot{y}=0$)处，对式(2-13)泰勒级数展开有：

$$\Delta P_y=j_yy+j_{\dot{y}}\dot{y} \tag{2-18}$$

式中：

$j_y=\dfrac{12p_sA_e(\beta-1)\cos\theta}{\beta^2h_0}$ 为静压位移刚度系数；

$j_{\dot{y}}=4A_bA_eR_{h_0}\cos^2\theta$ 为静压阻尼系数。

同理，转子不承受 x 方向的外力，因此 $F_x(x,\dot{x})=F_x(0,0)=0$，$i_{x_0}=\dfrac{F_{x_0}\delta^2}{8ki_0\cos\theta}=0$，$i_{cx}=i_{x_0}+P_xx+D_x\dot{x}$，则转子在 x 方向上的支承合力为：

$$\begin{cases}\Delta F_x = 2\zeta_{\dot{x}}\dot{x} + \beta_x x + \varphi_{x^2}x^2 + \varphi_{x\dot{x}}x\dot{x} \\ \Delta P_x = j_x x + j_{\dot{x}}\dot{x}\end{cases} \tag{2-19}$$

式中：

$\zeta_{\dot{x}} = \dfrac{4D_x i_0 k}{\delta_0^2}$ 为电磁阻尼系数；

$\beta_x = \dfrac{8k\cos\theta}{\delta_0^2}\left[P_x i_0 - \dfrac{(i_0^2 + i_{x_0}^2)\cos\theta}{\delta_0}\right]$ 为电磁刚度系数；

$\varphi_{x^2} = \dfrac{F_{x_0}\cos\theta\left(-2P_x + \dfrac{3i_0\cos\theta}{\delta_0}\right)}{i_0\delta_0}$、$\varphi_{x\dot{x}} = \dfrac{-2D_x F_{x_0}\cos\theta}{i_0\delta_0}$ 为电磁非线性系数；

j_x、$j_{\dot{x}}$ 为静压刚度系数和阻尼系数，其公式与 j_y、$j_{\dot{y}}$ 完全一致。

2.2　单自由度支承系统转子"间隙-碰摩"动力学行为数值仿真

2.2.1　上单元故障模式下的转子"间隙-碰摩"动力学行为规律

1. 结构参数对转子碰摩动力学行为的影响规律

上单元故障下，转子/定子接触碰撞时最大径向碰撞力随结构参数的变化情况，如图 2-3 所示。

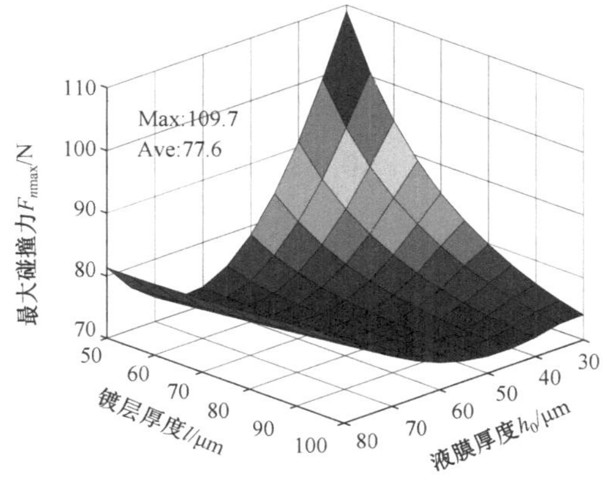

图 2-3　上单元故障下的最大径向碰撞力变化情况

根据图 2-3 可知，最大径向碰撞力随着液膜厚度增加而呈现先减小后增大的趋势，随着镀层厚度增加而呈现减小的趋势；其最大值出现在 $h_0 = 30$ μm、$l = 50$ μm 的组合情况下。因此，将其作为典型范例，仿真分析该模式下的轴承运行规律，如图 2-4 所示。

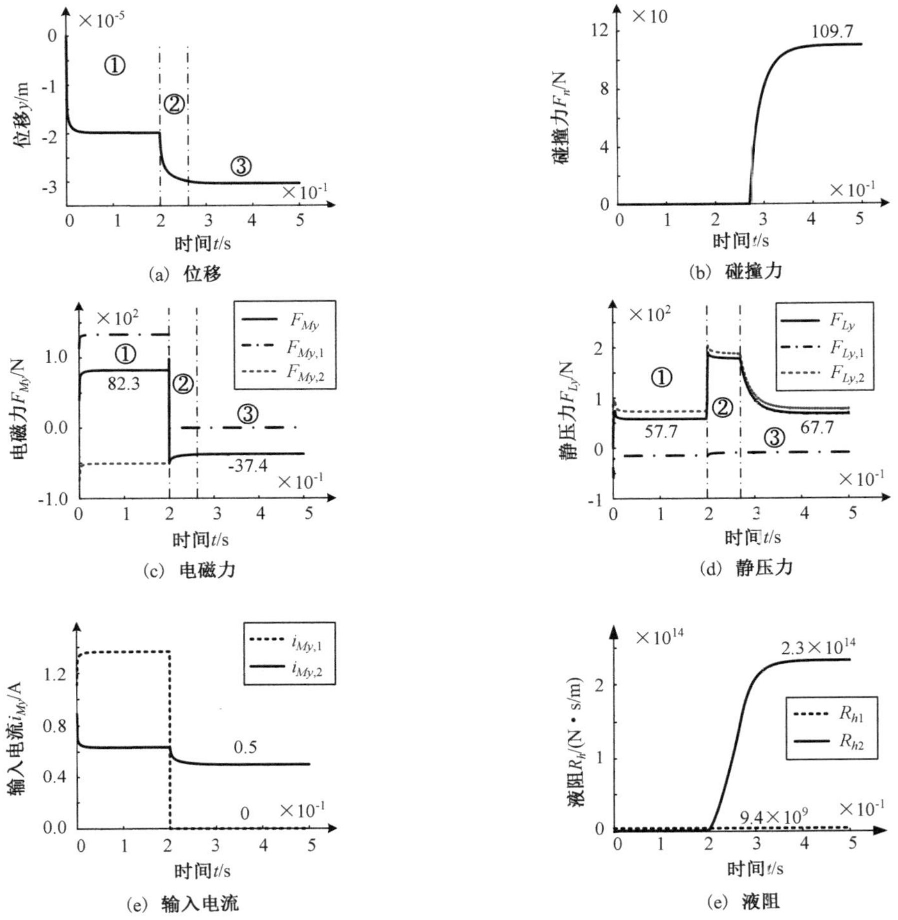

(a) 位移　(b) 碰撞力　(c) 电磁力　(d) 静压力　(e) 输入电流　(e) 液阻

图 2-4　上单元故障下的轴承运行规律

根据图 2-4 可知,上单元故障发生在 $t=0.2$ s 时刻,转子运动包括初始平衡、跌落、接触碰撞三个阶段。

在初始平衡阶段,转子从零位置释放后停留在−19.8 μm 处,负载由电磁力和静压力共同承担,如图 2-4(a)中阶段①所示。

在跌落阶段,转子的跌落速度由大变小;支承单元 1 的电流 $i_{My,1}$ 减为 0 A,支承单元 2 的电流 $i_{My,2}$ 减小,电磁合力逐渐接近零;支承单元 1 的液阻 R_{h1} 变化不大,但支承单元 2 的液阻 R_{h2} 由于油液的动态挤压效应而迅速上升,导致静压支承力呈现出先迅速增大、后缓慢下降的趋势,如图 2-4(c)中阶段②所示。

在接触碰撞阶段,转子达到新的平衡状态:由于转子与定子的接触深度逐渐增大,碰撞力 F_n 增加,与电磁力 F_{My} 和静压力 F_{Ly} 共同平衡转子的负载;支承单元 2 的电流 $i_{My,2}$ 减小至

0.5 A，残余电磁力 F_{My} 稳定至−37.4 N；支承单元 1、支承单元 2 的液阻 R_{h1}、R_{h2} 分别稳定在 9.4×10^{9} N·s/m^{5}、2.3×10^{14} N·s/m^{5}，后者约为前者的 2.4×10^{4} 倍，导致转子与定子在接触碰撞后仅发生微小震颤，静压力 F_{Ly} 逐渐降低并最终稳定至 67.7 N 左右，如图 2-4(d) 中阶段③所示。

2. 运行参数对转子碰摩动力学行为的影响规律

该故障下的转子/定子接触碰撞时最大径向碰撞力随运行参数的变化情况，如图 2-5 所示。

根据图 2-5 可知，仅当油腔压力 p_s<0.3 MPa 时才会引发转子/定子的接触碰撞现象，该区域内最大径向碰撞力 $F_{n\max}$ 随着油腔压力的增大而减小，随着偏置电流的增大而增大，其最大值出现在 p_s=0.1 MPa、i_0=2.0 A 的组合情况下。因此，将其作为典型范例，仿真分析该模式下的轴承运行规律，如图 2-6 所示。

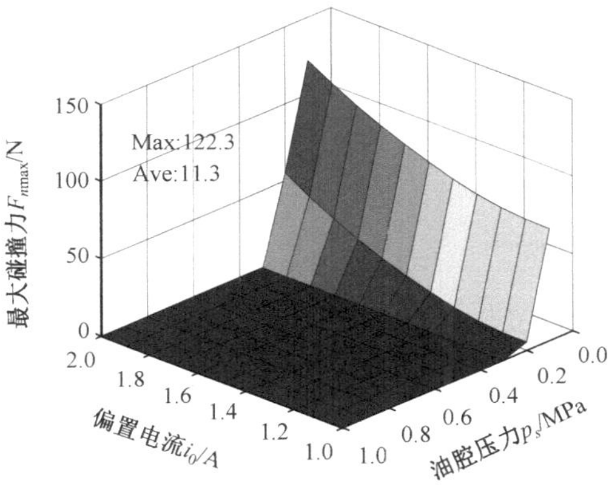

图 2-5　上单元故障下的最大径向碰撞力变化情况

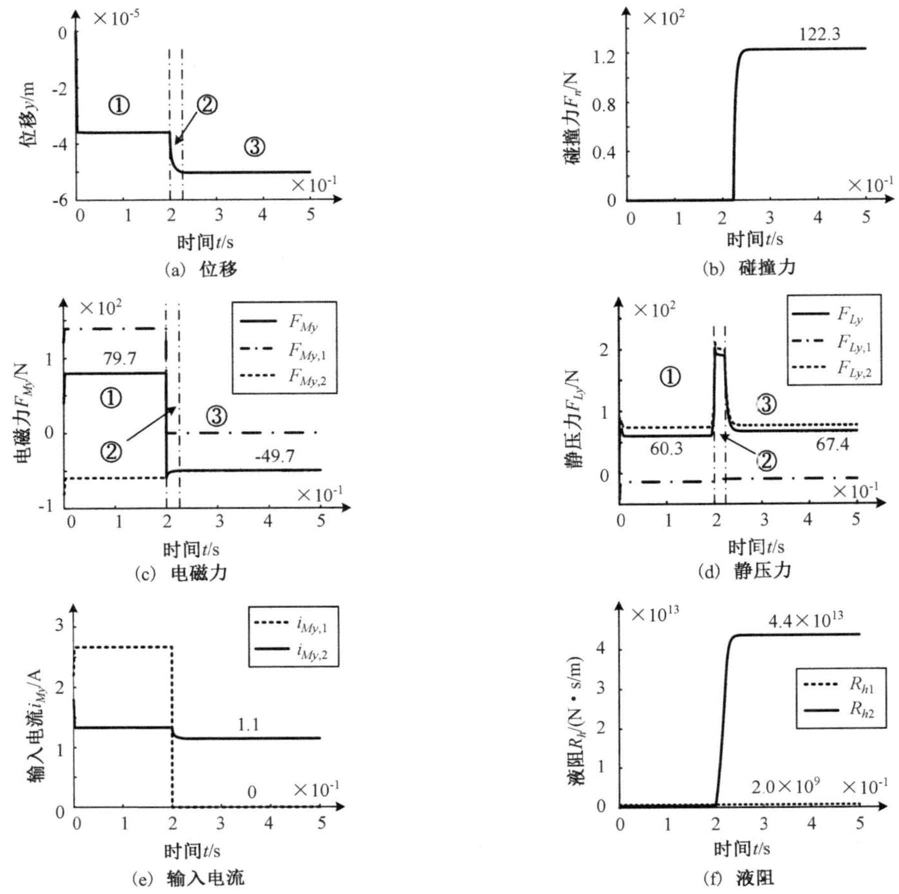

图 2-6　上单元故障下的轴承运行规律

根据图 2-6 可知,在初始平衡阶段,转子从零位置释放后停留在-35.9 μm 处,负载由电磁力和静压力共同承担,如图 2-6(a)中阶段①所示。

在跌落阶段,转子的跌落速度由大变小;支承单元 2 电流 $i_{My,2}$ 减小,残余电磁力逐渐接近 0;支承腔单元 2 的液阻由于油液动态挤压效应迅速上升,导致静压力呈现出先迅速增大、后平缓下降的趋势,如图 2-6(c)中阶段②所示。

在接触碰撞阶段,转子达到新的平衡状态:由于转子与定子的接触深度逐渐增大,碰撞力 F_n 增加,与电磁力 F_{My} 和静压力 F_{Ly} 共同承担转子负载;支承单元 2 的电流 $i_{My,2}$ 减小到 1.1 A,残余电磁力 F_{My} 稳定至-49.7 N 左右;支承单元 1、支承单元 2 的液阻 R_{h1}、R_{h2} 分别稳定在 2.0×10^9 N·s/m^5、4.4×10^{13} N·s/m^5,后者约为前者的 2.2×10^4 倍,导致转子与定子在接触碰撞后仅发生微小的震颤,静压力 F_{Ly} 逐渐降低并稳定在 67.4 N 左右,如图 2-6(d)中阶段③所示。

2.2.2　下单元故障模式下的转子“间隙-碰摩”动力学行为规律

下单元电磁故障时，在选取的结构参数和运行参数范围内，转子/定子不发生接触碰撞。选取 $l=50\ \mu m$、$h_0=50\ \mu m$、$i_0=1.0$ A 和 $p_s=0.1$ MPa 参数组合进行仿真分析，如图 2-7 所示。

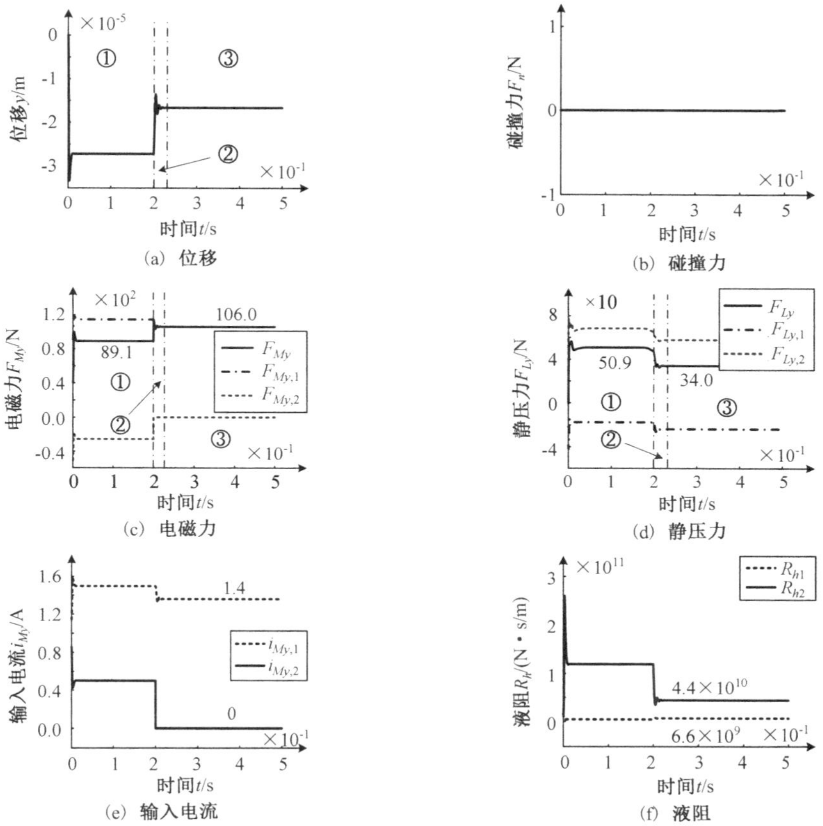

图 2-7　下单元故障下的轴承运行规律

由图 2-7 可知，在初始平衡阶段，转子从零位置释放后停留在 $-27.2\ \mu m$ 处，负载由电磁力和静压力共同承担，如图 2-7(a)中阶段①所示。

在跌落阶段，转子跌落的方向向上，更加靠近零位；支承单元 1 的电流 $i_{My,1}$ 减小，支承单元 2 的电流 $i_{My,2}$ 减为 0，电磁力合力有所增加；支承单元 1 的液阻 R_{h1} 变化不大，而支承单元 2 的液阻 R_{h2} 由于油液的动态挤压效应有所下降，导致静压支承力减小，如图 2-7(c)中阶段②所示。

在最终平衡阶段，转子平衡在 $-16.7\ \mu m$ 处；支承单元 1 电流减小到 1.4 A，使上单元的电磁力 $F_{My,1}$ 减小，但因 $F_{My,2}$ 变为 0，总的电磁力 F_{My} 上升至 106.0 N；支承单元 1、支承单元 2 的液阻 R_{h1}、R_{h2} 分别稳定在 $6.6\times10^9\ N\cdot s/m^5$、$4.4\times10^{10}\ N\cdot s/m^5$，静压力 F_{Ly} 下降至 34.0

N,转子负载由电磁力和静压力共同承担,如图 2-7(d)中阶段③所示。

与上单元电磁故障模式相比,该模式下引起的转子跌落行为不会造成转子/定子的接触碰撞,由此可知该模式下引发的"间隙-碰撞"对轴承系统运行的影响较小。

2.2.3 上/下单元故障模式下的转子"间隙-碰摩"动力学行为规律

1. 结构参数对转子碰摩动力学行为的影响规律

双边故障下,转子/定子接触碰撞时最大径向碰撞力随结构参数的变化情况,如图 2-8 所示。

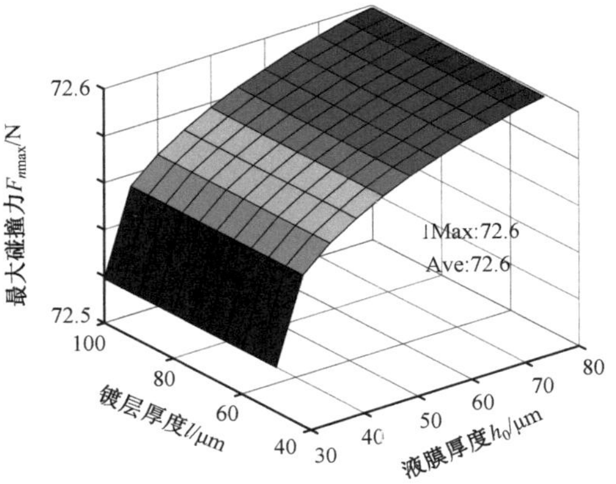

图 2-8　双边故障下的最大径向碰撞力变化情况

由图 2-8 可知,在选定结构参数范围内,最大碰撞力 $F_{n\max}$ 变化很小,均在 72.5 到 72.6 之间,其不随镀层厚度的改变而改变,但随着液膜厚度的增大而增大。$F_{n\max}$ 最大值出现在 $h_0=80$ μm、$l=50$ μm 的组合情况下。因此,将其作为典型范例,仿真分析该模式下的轴承运行规律,如图 2-9 所示。

由图 2-9 可知,在初始平衡阶段,转子从零位置释放后经小幅震荡后停留在 −39.3 μm 处,负载由电磁力和静压力共同承担,如图 2-9(a)中阶段①所示。

在跌落阶段,转子迅速跌落:支承单元 1 电流 $i_{My,1}$ 与支承单元 2 电流 $i_{My,2}$ 减为 0,电磁力也变为 0;支承单元 1 的液阻 R_{h1} 变化不大,支承单元 2 的液阻 R_{h2} 由于油液的动态挤压效应而迅速上升,导致静压力呈现迅速增大、再进入平缓的趋势,如图 2-9(d)中阶段②所示。

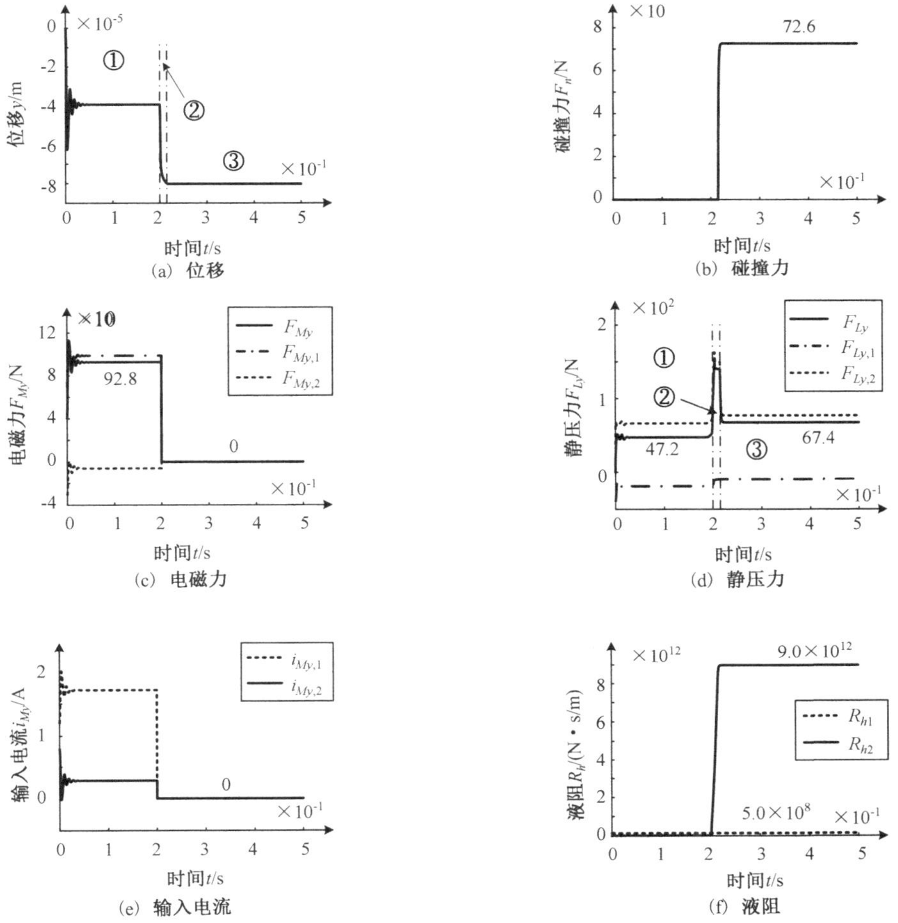

图 2-9　双边故障下的轴承运行规律

接触碰撞阶段，转子达到新的平衡状态：由于转子与定子的接触深度逐渐增大，碰撞力 F_n 增加，与电磁力 F_{My} 和静压力 F_{Ly} 共同平衡转子的负载；电磁系统全部失效，电磁力 F_{My} 变为 0；支承单元 1、支承单元 2 的液阻 R_{h1}、R_{h2} 分别稳定在 5.0×10^8 N · s/m^5、9.0×10^{12} N · s/m^5，后者约为前者的 1.8×10^4 倍，导致转子与定子在接触碰撞后仅发生微小的震颤，静压力 F_{My} 迅速降低并最终稳定在 67.4 N 左右，如图 2-9(d)中阶段③所示。

与上单元故障相比，该模式下液膜厚度和镀层厚度的变化基本不影响转子/定子接触碰撞的程度，跌落阶段所用时间更短，转子/定子接触后更快到达接触碰撞阶段，产生的最大碰撞力平均为 72.6 N，比上单元故障的 77.6 N 更小，由此可知该模式下引发的“间隙-碰撞”对轴承系统运行的影响更小。

2. 运行参数对转子碰摩动力学行为的影响规律

该模式下转子/定子接触碰撞时最大径向碰撞力随运行参数的变化情况如图 2-10 所示。

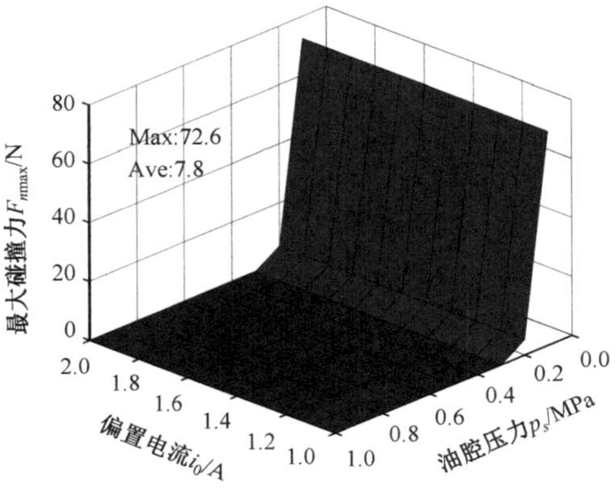

图 2-10 双边故障下最大径向碰撞力变化情况

由图 2-10 可知,仅当油腔压力 p_s<0.3 MPa 时才会引发转子/定子的接触碰撞现象,最大径向碰撞力 $F_{n\max}$ 随着油腔压力的增大而减小,不随偏置电流变化,其最大值出现在 p_s = 0.1 MPa 时。故取 p_s = 0.1 MPa、i_0 = 2.0 A 组合情况作为典型范例进行仿真分析,得到该模式下的轴承运行规律,如图 2-11 所示。

由图 2-11 可知,在初始平衡阶段,转子从零位置释放后停留在-35.9 μm 处,负载由电磁力和静压力共同承担,如图 2-11(a)中阶段①所示。

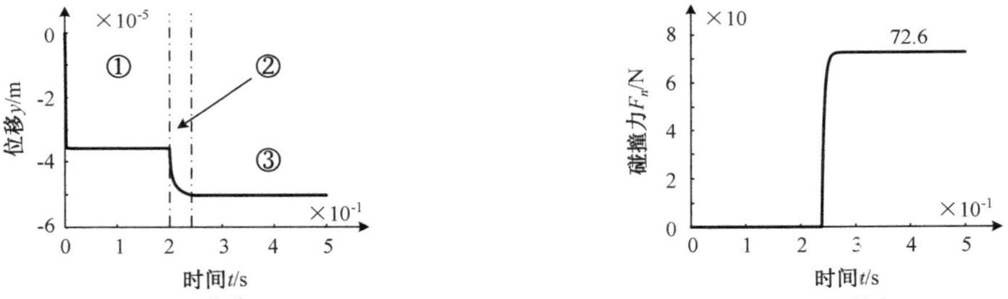

(a) 位移 (b) 碰撞力

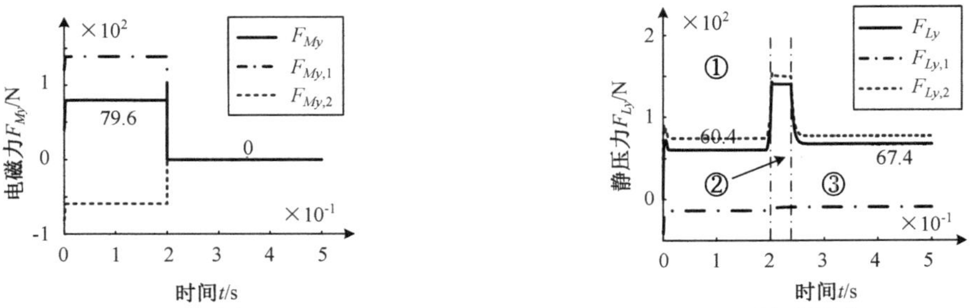

(c) 电磁力 (d) 静压力

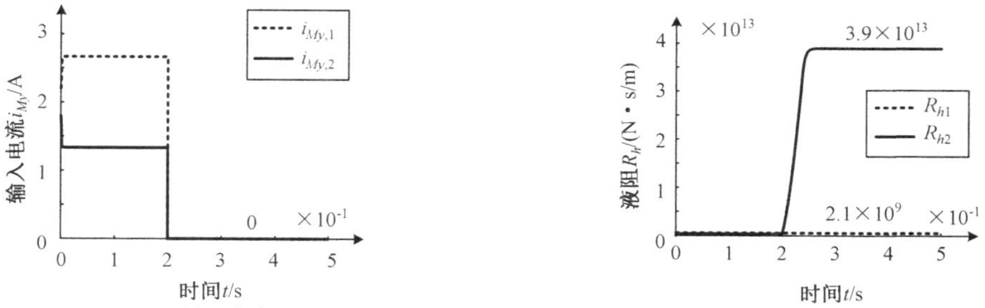

(e) 输入电流　　(f) 液阻

图 2-11　双边故障下的轴承运行规律

在跌落阶段，转子跌落的速度由大变小；随着支承单元 1 电流 $i_{My,1}$ 与支承单元 2 电流 $i_{My,2}$ 减为 0，电磁力也变为 0；支承单元 1 的液阻 R_{h1} 变化不大，支承单元 2 的液阻 R_{h2} 由于油液的动态挤压效应迅速上升，导致静压力呈现先迅速增大再缓慢下降的趋势，如图 2-11(d)中阶段②所示。

在接触碰撞阶段，转子达到新的平衡状态：由于转子与定子的接触深度逐渐增大，碰撞力 F_n 增加，与电磁力 F_{My} 和静压力 F_{Ly} 共同承担转子的负载；电磁系统全部失效，电磁力 F_{My} 变为 0；支承单元 1、支承单元 2 的液阻 R_{h1}、R_{h2} 分别稳定在 2.1×10^9 N·s/m^5、3.9×10^{13} N·s/m^5，后者约为前者的 1.9×10^4 倍，导致转子与定子在接触碰撞后仅发生微小的震颤，静压力 F_{My} 迅速降低并最终稳定至 67.4 N 左右，如图 2-11(d)中阶段③所示。

与上单元电磁故障模式相比，该模式下偏置电流的变化不会影响接触碰撞的程度，而在发生接触碰撞的区域内，油腔压力越大，最大径向碰撞力越小，接触碰撞产生的最大径向碰撞力平均为 7.8 N，比上单元电磁故障时的 11.3 N 更小，由此可知该模式下引发的“间隙-碰撞”对轴承系统运行的影响更小。

2.2.4　功率放大器故障下的转子“间隙-碰摩”动力学行为规律

1. 结构参数对转子碰摩动力学行为的影响规律

功放故障下，转子/定子接触碰撞时最大径向碰撞力随结构参数的变化情况，如图 2-12 所示。

由图 2-12 可知，最大碰撞力 $F_{n\max}$ 随着镀层厚度的增大而减小，随着液膜厚度的增大而增大；其最大值出现在 $h_0=80$ μm、$l=50$ μm 的组合情况下。因此，将其作为典型范例，仿真分析该模式下的轴承运行规律，如图 2-13 所示。

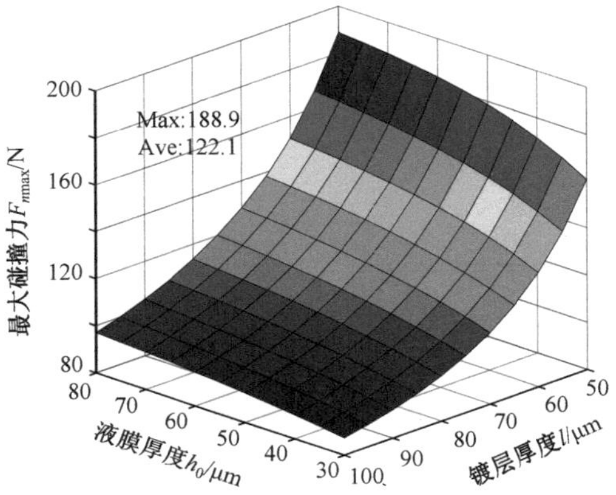

图 2-12　功放故障下的最大径向碰撞力变化情况

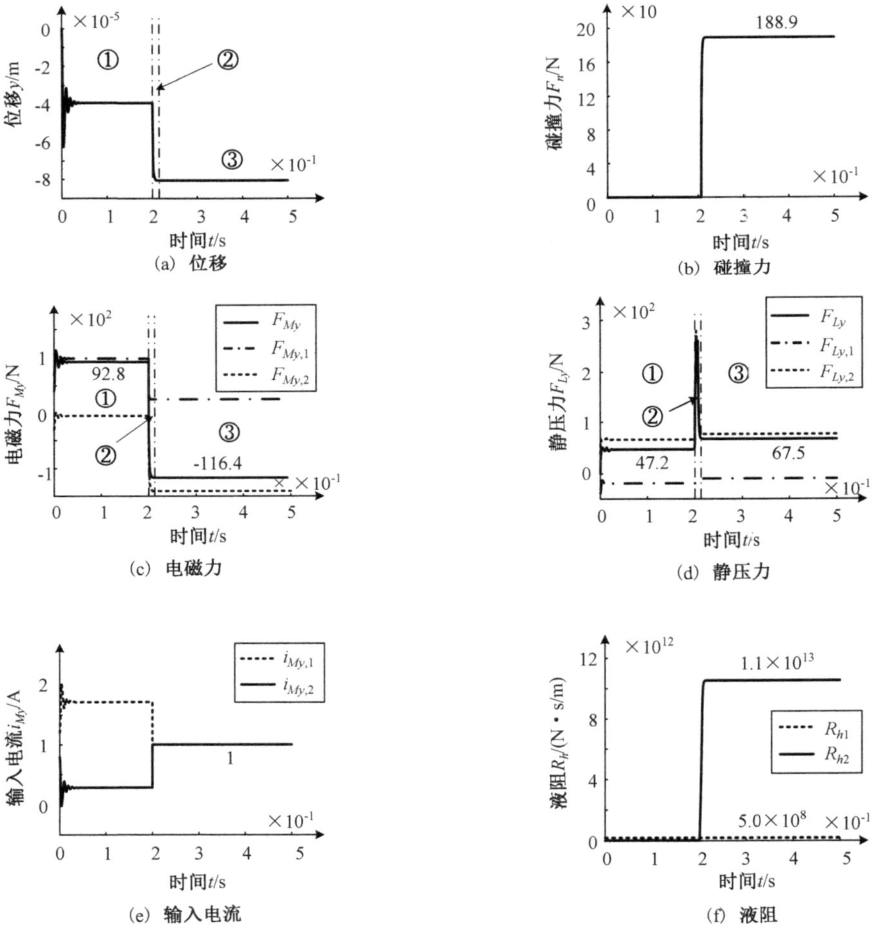

(a) 位移　(b) 碰撞力　(c) 电磁力　(d) 静压力　(e) 输入电流　(f) 液阻

图 2-13　功放故障下的轴承运行规律

由图 2-13 可知，在初始平衡阶段，转子从零位置释放后经小幅震荡后停留在−39.3 μm 处，负载由电磁力和静压力共同承担，如图 2-13(a)中阶段①所示。

在跌落阶段，转子迅速跌落；支承单元 1 和支承单元 2 的电流 $i_{My,1}$、$i_{My,2}$ 都变为 1 A，电磁合力减小；支承单元 1 的液阻 R_{h1} 变化不大，支承单元 2 的液阻 R_{h2} 由于油液的动态挤压效应迅速上升，导致静压力迅速增大，如图 2-13(d)中阶段②所示。

进入接触碰撞阶段，转子达到新的平衡状态：由于转子与定子的接触深度逐渐增大，碰撞力 F_n 增加，与电磁力 F_{My} 和静压力 F_{Ly} 共同平衡转子的负载；电磁系统功放失效，残余电磁力 F_{My} 减小至−116.4 N；支承单元 1、支承单元 2 的液阻 R_{h1}、R_{h2} 分别稳定在 5.0×10^8 N·s/m^5、1.1×10^{13} N·s/m^5，后者约为前者的 2.2×10^4 倍，导致转子与定子在接触碰撞后仅发生微小的震颤，静压力 F_{My} 迅速降低并最终稳定至 67.5 N 左右，如图 2-13(d)中阶段③所示。

与前三种故障相比，该模式下液膜厚度和镀层厚度的变化对接触碰撞程度的影响更大，跌落阶段在四种跌落模式中用时最短，转子/定子接触后更快达到新的平衡状态，接触碰撞产生最大碰撞力平均为 122.1 N，在四种故障中最大，可认为该模式下的“跌落—碰撞”对轴承系统运行的影响最大。

2. 运行参数对转子碰摩动力学行为的影响规律

该故障下的转子/定子接触碰撞时最大径向碰撞力随运行参数的变化情况如图 2-14 所示。

由图 2-14 可知，在发生接触碰撞的参数范围内，最大径向碰撞力 $F_{n\max}$ 随着油腔压力的增大而减小，随着偏置电流的增大而增大；其最大值出现在 $p_s=0.1$ MPa、$i_0=2.0$ A 的组合情况下。因此，将其作为典型范例，仿真分析该模式下的轴承运行规律，如图 2-15 所示。

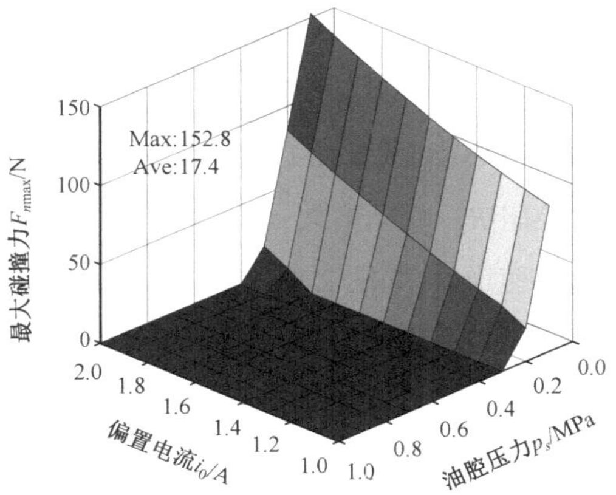

图 2-14　功放故障下的最大径向碰撞力变化情况

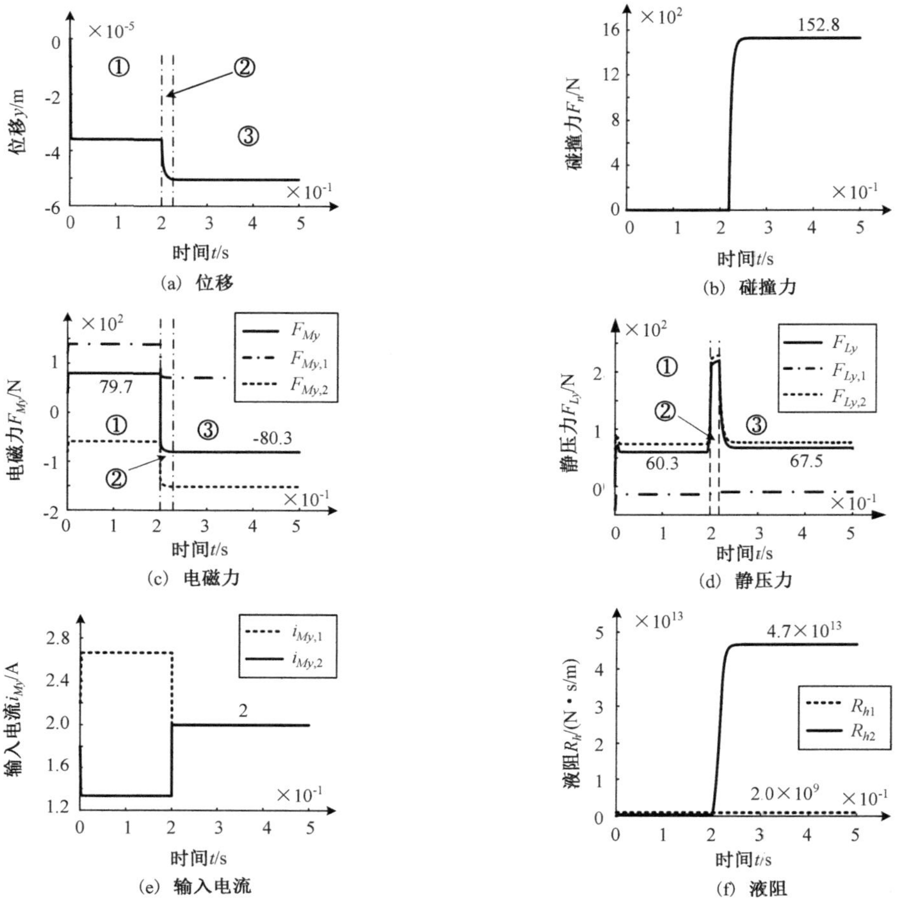

图 2-15 功放故障下的轴承运行规律

由图 2-15 可知，在初始平衡阶段，转子从零位置释放后停留在−35.9 μm 处，负载由电磁力和静压力共同承担，如图 2-15(a) 中阶段①所示。

在跌落阶段，转子跌落由大变小；支承单元 1 和支承单元 2 的电流 $i_{My,1}$、$i_{My,2}$ 都变为 2 A，电磁合力减小；支承单元 1 的液阻 R_{h1} 变化不大，但支承单元 2 的液阻 R_{h2} 由于油液的动态挤压效应迅速上升，导致静压力迅速增大，如图 2-15(d) 中阶段②所示。

在接触碰撞阶段，转子达到新的平衡状态：由于转子与定子的接触深度逐渐增大，碰撞力 F_n 增加，与电磁力 F_{My} 和静压力 F_{Ly} 共同平衡转子的负载；电磁系统功放失效，电磁力 F_{My} 减小为−80.3 N；支承单元 1、支承单元 2 的液阻 R_{h1}、R_{h2} 分别稳定在 2.0×10^9 N · s/m^5、4.7×10^{13} N · s/m^5，后者约为前者的 2.4×10^4 倍，导致转子与定子在接触碰撞后仅发生微小的震颤，静压力 F_{My} 迅速降低并最终稳定至 67.5 N 左右，如图 2-15(d) 中阶段③所示。

2.3 单自由度支承系统转子“间隙-碰摩”动力学行为实验测试

为研究磁液双悬浮轴承单自由度系统在电磁故障下的动力学行为，以试验为基础，对不同电磁故障情况下的转子运动状态进行了测量分析，提取了轴承系统单方向位移、油腔压力和控制电压的变化情况，并将其与相同初始条件的仿真结果进行了对比分析，对磁液双悬浮轴承单自由度系统在电磁故障下的动力学行为进行了验证。

2.3.1 磁液双悬浮轴承系统试验台

磁液双悬浮轴承试验台的结构，如图 2-16 所示，其试验原理如图 2-17 所示。

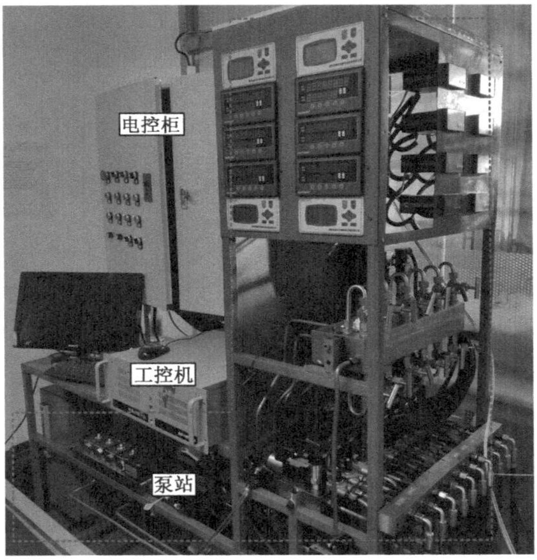

(a) 液压泵站样机

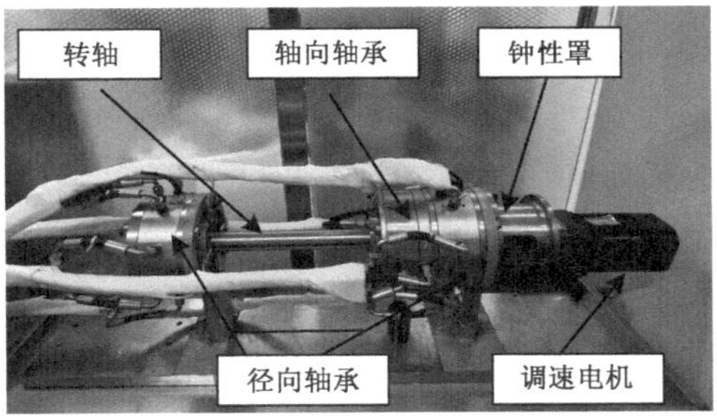

(b) 轴承本体整体结构

(c) 位移传感器

图 2-16 磁液双悬浮轴承试验台

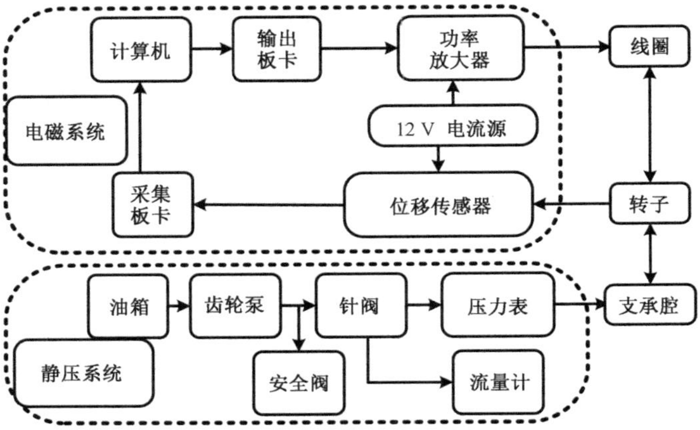

图 2-17　磁液双悬浮轴承系统原理图

磁液双悬浮轴承采控数据界面如图 2-18 所示。

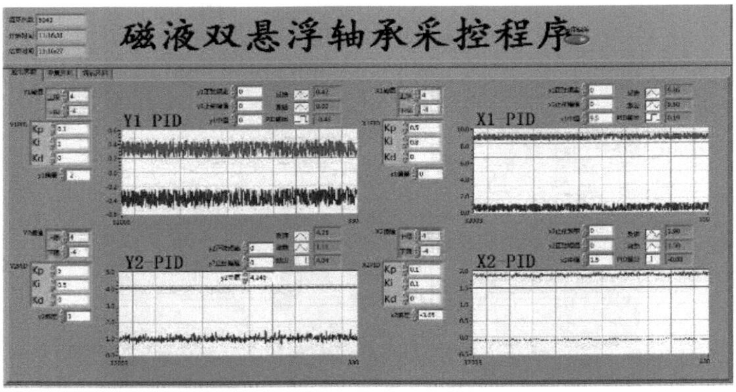

图 2-18　磁液双悬浮轴承系统数据采控界面

试验步骤如下：

(1) 接通电源，开启油泵，运行静压系统；

(2) 调整针阀的输出油压；

(3) 运行电磁系统，调整电压偏差，使得转子运行在预定位置；

(4) 输入 PD 参数，给定转子预定位置所对应的电压；

(5) 切断上单元电控系统的电路开关，模拟上单元故障情况，利用 Labview 系统采集转子位移信号、各油路的压力信号以及电磁系统的电压信号；

(6) 同理，切断下单元电控系统的电路开关，模拟下单元故障情况，采集转子位移、油路压力以及电压等信号；

(7) 同理，切断上下两单元电控系统的电路开关，模拟双边故障情况，采集转子位移、油路压力以及电压等信号；

（8）将 PD 控制器参数均设置为 0，模拟功率放大器故障情况，采集转子位移、油路压力以及电压等信号；

（9）对储存的数据进行后处理。

试验和仿真所使用的初始参数如表 2-1 所示。

表 2-1　磁液双悬浮轴承的试验初始设计参数

转子质量 m/kg	外载荷 Q/N	节流比 β/（无量纲）	线圈匝数 N/（无量纲）
4	0	2	50
油液黏度 μ/（Pa·s）	流量系数 $\bar{B}$/（无量纲）	磁极面积 S/mm²	真空磁导率 μ_0/（H/m）
0.041	0.71	1 080	$4\pi\times10^{-7}$
偏置电流 i_0/A	供油压力 p_s/MPa	液膜厚度 h_0/μm	镀层厚度 l/μm
0.8	0.04	70	30

2.3.2　上单元故障下的碰摩动力学行为实验分析

切断上单元电路，试验测试了上单元故障模式下的转子动力学行为，如图 2-19 所示。

由图 2-19 可知，上单元电磁系统发生故障时，理论仿真以及试验测试所得到的转子跌落位移的整体变化趋势基本吻合。转子位移的理论仿真值由−12.4 μm 跌落至−29.1 μm，跌落位移为 16.7 μm，跌落时间为 0.07 s；试验测试值由−16.6 μm 跌落至−45.2 μm，跌落位移为 28.6 μm，跌落时间为 4.21 s。试验测试所得到的跌落位移比理论仿真值大 11.9 μm，跌落时间长 4.14 s，该现象是由于试验台采用单边电磁调控方式，且轴承系统存在一定的漏油情况，使得试验情况下跌落的速度更小、响应时间更长。

上单元故障时，理论仿真与试验测试所得到的上/下油腔压力的变化趋势基本吻合。上腔压力 $p_{r,1}$ 的理论仿真值由 0.060 MPa 下降为 0.035 MPa，试验测试值从 0.070 MPa 下降为 0.041 MPa；下腔压力 $p_{r,2}$ 的理论仿真值从 0.161 MPa 上升为 0.419 MPa，试验测试值从 0.137 MPa 上升为 0.189 MPa。由于转子的最终平衡位置低于初始位置，因此下腔压力的变化明显大于上腔压力。

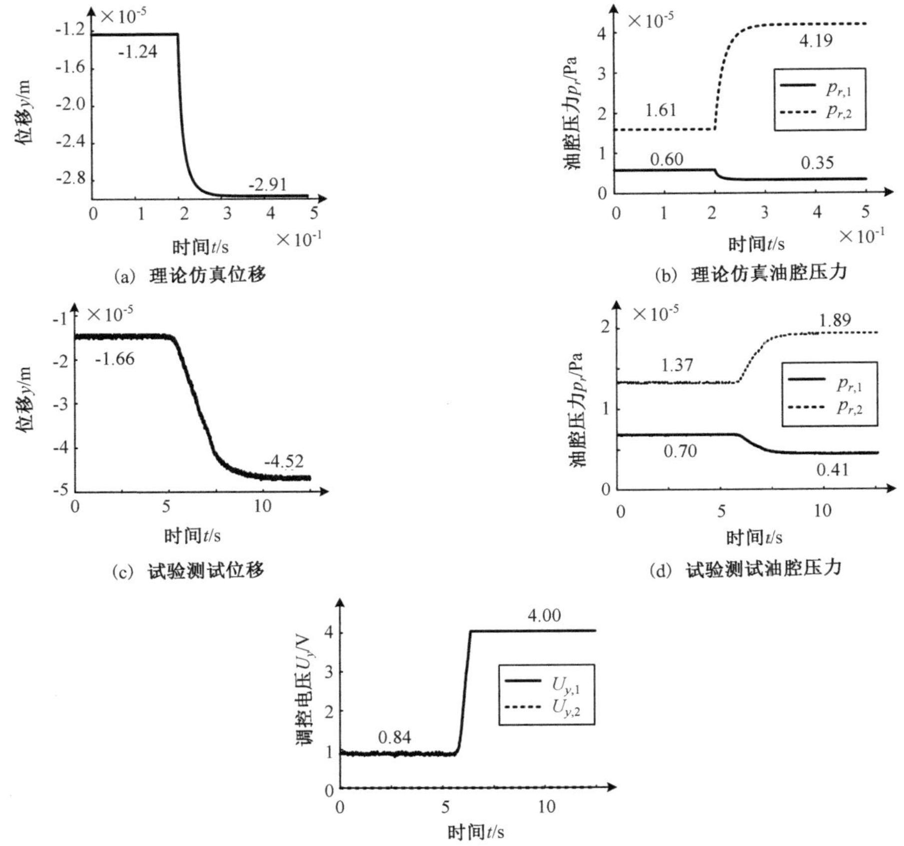

(a) 理论仿真位移　(b) 理论仿真油腔压力

(c) 试验测试位移　(d) 试验测试油腔压力

(e) 试验测试控制电压

图 2-19　上单元故障下的动力学行为

为提高电控系统的稳定性,试验台电磁系统的调控电压采用了单边调控策略,即调控电压仅输入在上单元或者下单元其中之一,另一侧仅输入偏置电压或者无电压输入。因此当位移传感器检测到转子逐渐下降,上单元电控系统持续提高调控电压,以增加电磁吸引力来阻止转子的跌落趋势;而由于人工断开了上单元电磁线圈的电路,使得电磁吸引力为 0,转子持续下落,直至上单元的控制电压达到限定值 4 V,如图 2-19(e)所示;之后转子继续下移,直到静压系统平衡转子达到新的平衡状态。

2.3.3　下单元故障下的碰摩动力学行为实验分析

切断下单元电路,试验测试了下单元故障模式下的转子动力学行为,如图 2-20 所示。

由图 2-20 可知,下单元电磁发生故障时,理论仿真与试验测试所得到的转子跌落位移的整体变化趋势基本吻合。转子位移的理论仿真值由−12.37 μm 上升至−6.70 μm,上升位移为 5.67 μm,上升时间 0.05 s;试验测试值由−15.61 μm 上升至−4.13 μm,上升位移为

11.48 μm，上升时间 1.26 s。试验测试所得到的上升位移比理论仿真值大 5.81 μm，上升时间长 1.21 s，并伴有明显的震颤运动。

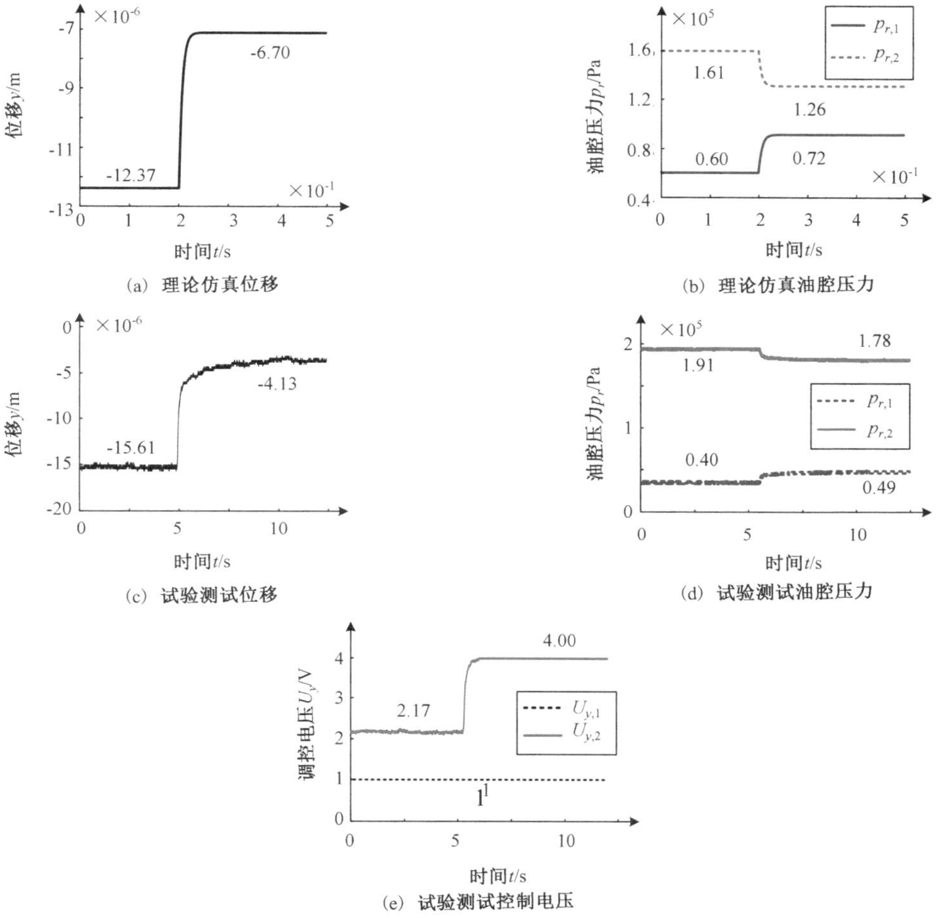

(a) 理论仿真位移　(b) 理论仿真油腔压力　(c) 试验测试位移　(d) 试验测试油腔压力　(e) 试验测试控制电压

图 2-20　下单元故障下的动力学行为

下单元故障时，理论仿真与试验测试所得到的上/下油腔压力的变化趋势基本吻合。上腔压力 $p_{r,1}$ 的理论仿真值从 0.060 MPa 上升为 0.072 MPa，试验测试值从 0.040 MPa 上升为 0.049 MPa；下腔压力 $p_{r,2}$ 的理论仿真值从 0.161 MPa 下降为 0.126 MPa，试验测试值从 0.191 MPa 下降为 0.178 MPa。

当下单元故障时，转子向上移动，下腔的调控电压 $U_{y,2}$ 逐渐增大到其上限 4 V，下单元电压输出保持在 1 V 不变。

2.3.4　双边故障下的碰摩动力学行为实验分析

同时切断上/下单元电路，试验测试了双边故障模式下的转子动力学行为，如图 2-21 所示。

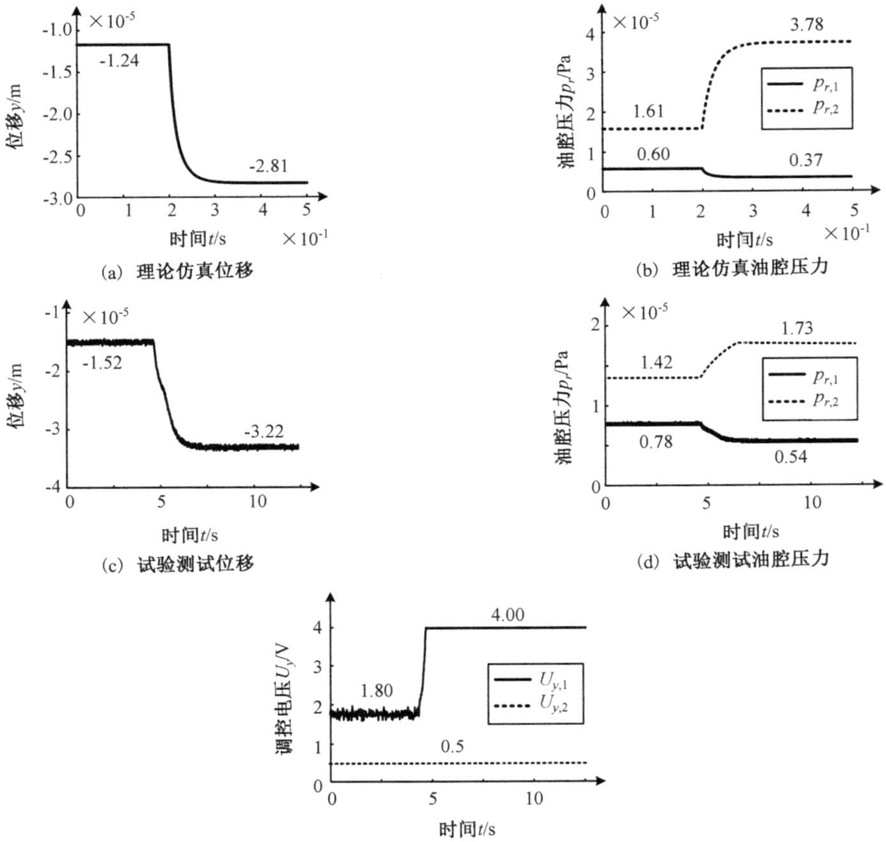

(a) 理论仿真位移

(b) 理论仿真油腔压力

(c) 试验测试位移

(d) 试验测试油腔压力

(e) 试验测试控制电压

图 2-21　双边故障下的动力学行为

由图 2-21 可知,双边电磁发生故障时,理论仿真与试验测试所得到的转子跌落位移的整体变化趋势基本一致。转子位移的理论仿真值由-12.4 μm 跌落至-28.1 μm,跌落位移为 15.7 μm,跌落时间为 0.06 s;试验测试值由-15.2 μm 跌落至-32.2 μm,跌落位移为 17.0 μm,跌落时间为 1.48 s。试验测试所得到的跌落位移比理论仿真值大 1.3 μm,跌落时间长 1.42 s。

上单元故障时,理论仿真与试验测试所得到的上/下油腔压力的变化趋势基本一致。上腔压力 $p_{r,1}$ 的理论仿真值从 0.060 MPa 下降为 0.037 MPa,试验测试值从 0.078 MPa 下降为 0.054 MPa;下腔压力 $p_{r,2}$ 的理论仿真值从 0.161 MPa 上升为 0.378 MPa,试验测试值从 0.142 MPa 上升为 0.173 MPa。

试验时调控电压输出在上单元,偏置电压输出在下单元,当上/下单元电路均断路时,上单元的调控电压持续上升直至达到最大限定值 4 V,而下单元电压输出为 0.5 V 保持不变。

2.3.5　功放故障下的碰摩动力学行为实验分析

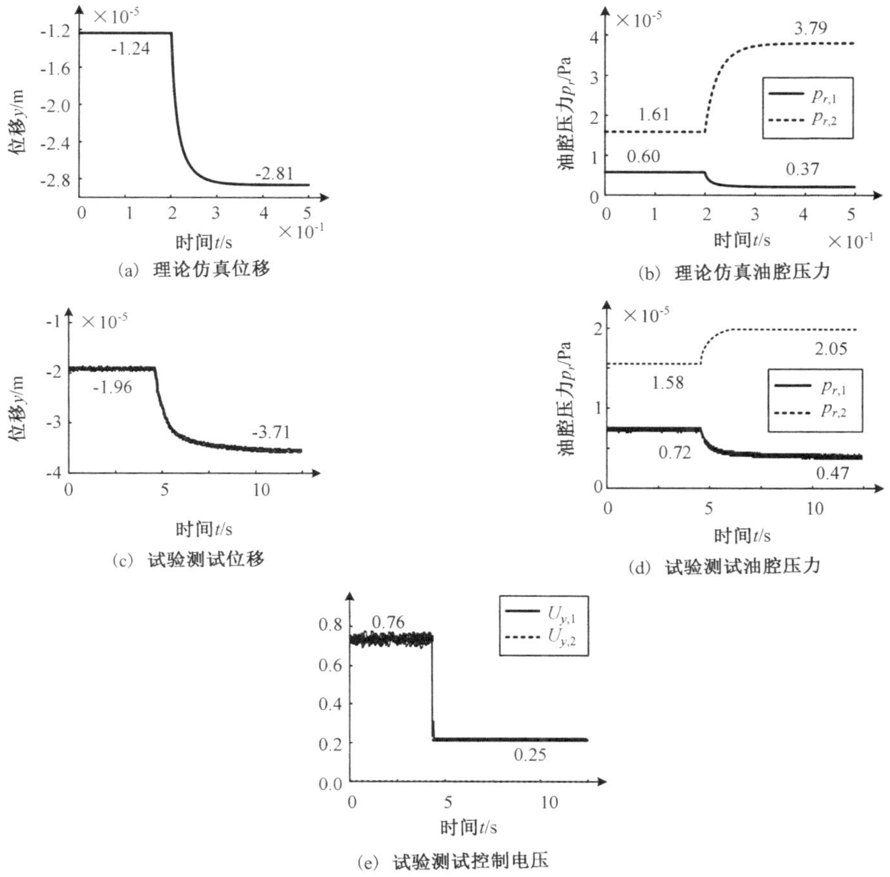

图 2-22　功放故障下的动力学行为

令上下单元的控制器参数 K_p、K_d 均为零，试验测试了功放故障模式下的转子动力学行为，如图 2-22 所示。

由图 2-22 可知，电磁系统发生功放故障时，理论仿真与试验测试所得到的转子跌落位移的整体变化趋势较为相似。转子位移的理论仿真值由 −12.4 μm 跌落至 −28.1 μm，跌落位移为 15.7 μm，跌落时间为 0.05 s；试验测试值由 −19.6 μm 跌落至 −37.1 μm，跌落位移为 17.5 μm，跌落时间为 1.27 s。试验测试所得到的跌落位移比理论仿真值大 1.8 μm，跌落时间长 1.22 s。

功放故障时，理论仿真与试验测试所得到的上/下油腔压力的变化趋势基本吻合。上腔压力 $p_{r,1}$ 的理论仿真值从 0.060 MPa 下降为 0.037 MPa，试验测试值从 0.072 MPa 下降为 0.047 MPa；下腔压力 $p_{r,2}$ 的理论仿真值从 0.161 MPa 上升为 0.379 MPa，试验测试值从

0.158 MPa 上升为 0.205 MPa。

试验时调控电压输入在上单元,当其故障时上单元电压下降仅剩偏置电压 0.25 V,之后转子继续下移,直到静压系统平衡转子重新达到新的平衡状态。

2.4 本章小结

本章通过对单自由度磁液双悬浮轴承碰摩动力学方程进行数值仿真,得到了磁液双悬浮轴承系统在不同结构参数组合(镀层厚度和液膜厚度)以及不同运行参数组合(油腔压力和偏置电流)情况下的碰摩行为规律,结果表明:(1) 四种电磁故障模式中,上单元/双边/功放故障均会引发转子/定子的碰摩现象,而下单元故障则不会;(2) 四种电磁故障模式下的转子碰摩程度依次为:功放故障>上单元故障>双边故障>下单元故障;(3) 液压油的动态挤压效应,使其对碰摩现象起到一定的抑制及缓冲作用。适当提高油腔液阻可以有效降低转子的碰摩程度及其概率。

此外通过试验验证了单自由度磁液双悬浮轴承系统在四种电磁故障情况下的动力学行为,提取了轴承系统单方向位移、油腔压力和控制电压的变化情况,结果表明:试验测试得到的转子跌落动力学行为与理论仿真基本一致,有效验证了理论仿真的正确性;在试验中,转子单方向位移变化由大到小为:上单元故障>功放故障>双边故障>下单元故障,可认为四种故障情况中上单元故障和功放故障对轴承系统的影响最大。

参考文献

[1] 胡业发, 周祖德, 江征风. 磁力轴承的基础理论与应用 [M]. 北京: 机械工业出版社, 2006.

[2] 张国基. 磁液双悬浮轴承解耦控制研究 [D]. 秦皇岛: 燕山大学, 2020.

[3] Jarroux C, Dufour R, Mahfoud J, et al. Touchdown Bearing Models for Rotor-AMB Systems [J]. Journal of Sound and Vibration, 2018, 440(9): 51-69.

[4] Zhao J H, Yan W D, Wang Z Q, et al. Study on Clearance-Rubbing Dynamic Behavior of 2-DOF Supporting System of Magnetic-Liquid Double Suspension Bearing [J]. Processes, 2020, 8(8): 973-988.

[5] Alexander P, Jerzy S. Active Magnetic Bearing Online Levitation Recovery through μ-Synthesis Robust Control [J]. Actuators, 2017, 6(1): 2-16.

[6] Ehehalt U, Alber O, Markert R, et al. Experimental Observations on Rotor-to-Stator Contact

[J]. Journal of Sound and Vibration, 2019 (446): 453-467.
[7] 赵宇兰, 宫海龙, 杨国军, 等. 电磁轴承水平转子跌落回复控制策略研究 [J]. 风机技术, 2020, 62(3): 38-45.
[8] 王小虎, 杨芳芳, 赵强. 电磁轴承失效后航空发动机转子跌落动力学分析 [J]. 燃气涡轮试验与研究, 2019, 32(4): 1-7.
[9] 魏鹏. 高速转子跌落在保护轴承上的碰撞力研究 [D]. 南京: 南京航空航天大学, 2012.
[10] 俞成涛, 徐龙祥, 金超武. 自动消除主动磁悬浮轴承系统保护间隙机构的运动学分析 [J]. 航空学报, 2015, 36(7): 2485-2496.
[11] 朱益利, 金超武. 高速重载下双层保护轴承的最大碰撞力及热特性分析 [J]. 中国机械工程, 2016, 27(1): 25-31.
[12] 朱益利, 金超武, 廉春原, 等. 立式转子跌落到深沟球保护轴承上的动力学分析 [J]. 机械设计与研究, 2017, 33(1): 72-77.
[13] 吴国庆, 陆彬, 何大伟, 等. 保护轴承结构对垂直轴磁悬浮风力机主轴跌落轨迹的影响 [J]. 机械设计与研究, 2018, 34(3): 108-110, 123.
[14] 马辉, 孙琪, 太兴宇, 等. 旋转叶片-机匣碰摩振动响应分析 [J]. 振动与冲击, 2017, 36 (14): 26-32.
[15] 张文, 张杰民, 刘天文, 等. 磁液悬浮离心血泵体外溶血的实验及耐久性实验 [J]. 生物医学工程研究, 2014, 33(1): 15-18.
[16] 王伟, 姜洋, 孙昊成, 等. 磁液悬浮式离心血泵的性能仿真分析与实验研究 [J]. 北华航天工业学院学报, 2013, 23(4): 4-6.
[17] 刘晓程. 磁液悬浮离心血泵的研制和实验研究[C]// 中华医学会, 中华医学会心血管病学分会, 中华医学会心电生理和起搏分会. 中华医学会第十五次全国心血管病学大会论文汇编,天津, 2013: 18.
[18] 李国荣, 朱晓东, 郝宗超, 等. 磁-液悬浮轴流泵心脏辅助装置研制 [J]. 中国医疗器械信息, 2013(6): 20-24.
[19] 陈润霖, 许吉敏, 卫洋洋, 等. 超导磁力与静压液膜力复合轴承的静动特性分析 [J]. 摩擦学学报, 2016, 36(5): 531-537.
[20] Zhao J H, Chen T, Wang Q, et al. Stability Analysis of Single DOF Support System of Magnetic-Liquid Double Suspension Bearing [J]. Machine Tool & Hydraulics, 2019, 47(6): 1-7.
[21] Zhao J H, Wang Q, Zhang B, et al. Research on Static Bearing Characteristics of Magnetic-Liquid Double Suspension Bearing [J]. High Technology Letters, 2019, 25(4): 434-442.

第 3 章　二自由度支承系统转子"间隙-碰摩"动力学行为规律

3.1　二自由度支承系统转子"间隙-碰摩"动力学数学模型

磁液双悬浮轴承转子位移"间隙-碰摩"故障的发生时间非常短暂,但其演变过程极为复杂,包含多种非线性分岔及混沌特征,为了方便研究,对碰摩力作出如下假定:

(1) 磁极与导磁套之间为局部弹性碰撞,变形为弹性变形,磁极与导磁套之间为库伦摩擦;

(2) 忽略两个磁极之间的细小缝隙;

(3) 忽略磁极与导磁套之间的摩擦热效应;

(4) 忽略绕组漏磁、边缘磁通量、涡流损失、磁心材料饱和、磁极之间的耦合效应;

(5) 忽略液体惯性力和黏压特性。

磁液双悬浮轴承的"间隙-碰摩"行为如图 3-1 所示。o、o_1 分别为定子及转子的几何中心,P_T、P_N 分别为切向及径向碰撞力,α 为碰摩点与 x 轴的夹角,w_s 为转子角速度,e_1 为转子质心的径向位移,$e_1 = \sqrt{x^2 + y^2} \geqslant h_0$。

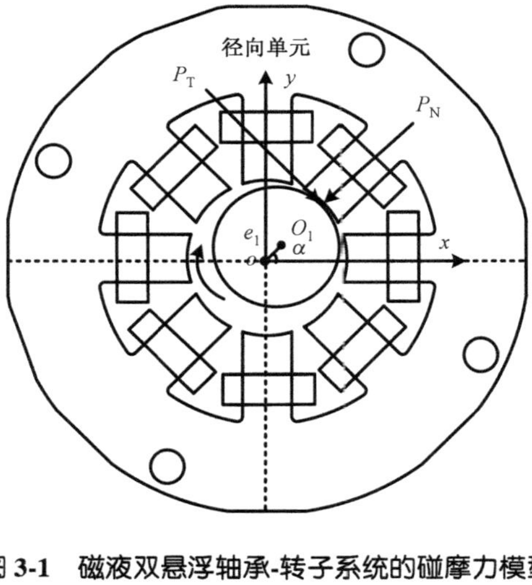

图 3-1　磁液双悬浮轴承-转子系统的碰摩力模型

建立碰撞力 P_N 与摩擦力 P_T 的数学表达式,如下所示:

$$\begin{cases} P_N = (e_1 - h_0)k_c \\ P_T = fP_N \end{cases} \tag{3-1}$$

式中：

h_0——初始液膜厚度，μm；

k_c——定子径向刚度，N/m；

f——摩擦系数，无量纲。

将式(3-1)放于磁液双悬浮轴承径向单元 x、y 轴进行分解，得到 x 和 y 方向上的碰摩力：

$$\begin{Bmatrix} f_x \\ f_y \end{Bmatrix} = -\frac{(e_1 - h_0)k_c}{e_1}\begin{bmatrix} 1 & -f \\ f & 1 \end{bmatrix}\begin{Bmatrix} x \\ y \end{Bmatrix} \tag{3-2}$$

对 x 和 y 方向上的碰摩力进行无量纲化处理，得到：

$$\begin{Bmatrix} f_X \\ f_Y \end{Bmatrix} = -\left(1 - \frac{h_0}{e_1}\right)h_0k_c\begin{bmatrix} 1 & -f \\ f & 1 \end{bmatrix}\begin{Bmatrix} X \\ Y \end{Bmatrix} \tag{3-3}$$

式中：

f_X、f_Y——x、y 方向上的碰摩力，N；

X、Y——x、y 方向上的无量纲位移。

二自由度支承系统“间隙-碰摩”动力学方程为：

$$\begin{cases} m\ddot{x} = f_x - c_x\dot{x} - k_xx - \varphi_{x^2}x^2 - \varphi_{x\dot{x}}x\dot{x} + me_xw_s^2\cos(w_st) + me_yw_s^2\sin(w_st) \\ m\ddot{y} = f_y - c_y\dot{y} - k_yy - \varphi_{y^2}y^2 - \varphi_{y\dot{y}}y\dot{y} - me_xw_s^2\sin(w_st) + me_yw_s^2\cos(w_st) \end{cases} \tag{3-4}$$

引入无量纲变量：

$X = \dfrac{x}{h_0}$，$Y = \dfrac{y}{h_0}$，$w = \dfrac{w_s}{w_0}$，$\tau = w_0t$，$w_0 = \sqrt{\dfrac{k_x}{m}}$，$U_x = \dfrac{e_x}{h_0}$，$U_y = \dfrac{e_y}{h_0}$，$w = \dfrac{w_s}{w_0}$ 有：

$$\begin{cases} \dot{x} = \dfrac{\mathrm{d}x}{\mathrm{d}t} = \dfrac{\mathrm{d}(h_0X)}{\mathrm{d}t} = h_0\dfrac{\mathrm{d}X}{\mathrm{d}\tau}\dfrac{\mathrm{d}(w_0t)}{\mathrm{d}t} = h_0w_0\dfrac{\mathrm{d}X}{\mathrm{d}\tau} = h_0w_0\dot{x} \\ \ddot{x} = \dfrac{\mathrm{d}^2x}{\mathrm{d}t^2} = \dfrac{\mathrm{d}}{\mathrm{d}\tau}\left(\dfrac{\mathrm{d}x}{\mathrm{d}t}\right)\dfrac{\mathrm{d}\tau}{\mathrm{d}t} = \dfrac{\mathrm{d}}{\mathrm{d}\tau}\left(h_0w_0\dfrac{\mathrm{d}X}{\mathrm{d}\tau}\right)\dfrac{\mathrm{d}(w_0t)}{\mathrm{d}t} = h_0w_0^2\dfrac{\mathrm{d}^2X}{\mathrm{d}\tau^2} = h_0w_0^2X \\ \dot{y} = \dfrac{\mathrm{d}y}{\mathrm{d}t} = \dfrac{\mathrm{d}(h_0Y)}{\mathrm{d}t} = h_0\dfrac{\mathrm{d}Y}{\mathrm{d}\tau}\dfrac{\mathrm{d}(w_0t)}{\mathrm{d}t} = h_0w_0\dfrac{\mathrm{d}Y}{\mathrm{d}\tau} = h_0w_0\dot{y} \\ \ddot{y} = \dfrac{\mathrm{d}^2y}{\mathrm{d}t^2} = \dfrac{\mathrm{d}}{\mathrm{d}\tau}\left(\dfrac{\mathrm{d}y}{\mathrm{d}t}\right)\dfrac{\mathrm{d}\tau}{\mathrm{d}t} = \dfrac{\mathrm{d}}{\mathrm{d}\tau}\left(h_0w_0\dfrac{\mathrm{d}Y}{\mathrm{d}\tau}\right)\dfrac{\mathrm{d}(w_0t)}{\mathrm{d}t} = h_0w_0^2\dfrac{\mathrm{d}^2Y}{\mathrm{d}\tau^2} = h_0w_0^2Y \end{cases} \tag{3-5}$$

式中：

w_0——转子固有角频率,rad/s;

w——转子角频率比,无量纲;

τ——运行时间,无量纲;

U_x——x 方向上转子偏心比;

U_y——y 方向上转子偏心比。

将式(3-5)代入式(3-4)中,得到二自由度支承系统"间隙-碰摩"无量纲动力学方程为:

$$\begin{cases} X = -\Theta_{\dot{x}}\dot{X} - \Theta_x X - \Theta_{x^2}X^2 - \Theta_{x\dot{x}}X\dot{X} + \dfrac{f_X}{mh_0w_0^2} + \rho_x\cos(w\tau) + \rho_y\sin(w\tau) \\ Y = -\Theta_{\dot{y}}\dot{Y} - \Theta_y Y - \Theta_{y^2}Y^2 - \Theta_{y\dot{y}}Y\dot{Y} + \dfrac{f_Y}{mh_0w_0^2} - \rho_x\sin(w\tau) + \rho_y\cos(w\tau) \end{cases} \tag{3-6}$$

式中:$\Theta_{\dot{x}} = \dfrac{c_x}{mw_0}$,$\Theta_{\dot{y}} = \dfrac{c_y}{mw_0}$,$\Theta_x = \dfrac{k_x}{mw_0^2}$,$\Theta_y = \dfrac{k_y}{mw_0^2}$,$\Theta_{x^2} = \dfrac{h_0\varphi_{x^2}}{mw_0^2}$,$\Theta_{y^2} = \dfrac{h_0\varphi_{y^2}}{mw_0^2}$,$\Theta_{x\dot{x}} = \dfrac{h_0\varphi_{x\dot{x}}}{mw_0}$,$\Theta_{y\dot{y}} = \dfrac{h_0\varphi_{y\dot{y}}}{mw_0}$,$\rho_x = U_xw^2$,$\rho_y = U_yw^2$。

3.2 二自由度支承系统转子"间隙-碰摩"动力学行为数值仿真

运用四阶 Runge-Kutta 法对式(3-6)进行数值积分,得到系统在不同分岔参数下的振动特性,从而说明不同分岔参数变化及其复合变化对转子位移动态特性的影响规律。选取偏心比、转速以及其复合平面为分岔参数,分析其变化对转子位移的动态响应。磁液双悬浮轴承的仿真参数如表 3-1 所示。

磁液双悬浮轴承径向单元在 x 和 y 方向的基本结构与支承机理均相同,所以其 x 和 y 方向的位移变化规律以及偏心比 U_x、U_y 对转子位移的影响几乎相同,故为了方便分析其他参数对转子位移振动规律的影响,本节选取 x 方向位移进行研究,且对 x 和 y 方向上的偏心比重新定义,以 x 方向偏心比为变化参数,y 方向偏心比为定值(U_y=0.1),对其进行数值研究。

表 3-1 磁液双悬浮轴承的仿真参数

轴承集中质量 m/kg	定子刚度 k_c/(N/m)	摩擦系数 f/(无量纲)
4	6×10^{-7}	0.2
电磁比例系数 P_x/(无量纲)	电磁比例系数 P_y/(无量纲)	电磁积分系数 $D_{x、y}$/(无量纲)
1.2×10^4	1.4×10^4	0.5
外载荷 F_{x0}/N	外载荷 F_{y0}/N	转速变化区间 n/krpm
0	mg	3.5~18.0

3.2.1 转速对转子位移的影响规律

转速是研究磁液双悬浮支承系统运行特性的重要参数之一，分析转子位移随转速变化的振动规律具有重要的实际工程意义。磁液双悬浮轴承支承系统在一定转速区间范围内工作，当转子的实际转速接近其固有频率时，系统将会发生强烈的共振现象，此时转子位移振幅达到最大，可能引起转子振幅超过间隙极限而造成“间隙-碰摩”故障的发生，可能导致磁极镀层脱落、轴承完全失效。

所以本节以转速为分岔参数，选取几组不同的偏心比参数为定值，来获取转子位移随转速升高的振动规律，如图 3-2 所示。

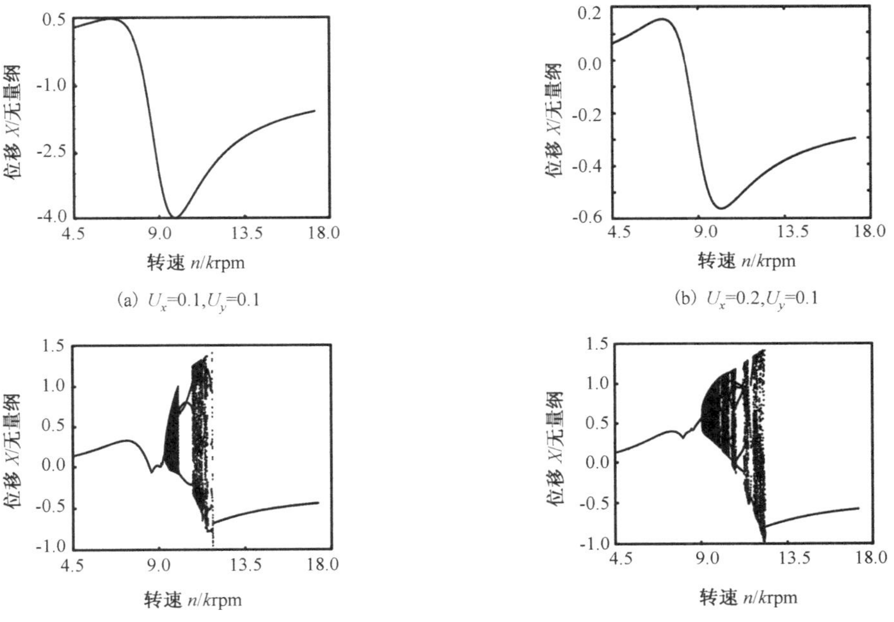

(a) U_x=0.1, U_y=0.1　(b) U_x=0.2, U_y=0.1

(c) U_x=0.3, U_y=0.1　(d) U_x=0.4, U_y=0.1

图 3-2　不同偏心比下转子位移随转速变化的分岔曲线

根据图 3-2(a)、图 3-2(b)可知，当转子偏心比 $U_x \leqslant 0.2$ 时，磁液双悬浮轴承转子始终保持稳定，转子位移表现为单一曲线；在低转速情况下，转子位移振幅较小，且为正值；随着转速逐渐增加，转子位移迅速由正值变为负值，且约在 9.5 krpm 时达到极限值；随着转速再次增加，转子位移逐渐减小，并逐渐平衡于−(0.1~0.2)范围之内。

根据图 3-2(c)、图 3-2(d)可知，当转子偏心比 $U_x \geqslant 0.3$ 时，转速在(9.0, 13.5) krpm 范围时，转子位移呈现出单周期运动、拟周期分岔运动、倍周期分岔运动、混沌运动等多种运动形式。随着偏心比 U_x 的不断增大，在整个转速范围内系统的不稳定分岔区间逐渐扩大，如表

3-2 所示，且不稳定区间内倍周期分岔区间增多。

表 3-2　不同偏心比下的转速运行区间位移规律

偏心比 U_x	0.30	0.40
稳定转速区间 1 n/krpm	(3.5, 9.5)	(3.5, 9)
不稳定转速区间 n/krpm	(9.5, 12.5)	(9, 13)
稳定转速区间 2 n/krpm	(12.5, 18)	(13, 18)

在整个运行转速区间上，偏心比在 0.2~0.3 之间为转子位移在转速范围内由稳定单周期运动到不稳定运动的过渡区域，为了进一步确定其发生不稳定运动的具体偏心比参数，以偏心比及转速的复合平面为分岔参数，通过数值模拟，对其联合区域的划分作了详细研究。

为了进一步研究转子位移在不同转速区间的运动规律，以偏心比 0.3 为例详细分析转子位移的运行规律，如图 3-2(c)所示。

转速在(3.5, 9.5) krpm 范围时，转子位移为单一曲线，始终保持稳定；转速在(9.5, 12.5) krpm 范围时，转子位移呈现拟周期分岔→倍周期分岔→混沌的复杂变化趋势；转速在(12.5, 18) krpm 范围内时，转子位移重新变为单一曲线，再次保持稳定，如表 3-3 所示。

表 3-3　不同转速下的转子运动规律

转速 n/krpm	(3.5, 9.5)	(9.5, 10.5)	(10.5, 11)	(11, 12.5)	(12.5, 18)
运动规律	单周期	拟周期	倍周期	混沌	单周期
测试转速 n/krpm	5.5	10	10.7	11.5	13.5

根据表 3-3 可知，同一偏心比不同转速下转子位移表现出非常丰富的动力学行为，选取不同的转速，研究不同转速下转子位移的变化规律，如图 3-3 至图 3-7 所示。

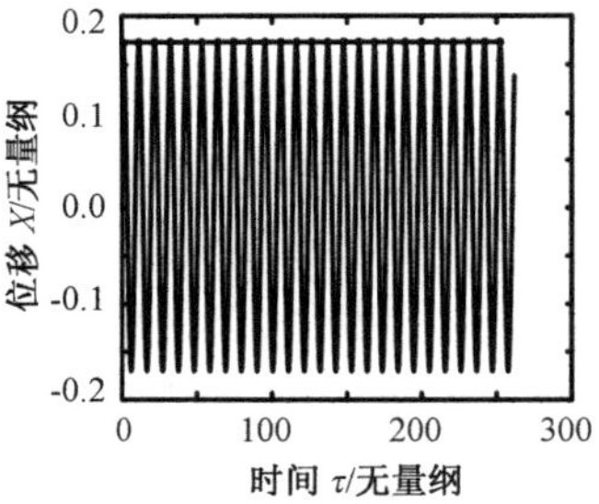

(a) 时间历程

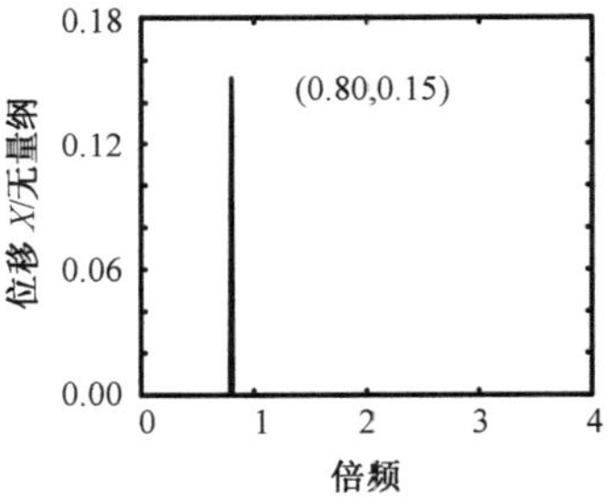

(b) 幅值谱

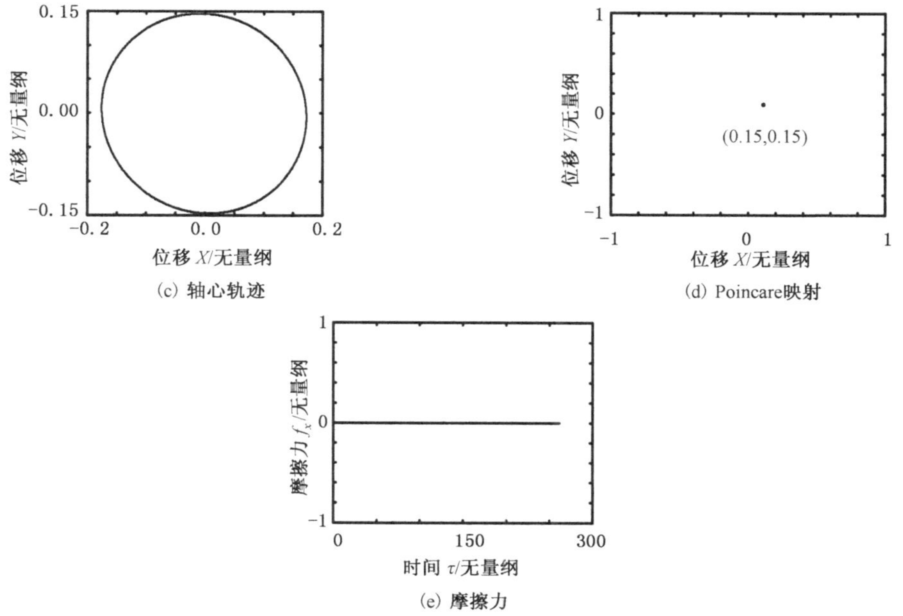

图 3-3　转速 n=5.5 krpm 时转子位移响应图

根据图 3-3 可知，当转速为 5.5 krpm，属于单周期运动范围时，转子位移表现为规则的正弦运动，轴心轨迹表现为单一封闭椭圆曲线，Poincare 映射表现为单一截点，幅值谱在 1 倍频范围内出现单一离散波峰，无量纲碰摩力为零，磁液双悬浮轴承转子未发生“间隙-碰摩”行为。

根据图 3-4 可知，当转速为 10 krpm，属于拟周期运动范围时，位移表现为拟周期运动(不规则的正弦运动)，呈现较小的幅值波动，轴心轨迹为多封闭的椭圆曲线，Poincare 映射表现为多截点并构成封闭曲线，幅值谱在 2 倍频内包含离散谱，转子振幅增大，无量纲碰摩力最大峰值为 0.8，磁液双悬浮轴承发生“间隙-碰摩”行为。

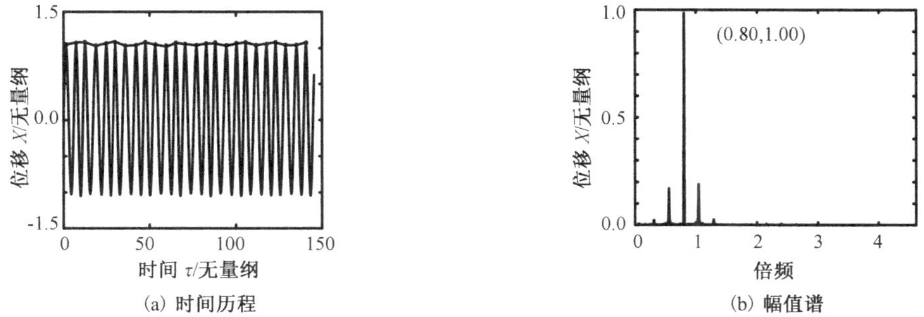

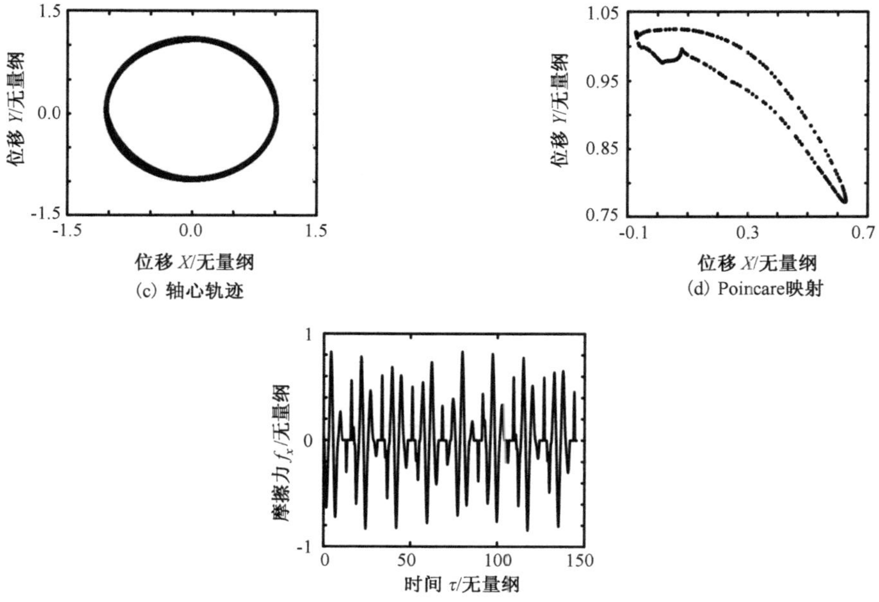

(e) 摩擦力

图 3-4　转速 $n=10$ krpm 时转子位移响应图

根据图 3-5 可知,当转速为 10.7 krpm,属于倍周期运动范围时,转子为倍周期运动(不规则的正弦运动,处于由拟周期向混沌状态过渡的阶段),呈现较明显的幅值波动,轴心轨迹为 3 个封闭的椭圆曲线,Poincare 映射为 3 个独立的截点,幅值谱在 2 倍频内包含有限个离散谱,转子振幅继续增大,无量纲碰摩力最大峰值为 1.5,且在相同一段时间内碰摩力峰值数量减少,磁液双悬浮轴承发生"间隙-碰摩"行为。

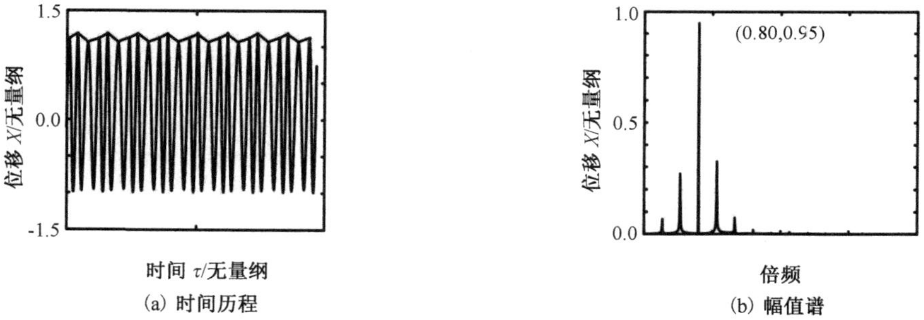

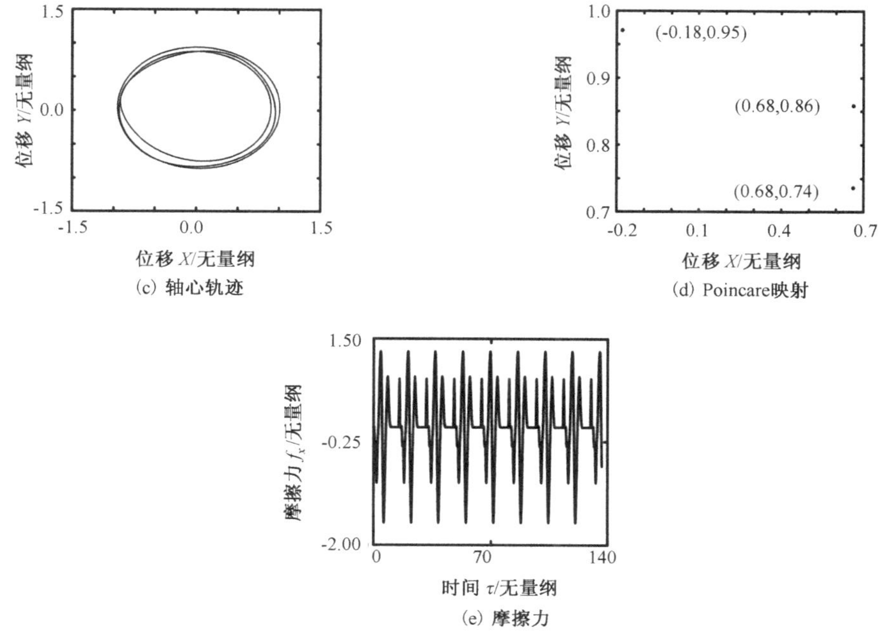

图 3-5　转速 $n=10.7$ krpm 时转子位移响应图

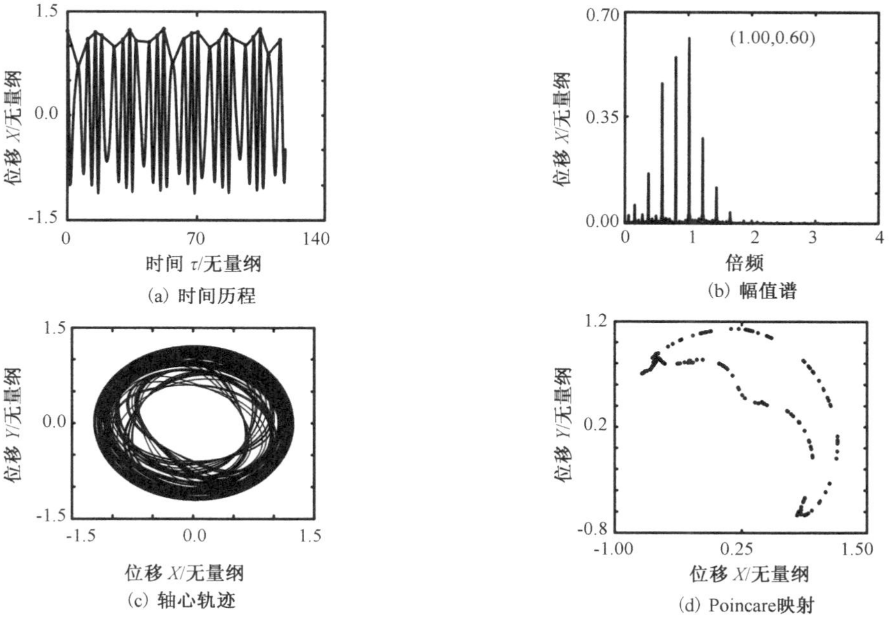

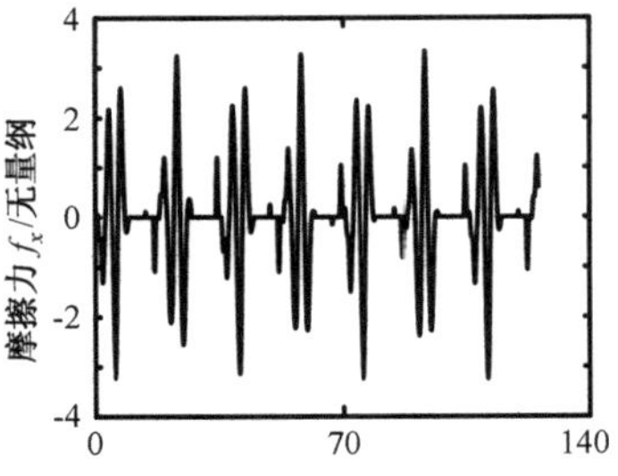

(e) 摩擦力

图 3-6　转速 $n=11.5$ krpm 时转子位移响应图

根据图 3-6 可知，当转速为 11.5 krpm，属于混沌运动范围时，转子位移突然由倍周期运动演变为非周期的混沌运动，呈现剧烈的幅值波动，轴心轨迹为多个无规律重叠的椭圆曲线，Poincare 映射为云状封闭图形，幅值谱呈现出不易观察的连续谱，转子振幅达到最大，无量纲碰摩力最大峰值为 3.0，且相同一段时间内碰摩力峰值数量达到最低，磁液双悬浮轴承发生“间隙-碰摩”行为。

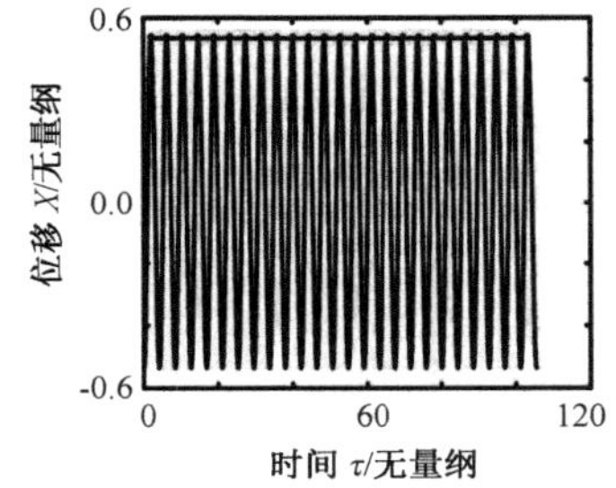

(a) 时间历程

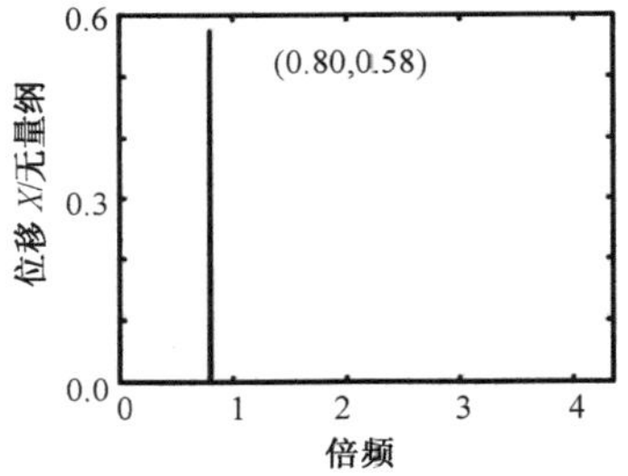

(b) 幅值谱

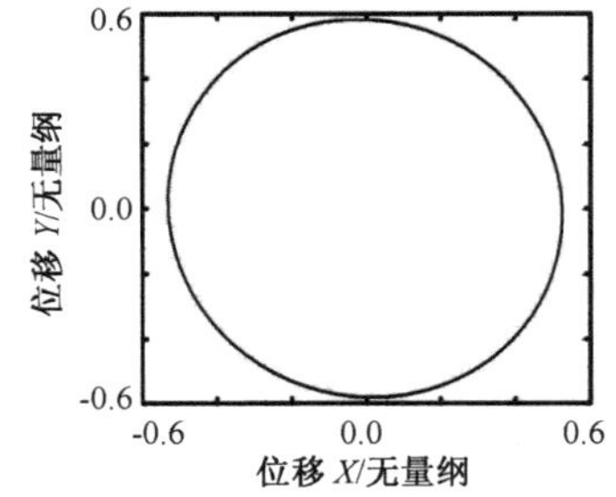

(c) 轴心轨迹

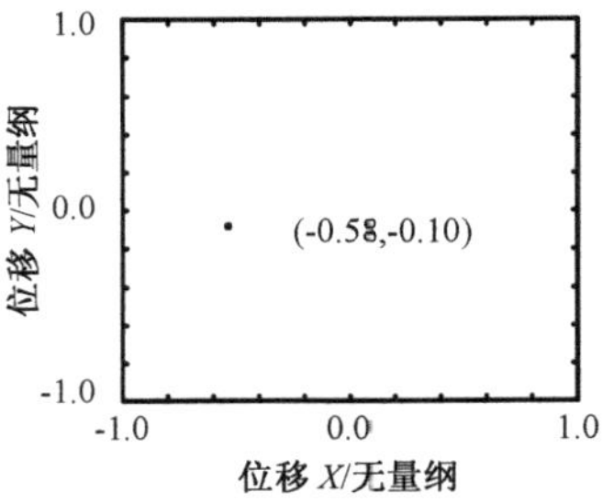

(d) Poincare映射

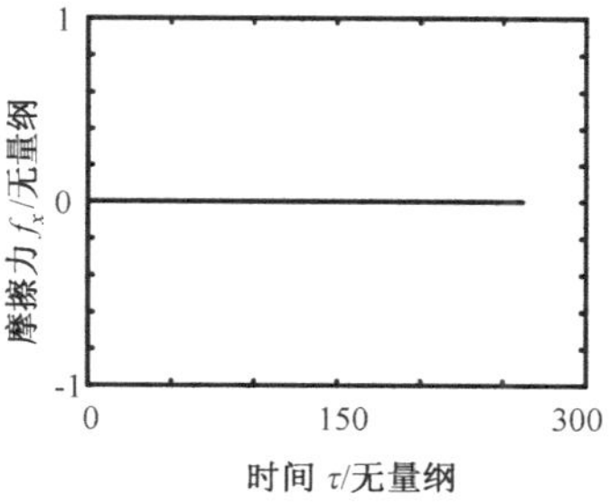

(e) 摩擦力

图 3-7　转速 n=13.5 krpm 时转子位移响应图

根据图 3-7 可知，当转速为 13.5 krpm，属于单周期运动范围时，转子为规则的正弦运动，轴心轨迹为单一封闭椭圆曲线，Poincare 映射为单一截点，幅值谱包含单一离散波峰，无量纲碰摩力为零，磁液双悬浮轴承未发生"间隙-碰摩"行为。

综上所述，当偏心比小于 0.2 时，转子受转速影响较小，幅值较小，呈现周期椭圆轨迹，未发生"间隙-碰摩"行为；当偏心比等于 0.3 时，随着转速不断增加，转子依次呈现单周期运动→拟周期分岔→倍周期分岔→混沌→单周期运动的变化趋势；当偏心比大于 0.3 时，转子变化较为丰富，受转速影响较大，呈现出单周期、拟周期、倍周期、混沌等多种运动。

3.2.2　偏心比及转速对转子位移的复合影响规律

磁液双悬浮轴承在正常运行过程中，离不开转速和偏心比这两个重要参数，且根据前两小节的研究发现，转速和偏心比对转子位移运行特性的影响具有耦合作用，因此，研究转速及偏心比复合区域对转子位移的影响尤为重要。

偏心比在 0.2 与 0.3 之间，转子位移由稳定单周期运动变化为不稳定运动，为了研究不稳定转速及偏心比的复合区域，以转速与偏心比平面为研究平面，选取位移作为时间历程曲线的指标，点位数量作为 Poincare 映射的指标，碰摩力作为发生"间隙-碰摩"的指标，来判定转子的运动规律区间，如图 3-8 至图 3-10 所示。

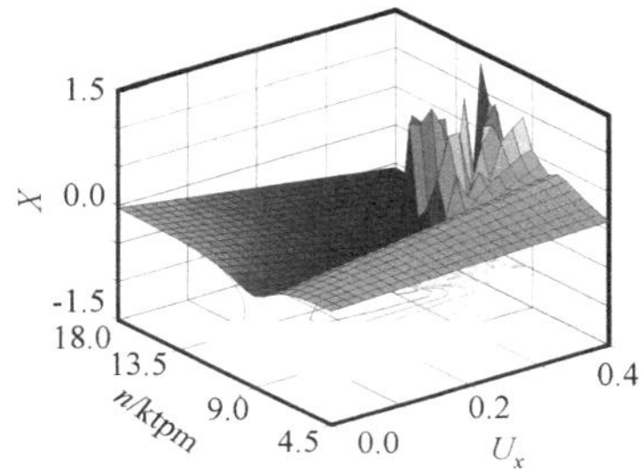

(a) U_x-n-X分岔图

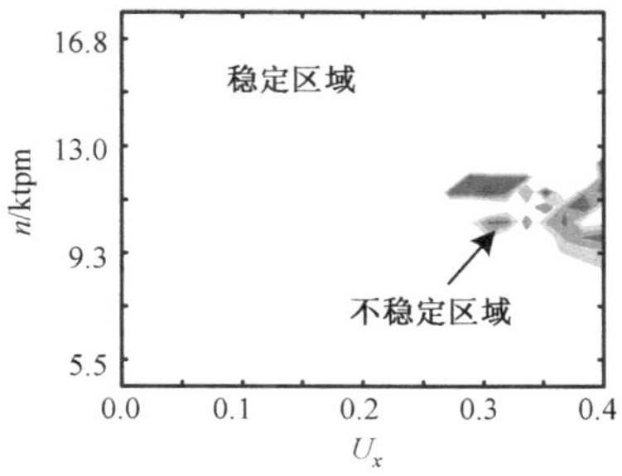

(b) U_x-n平面图

图 3-8　不同偏心比及转速下的最大转子位移

根据图 3-8(a)可知,大部分区间内转子不发生分岔,保持单周期运动状态,位移范围为(−0.6, 0.3);当转速在(9, 13) krpm,且偏心比在(0.27, 0.4)范围内时,位移变化较为复杂,交替出现倍周期、单周期、混沌等多种运动特征,位移范围为(−1, 1.5)。

根据图 3-8(b)可知,大部分区间内转子都能保持稳定运行;仅在右侧中部区域,转子运行不稳定,且颜色越深,转子分岔越严重。

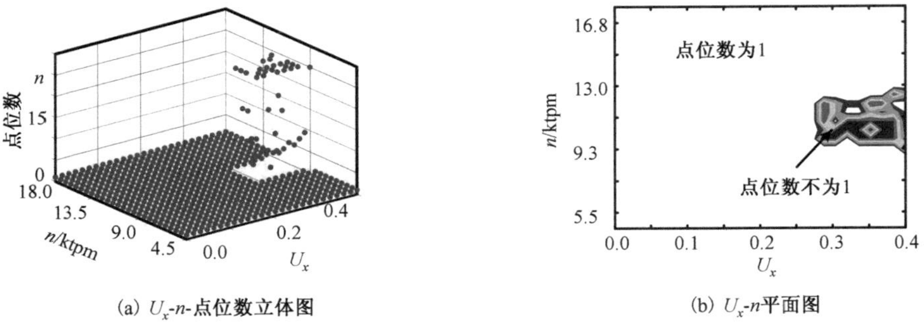

(a) U_x-n-点位数立体图　　(b) U_x-n平面图

图 3-9　不同偏心比及转速下的 Poincare 映射点位

根据图 3-9(a)可知,大部分区间内转子不发生分岔,保持单周期运动状态,Poincare 映射点位数为 1;当转速在(9, 13) krpm,且偏心比在(0.27, 0.4)范围内时,交替出现不同的 Poincare 映射点位数,最大可数映射点位可达 15 个。

根据图 3-9(b)可知,大部分区间内 Poincare 映射点位数为 1;仅在右侧中部区域,Poincare 映射点位数大于 1,且颜色越深,映射点位数越多。

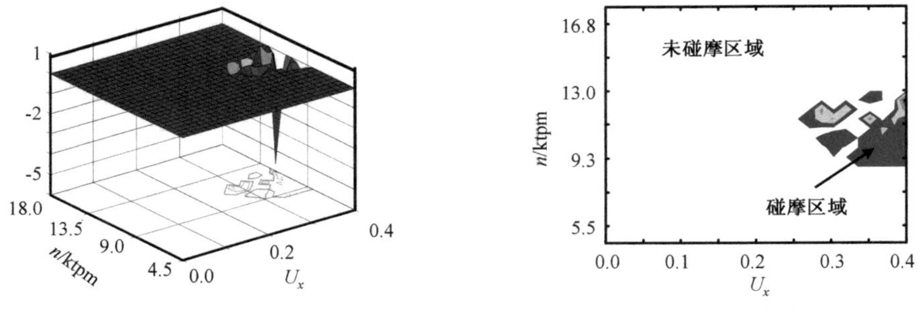

(a) U_x-n-碰摩力分岔图　　(b) U_x-n平面图

图 3-10　不同偏心比及转速下的最大碰摩力

根据图 3-10(a)可知,大部分区间内转子未发生"间隙-碰摩"行为,无量纲碰摩力为 0,当转速在(9, 13) krpm,且偏心比在(0.27, 0.4)范围内时,转子发生"间隙-碰摩"行为,且无量纲最大碰摩力为−5.7。

根据图 3-10(b)可知,大部分区间内转子都未发生"间隙-碰摩"现象;仅在右侧中部区域,转子发生"间隙-碰摩"行为,且颜色越深,转子无量纲碰摩力数值越大。

综上,为了保证磁液双悬浮轴承稳定运行,应该尽量避免转子在转速(9, 13) krpm、偏心比(0.27, 0.4)范围内长期运行。

3.3 本章小结

本章建立了二自由度支承系统“间隙-碰摩”动力学方程,模拟了不同偏心比和转速下的转子位移规律。结果表明:当偏心比大于 0.27 时,转子在整个加速过程中位移将超过液膜极限,发生“间隙-碰摩”故障,谐振转速范围为(9,13) krpm;当转子转速低于固有频率时,在偏心比变化范围内,转子都能保持单周期稳定运行,未发生“间隙-碰摩”故障。转子加速过程中,当工作速度大于固有频率时,应严格控制其偏心量在 0.27 以下,本章所作研究为磁液双悬浮轴承的发展提供了理论基础。

参考文献

[1] Kankar P K, Sharma S C, Harsha S P. Fault Diagnosis of Ball Bearings Using Machine Learning Methods [J]. Expert Systems with Applications, 2011, 38(3): 1876-1886.

[2] 陶海亮, 潘波, 高庆, 等. 滚动轴承—转子系统非线性动力响应分析[J]. 燃气轮机技术, 2013, 26(1):15-20.

[3] Muszynska A. Stability of Whirl and Whip in Rotor Bcaring System [J]. Journal of Sound and Virbration, 1988, 127(1): 49-64.

[4] Bulgarevich S B, Boiko M V, Lebedinskii K S, et al. Adsorption Separation of Components of Liquid Lubricant on Rubbing Surfaces under Sliding Friction [J]. Journal of Friction & Wear, 2015, 36(6): 534-541.

[5] Kostyuk A G, Shatokhin V F, Volokhovskaya O A, et al. Specific Features Relating to the Motion of a Rotor with Rubbing against the Stator [J]. Thermal Engineering, 2013, 60(9): 628-634.

[6] 张钢, 殷庆振, 蒋德得, 等. 5 自由度磁悬浮轴承-转子系统非线性动力学研究[J]. 机械工程学报, 2010, 46(20): 15-21.

[7] 祝长生. 主动电磁轴承失效后转子坠落在备用轴承过程中的非线性动力学[J]. 机械工程学报, 2006 (7): 200-206.

[8] Nikiforov A N. A Vibroimpact Motion, Slippage and Return of the Rotor on the Stator [J]. Journal of Machinery Manufacture and Reliability, 2012, 41(1): 11-19.

[9] Schweitzer G, Maslen E H. Magnetic Bearings: Theory, Design, and Application to Rotating

Machinery [M]. Berlin: Springer, 2009: 15-17.

[10] Xu H Z, Wang N F, Jiang D X, et al. Dynamic Characteristics and Experimental Research of Dual-Rotor System with Rub-Impact Fault [J]. Shock and Vibration, 2016(6): 1-11.

[11] Zhao J H, Zhang G J, Cao J B, et al. Decoupling Control of Single DOF Supporting System of Magnetic-Liquid Double Suspension Bearing [J]. Machine Tool & Hydraulics, 2020, 48(18): 1-8.

[12] 孙保苍，梁荣生，陈威. 磁悬浮轴承-转子系统非线性行为的控制[J]. 噪声与振动控制，2011，31(3): 11-14.

[13] 程力，程贵生，杨晶. 高转速下舰艇轴承磨损自动修复方法[J]. 舰船科学技术，2019，41(20): 203-205.

[14] 谢振宇，牟伟兴，周红凯，等. 基于转速的磁悬浮轴承转子系统变参数控制[J]. 振动工程学报，2012，25(6): 739-744.

[15] Torkhani M, May L, Voinis P. Light, Medium and Heavy Partial Rubs during Speed Transients of Rotating Machines: Numerical Simulation and Experimental Observation [J]. Mechanical Systems and Signal Processing, 2012(29): 45-66.

[16] 商远杰，林建中，刘献军，等. 静压轴承对电主轴转子系统动态特性的影响分析[J]. 机械科学与技术，2015，34(5): 688-693.

[17] 单小磊. 磁悬浮转子系统的动力学行为分析[J]. 时代农机，2015，42(12): 34-36.

[18] 彭刚，李超，曹冲，等. 冲击激励转子系统动力学响应及安全性设计[J]. 推进技术，2018，39(5): 1111-1121.

第 4 章　三自由度支承系统转子"间隙-碰摩"动力学行为规律

4.1　三自由度支承系统转子"间隙-碰摩"动力学数学模型

不平衡量转子在磁液双悬浮轴承支承系统中的模型如图 4-1 所示。

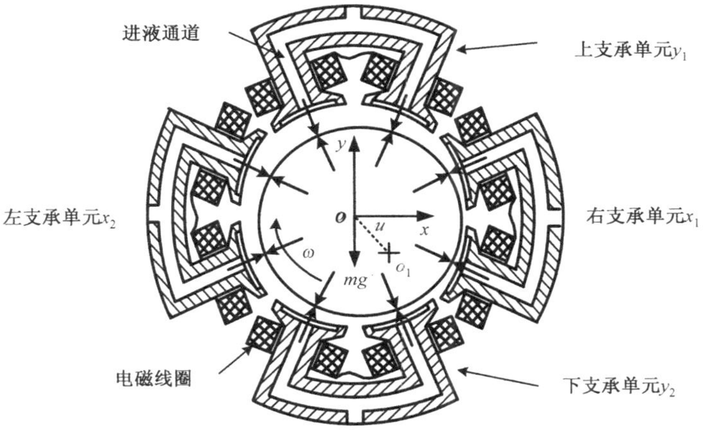

图 4-1　不平衡转子在轴承系统中的力学模型

三自由度磁液双悬浮轴承支承系统的数学模型如下所示。

1. 液体静压力

在工作状态下,考虑油液挤压效应的液体静压力在 x、y 方向表达式为:

$$\begin{cases} F_{Lx} = F_{Lx,2} - F_{Lx,1} \\ F_{Ly} = F_{Ly,2} - F_{Ly,1} \end{cases} \tag{4-1}$$

其中,

$$\begin{cases} F_{Lx,j} = \sum_{j=1}^{2}\left\{\dfrac{(-1)^j 2p_s A_e\cos\varphi}{1+(\beta-1)\left[1+(-1)^j \dfrac{x}{h_0}\cos\varphi\right]^3} - 2A_b A_e R_{hj,x}\dot{x}\cos^2\varphi\right\} \\ F_{Ly,j} = \sum_{j=1}^{2}\left\{\dfrac{(-1)^j 2p_s A_e\cos\varphi}{1+(\beta-1)\left[1+(-1)^j \dfrac{y}{h_0}\cos\varphi\right]^3} - 2A_b A_e R_{hj,y}\dot{y}\cos^2\varphi\right\} \end{cases}$$

$$\begin{cases} R_{hj,x} = \dfrac{\mu}{\bar{B}[h_0+(-1)^j x\cos\varphi]^3} \\ R_{hj,y} = \dfrac{\mu}{\bar{B}[h_0+(-1)^j y\cos\varphi]^3} \end{cases} \quad j=1,2$$

2. 电磁悬浮支承力

转子在 x、y 方向电磁力均为 PD 控制，其表达式为：

$$\begin{cases} F_{Mx} = F_{Mx,1} - F_{Mx,2} \\ F_{My} = F_{My,1} - F_{My,2} \end{cases} \tag{4-2}$$

其中，

$$\begin{cases} F_{Mx,j} = 2k\cos\varphi\sum_{j=1}^{2}(-1)^{j+1}\left[\dfrac{i_{Mx,j}}{h_0+2l+(-1)^j x\cos\varphi}\right]^2 \\ F_{My,j} = 2k\cos\varphi\sum_{j=1}^{2}(-1)^{j+1}\left[\dfrac{i_{My,j}}{h_0+2l+(-1)^j y\cos\varphi}\right]^2 \end{cases}$$

$$\begin{cases} i_{Mx,j} = i_0 + (-1)^j(k_{px}x + k_{dx}\dot{x}) \\ i_{My,j} = i_0 + (-1)^j(i_{0y} + k_{py}y + k_{dy}\dot{y}) \end{cases} \quad j=1,2$$

3. 不平衡力

转子在 x、y 方向所受不平衡力表达式为：

$$\begin{cases} U_x = mu\omega^2\cos\omega t \\ U_y = mu\omega^2\sin\omega t \end{cases} \tag{4-3}$$

式中：

U——不平衡力，N；

u——转子不平衡量，μm；

ω——转子角速度，rad/s。

4. 碰摩力

转子在与定子发生接触碰摩时径向碰摩力和切向碰摩力的表达式为：

$$\begin{cases} F_n = \begin{cases} k_1\delta^{e_1} + c_1V_1 & \delta \geqslant 0 \\ 0 & \delta < 0 \end{cases} \\ F_t = f_1F_n \end{cases} \tag{4-4}$$

其中，

$$\delta = \sqrt{x^2 + y^2} - h_0, V_1 = \frac{\dot{x}x + \dot{y}y}{\sqrt{x^2 + y^2}}$$

将其分别分解到 x、y 方向上，可得：

$$\begin{cases} F_x = \dfrac{-F_n}{\sqrt{x^2 + y^2}}(x - f_1y) \\ F_y = \dfrac{-F_t}{\sqrt{x^2 + y^2}}(f_1x + y) \end{cases} \tag{4-5}$$

式中：

F_n、F_t——径向和切向碰摩力，N；

F_x、F_y——碰摩力在 x、y 方向上的分量，N；

δ——转子侵入定子深度，μm；

V_1——转子相对定子的法向速度，m/s；

k_1——定子径向刚度，N/m；

e_1——接触系数，无量纲；

c_1——定子径向阻尼，N · s/m^5；

f_1——摩擦系数，无量纲。

5. 三自由度力学模型

结合图 4-1，建立磁液双悬浮轴承系统的三自由度力学模型：

$$\begin{cases} F_{Lx} + F_{Mx} + F_x + U_x = m\ddot{x} \\ F_{Ly} + F_{My} + F_y + U_y - mg = m\ddot{y} \\ J\theta = -F_tr \end{cases} \tag{4-6}$$

式中：

J——转子转动惯量，kg · m^2；

r——转子半径，m。

三自由度磁液双悬浮轴承系统初始设计参数如表 4-1 所示。

表 4-1　三自由度磁液双悬浮轴承系统初始设计参数

转子质量 m/kg	不平衡量 u/μm	转动惯量 J/(kg · m^2)
10	0	0.05
转子半径 r/m	x 方向比例系数 k_{px}/(无量纲)	x 方向微分系数 k_{dx}/(无量纲)
0.1	1.3×10^4	0.5
定子刚度 k_1/(N/m$^{-10/9}$)	定子阻尼 c_1/(N · m/s)	接触系数 e_1/(无量纲)
3.5×10^8	1×10^3	10/9
摩擦系数 f_1/(无量纲)	y 方向比例系数 k_{py}/(无量纲)	y 方向微分系数 k_{dy}/(无量纲)
0.1	1.1×10^4	0.5

转子不平衡量和转速仿真范围为:u=(0~10) μm,n=(3 000~9 000) rpm。

本章仿真系统上单元故障、上/下单元故障和右单元故障情况下的碰摩动力学行为,其碰摩动力学数学模型如下所示:

① 上单元故障:令式(4-2)中 $F_{My,1}=0$ 即可。

② 上/下单元故障:令式(4-2)中 $F_{My,1}=F_{My,2}=i_0$ 即可。

③ 右单元故障:令式(4-2)中 $F_{Mx,1}=0$ 即可。

4.2 电磁故障下的转子碰摩动力学行为数值仿真

4.2.1 上单元故障下的碰摩动力学行为

上单元故障时,最大碰摩力随转速 n 和偏心量 u 的变化情况如图 4-2 所示。

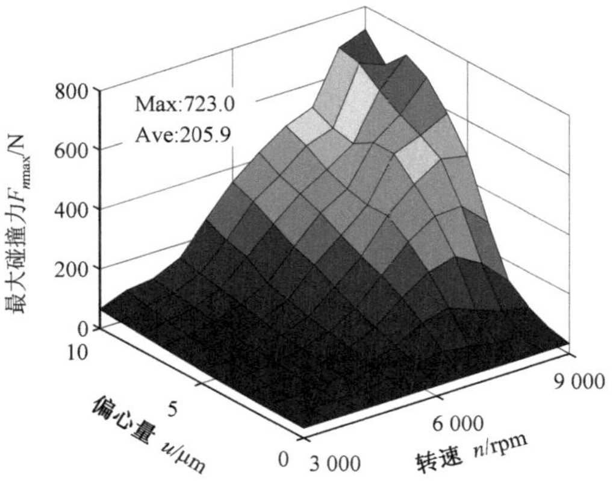

图 4-2　上单元故障下的最大径向碰摩力变化情况

根据图 4-2 可知,在转子平衡(即偏心量为 0)的情况下,转速的改变不会影响最大径向碰摩力的值;而在参数的其余取值范围内,最大径向碰摩力随着转速和偏心量的增加呈现增大的趋势;其最大值出现在 $u=10$ μm、$n=9\ 000$ rpm 的组合情况下。现将该情况作为典型范例,仿真分析该模式下的转子轴心轨迹以及轴承系统的运行规律,如图 4-3 和图 4-4 所示。

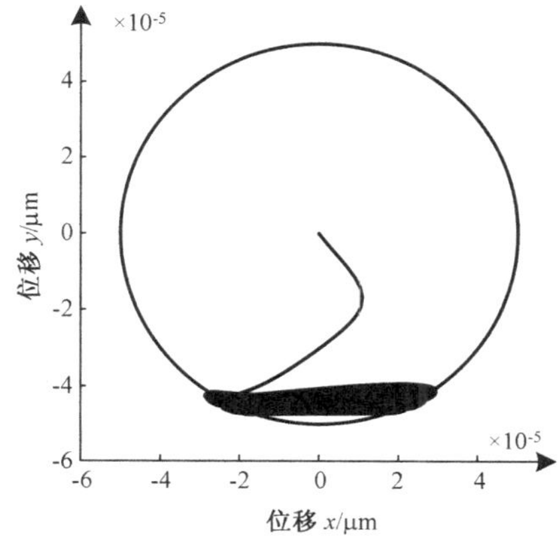

图 4-3　上单元故障转子跌落轴心轨迹

由图 4-3 中的轴心轨迹可知,不平衡转子在上单元故障下将迅速跌落至间隙圆底部,并发生沿 x 方向的反复窜动碰摩现象,其不同于传统转子电磁故障后的"弹跳-涡动"现象,转子与间隙圆的底部始终有小部分区域未发生接触碰摩。

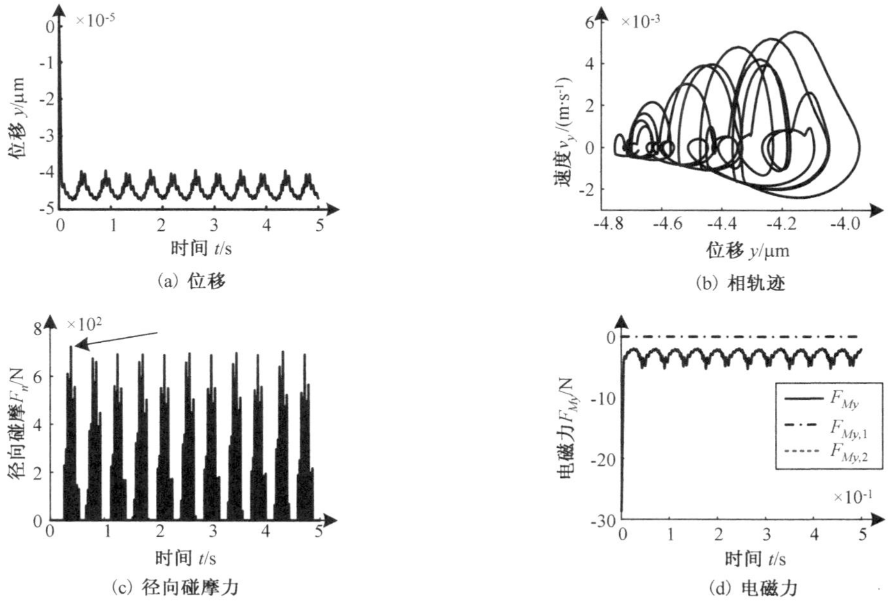

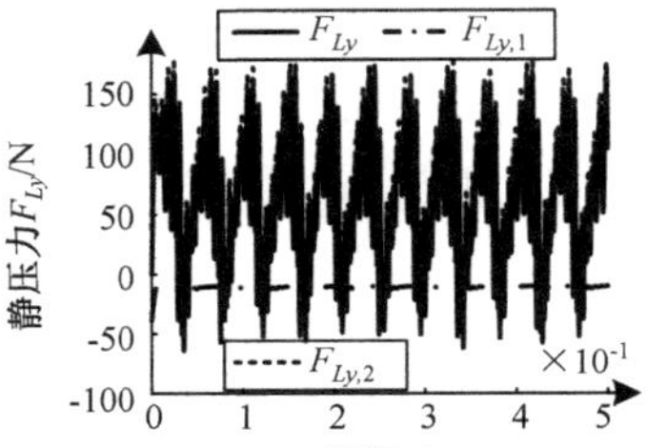

(e) 静压力

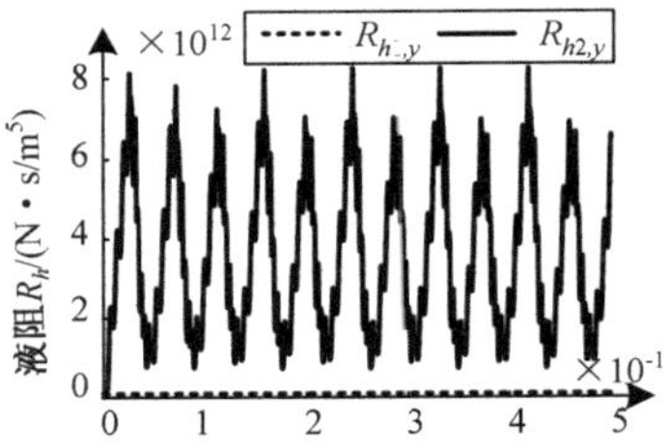

(f) 液阻

图 4-4　上单元故障下的轴承运行规律

在反复窜动碰摩阶段，由图 4-4 可知，转子位移呈现两种不同波形的周期性变化，相轨迹出现复杂的收敛曲线，表明转子在碰摩时有剧烈的不规则抖动并且其位移和速度在不断地减小，但减小的幅度不大，速度逐渐趋近于 0 而位移逐渐向−50 μm 靠近；径向碰摩力出现两簇类似波形的周期性变化，对应了两种不同波形的转子位移；上单元电磁力为 0，残余电磁力仅由下单元提供，其变化受位移影响，也呈现两种不同波形的周期性变化；上支承单元的液阻 $R_{h1,y}$ 变化很小，对应的静压力 $F_{Ly,1}$ 稳定至 0 位附近，而下支承单元的液阻 $R_{h2,y}$ 发生剧烈变化，对应的静压力 $F_{Ly,2}$ 由于油液的动态挤压效应也发生剧烈的变化，静压合力 F_{Ly} 随其发生剧烈的改变。

4.2.2　上/下单元故障下的碰摩动力学行为

上/下单元故障状态下，转子/定子接触碰摩时最大径向碰摩力随转速 n 和偏心量 u 的变化情况如图 4-5 所示。

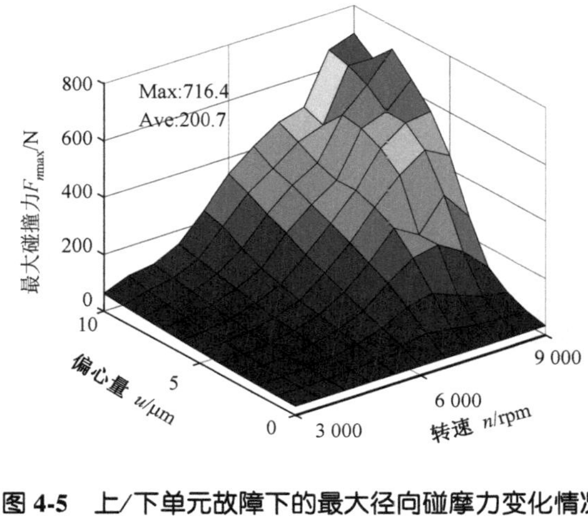

图 4-5　上/下单元故障下的最大径向碰摩力变化情况

根据图 4-5 可知，在转子平衡的情况下，转速的改变不会影响最大径向碰摩力的值；而在参数的其余取值范围内，最大径向碰摩力随着转速和偏心量的增加呈现增大的趋势；其最大

值出现在 $u=8\ \mu m$、$n=9\ 000$ rpm 的组合情况下。现将该情况作为典型范例，仿真分析该模式下的转子轴心轨以及轴承系统的运行规律，如图 4-6 和图 4-7 所示。

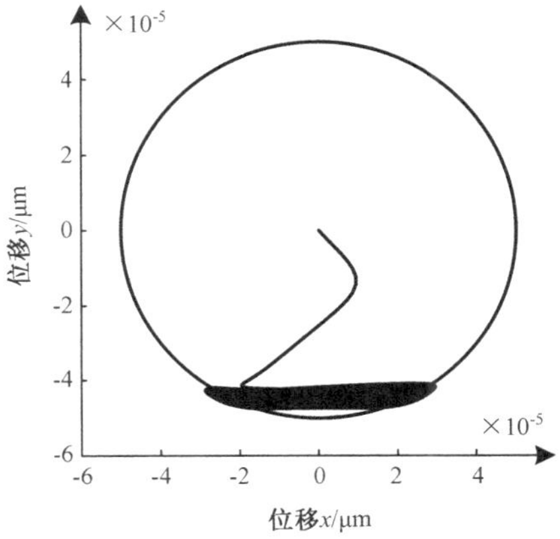

图 4-6　上/下单元故障转子跌落轴心轨迹

由图 4-6 中的轴心轨迹可知，不平衡转子在上/下单元故障下将迅速跌落至间隙圆底部，并发生沿 x 方向的反复窜动碰摩现象，其不同于传统转子电磁故障后的"弹跳-涡动"现象，转子与间隙圆的底部始终有小部分区域未发生接触碰摩。

将图 4-6 与图 4-3 对比可知，上/下单元故障下的转子跌落轴心轨迹与上单元故障下的轨迹十分相似，均会产生沿 x 方向的反复窜动碰摩现象，且在间隙圆底部留有小部分区域不发生接触碰摩。

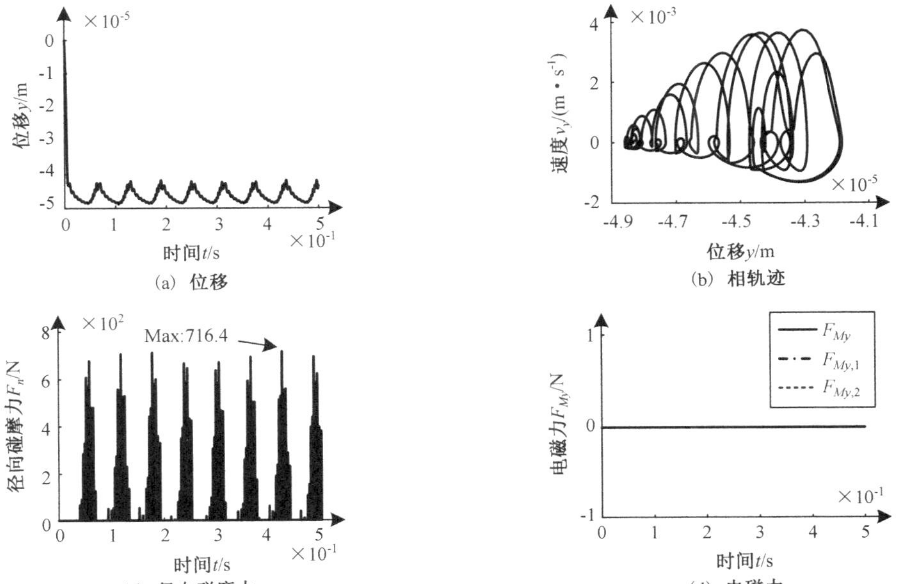

(a) 位移　(b) 相轨迹　(c) 径向碰摩力　(d) 电磁力

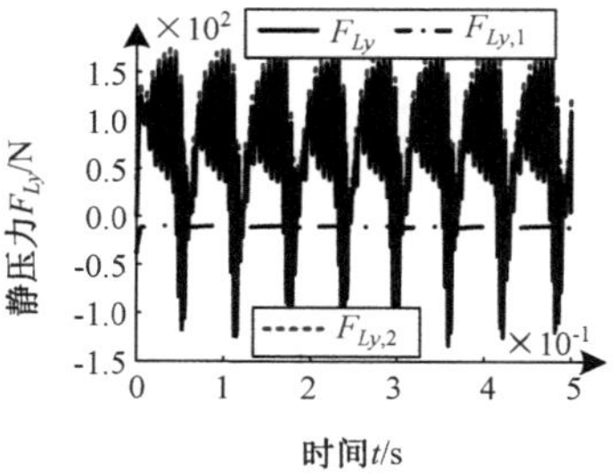

(e) 静压力

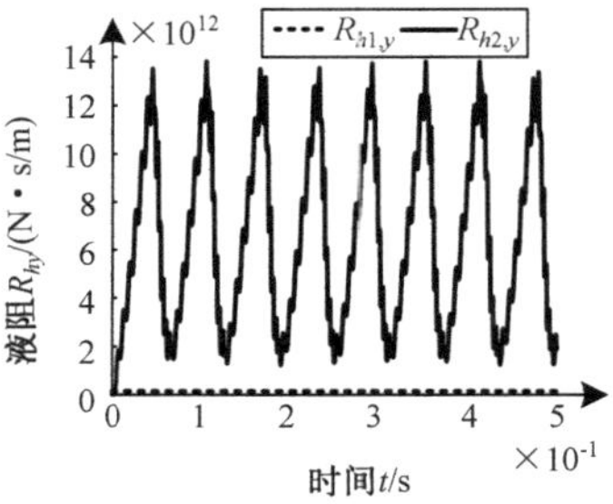

(f) 液阻

图 4-7 上/下单元故障下的轴承运行规律

在反复窜动碰摩阶段,由图 4-7 可知,转子位移呈现波形相似的周期性变化,相轨迹出现复杂的收敛曲线,表明转子在碰摩时有剧烈的不规则抖动并且其位移和速度在不断地减小,但减小的幅度不大,速度逐渐趋近于 0 而位移逐渐向-50 μm 靠近;径向碰摩力出现成簇类似波形的周期性变化;上/下单元电磁力均为 0,系统无残余电磁力;上支承单元的液阻 $R_{h1,y}$ 变化很小,对应的静压力 $F_{Ly,1}$ 稳定至 0 位附近,而下支承单元的液阻 $R_{h2,y}$ 发生剧烈变化,对应的静压力 $F_{Ly,2}$ 由于油液的动态挤压效应也发生剧烈的变化,静压合力 F_{Ly} 随其发生剧烈的改变。

对比图 4-4 和图 4-7,转子在该故障下引发的碰摩现象与上单元故障下的碰摩较为相似,但上/下单元故障时的 y 方向位移、相轨迹和径向碰摩力呈现的周期性波形更少,变化的频率更小,并且相应产生的液阻变化和静压力变化频率更小,更具有规律性,说明转子在该故障下产生的接触碰摩现象相比于单个上单元故障的情况下产生的程度更低,对系统的损害也更小。

4.2.3 右单元故障下的碰摩动力学行为

右单元故障下,轴承系统在转速 n 和偏心量 u 参数仿真范围内均未出现接触碰摩现象。现取 $u=10$ μm、$n=9\ 000$ rpm 的组合情况对其转子轴心轨迹以及轴承系统的运行规律进行仿真分析,如图 4-8 和图 4-9 所示。

由图 4-8 中的轴心轨迹可知,不平衡转子在右单元故障下并不与间隙圆发生接触碰摩,而在间隙圆中心偏左位置进入了新的平衡涡动状态。

对比图 4-3 和图 4-6 可知,转子在右单元故障下,即使仿真参数为最大偏心量和转速下的转子跌落轴心轨迹也会发生接触碰摩现象,由此可推断在非负载方向上即使出现电磁故障的情况,轴承系统也能够稳定运行。

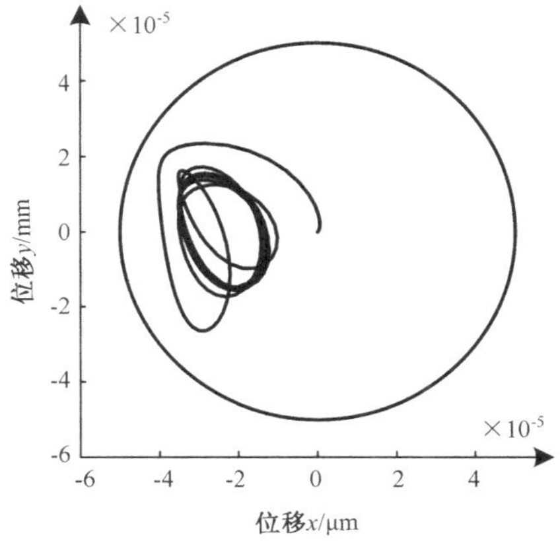

图 4-8　右单元故障转子跌落轴心轨迹

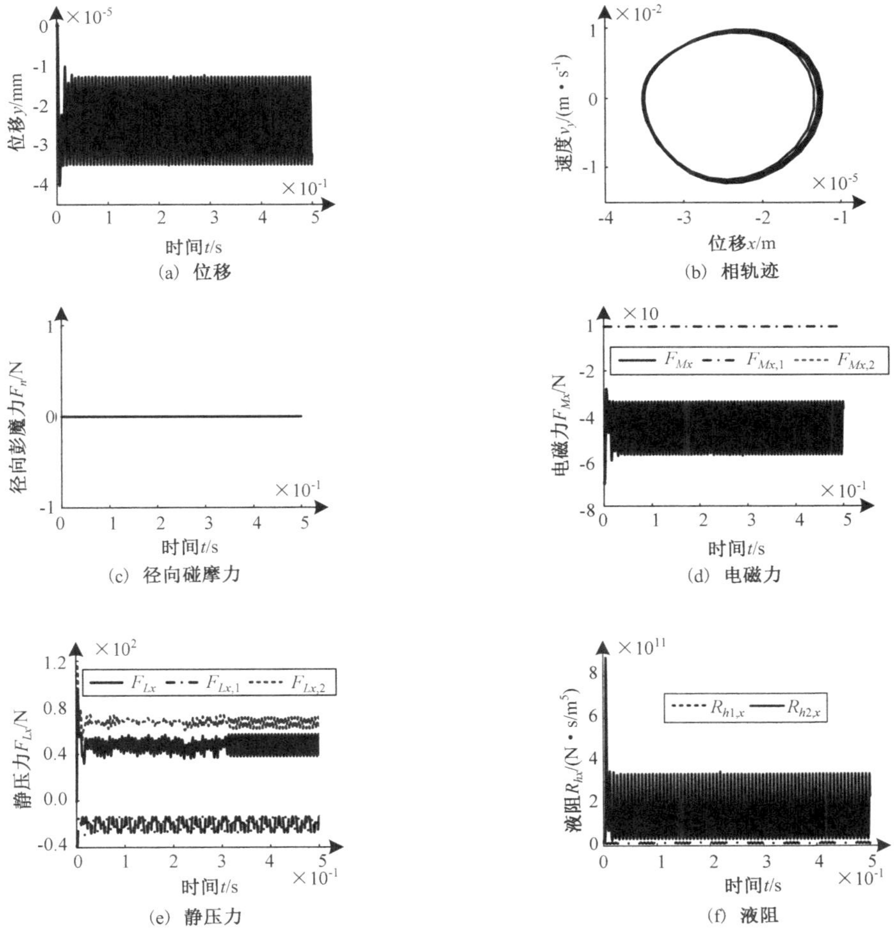

图 4-9　右单元故障下的轴承运行规律

在平衡涡动阶段，由图4-9可知，转子位移呈现单频率的周期变化，相轨迹为单周期闭合圆环，表明转子在该阶段位移和速度均进入较为稳定的状态，速度在0位置附近变化且位移维持在-35 μm左右；右单元电磁力为0，残余电磁力仅由左单元提供，其变化受位移影响，也呈现单频率的周期变化；右支承单元的液阻 $R_{h1,x}$ 维持在0位附近，对应的静压力 $F_{Lx,1}$ 增加至-200 N左右，而下支承单元的液阻 $R_{h2,y}$ 受位移影响呈现单频率的周期变化，对应的静压力 $F_{Lx,2}$ 也随之发生周期性改变，静压合力 F_{Lx} 变化形式与 $F_{Lx,2}$ 类似。

将图4-9与图4-4和图4-7对比，转子在该模式下与上单元故障和上/下单元功放故障的情况下均不同，该模式下的转/定子不会发生接触碰摩现象，转子的轴心轨迹最终稳定在间隙圆中心左侧，转子的位移、相轨迹、电磁力和静压力均呈现周期性的变化。该结果说明静压系统所带来的油液挤压效应在非负载方向上可缓解电磁故障时的碰摩现象。

4.3 本章小结

本章通过建立上单元、上/下单元、右单元三种故障模式下三自由度支承系统的“跌落-碰摩”动力学方程，模拟了不同转速和不平衡量对碰摩动力学行为的影响规律。研究表明：上单元、上/下单元故障模式下，转子会与定子发生接触碰摩，最终运动状态为位于间隙圆底部的反复“窜动碰摩”现象（非反复的正/反涡动现象），其中最大径向碰摩力随着转速和不平衡量的增大而增加；右单元故障模式下，转子不与定子发生接触碰摩，最终状态为位于间隙圆中心偏左位置的稳定涡动运行。与传统主动电磁轴承相比，静压系统的动态挤压效应会对转子“跌落—碰摩”现象起到一定的抑制作用，能够减缓负载方向碰摩的程度以及防止非负载方向的接触碰摩。

参考文献

[1] Zhao J H, Zhang B, Chen T, et al. Influence of Liquid Film Thickness on Bearing Characteristics of Magnetic-Liquid Suspension Guide-Way [J]. Journal of Engineering, 2018 (10): 2-9.

[2] Zhao J H, Zhang G J, Cao J B, et al. Decoupling Control of Single DOF Supporting System of Magnetic-Liquid Double Suspension Bearing [J]. Machine Tool & Hydraulics, 2020, 48(18): 1-8.

[3] 熊万里，胡灿，吕浪，等. 可控节流参数对液体静压轴承特性的影响研究 [J]. 机械工程学报，2017，22(12): 3354-3359.

[4] Zhao J H, Yan W D, Wang Z Q, et al. Study on Clearance-Rubbing Dynamic Behavior of 2-

DOF Supporting System of Magnetic-Liquid Double Suspension Bearing [J]. Processes, 2020 (8): 973-988.

[5] Ebrahimi R, Ghayour M, Khanlo H M. Nonlinear Dynamic Analysis and Experimental Verification of a Magnetically Supported Flexible Rotor System with Auxiliary Bearings [J]. Mechanism and Machine Theory, 2018 (121): 545-562.

[6] Zhao J H, Wu X C, Wang J, et al. Influence of Oil Sealing Belt on Dynamic and Static Characteristic of Closed Type Liquid Hydrostatic Slide [J]. Machine Tool & Hydraulics, 2018, 46(6): 47-53, 81.

[7] Zhao J H, Liang Y N, Gao D R. Oil Pocket's Bearing Capacity Analysis of Liquid Hydrostatic Worktable in Gantry Moving Milling Center [J]. Chinese Journal of Mechanical Engineering, 2014, 27(5): 1008-1017.

[8] Yang Z G, Li W, Gou Y N, et al. Research on Radial Force of Permanent Magnet Synchronous Motor Based on Maxwell [J]. Journal of Electrical Engineering & Technology, 2020, 15: 2601-2608.

[9] 蒋磊. 转子跌落在保护轴承上的动力学研究 [D]. 南京：南京航空航天大学，2011.

[10] 魏鹏，王云峰，杨勇，等. 高速悬浮转子跌落在保护轴承上的碰撞力研究 [J]. 振动与冲击，2018，37(20)：251-258.

第5章 四自由度支承系统转子“间隙-碰摩”动力学行为规律

5.1 四自由度支承系统转子“间隙-碰摩”动力学数学模型

本小节以含有碰摩故障的简化对称刚性支承转子-轴承系统为研究对象，如图 5-1(a)所示。

转子两端采用磁液双悬浮轴承支承，O_1 为磁液双悬浮轴承支承几何中心，O_2 为转子几何中心，O_3 为转子质心，m_1 为转子在磁液双悬浮轴承支承处的集中质量，m_2 为转子在圆盘处的集中质量，c_1 为转子在磁液双悬浮轴承支承处的阻尼系数，c_2 为转子圆盘阻尼系数，k 为弹性转子刚度，k_c 为定子刚度，F_x、F_y 为磁液双悬浮轴承作用在转轴上的支承合力。

对碰摩转子进行简化，不考虑摩擦的热效应，并假设转子和静子部件的碰摩为弹性碰摩，变形为弹性变形，碰摩为局部碰摩。在此假设条件下，转子局部碰摩力模型如图 5-1(b)所示。图中 P_N 为径向碰撞力，P_T 为切向摩擦力，φ 为碰摩点的法向与 x 轴的夹角，w 为转子角速度，e 为转子轴心位移。

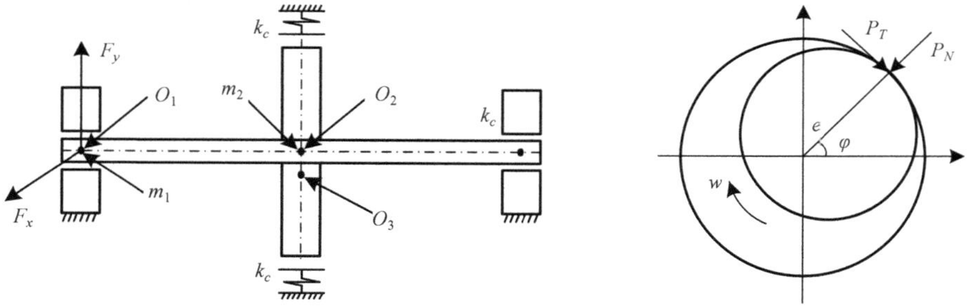

(a) 碰摩转子简图　　(b) 局部碰摩模型

图 5-1 磁液双悬浮轴承支承下转子系统力学模型

碰撞力 P_N 与摩擦力 P_T 的数学表达式如下所示：

$$\begin{cases} P_N = (e_i - h_0)k_c \\ P_T = fP_N \end{cases} \tag{5-1}$$

式中，$e_i=\sqrt{x_i^2+y_i^2}\geqslant h_0, i=1,2$。

根据图 5-1(b)所示，将式(5-1)放置于 x,y 轴进行分解，得到 x 和 y 方向上的碰摩力表达式：

$$\begin{Bmatrix} f_{x_i} \\ f_{y_i} \end{Bmatrix} = -\frac{(e_i-h_0)k_c}{e_i}\begin{bmatrix} 1 & -f \\ f & 1 \end{bmatrix}\begin{Bmatrix} x_i \\ y_i \end{Bmatrix} \tag{5-2}$$

将式(5-2)所示的 x、y 方向上的碰摩力进行无量纲化处理，得到：

$$\begin{Bmatrix} f_{X_i} \\ f_{Y_i} \end{Bmatrix} = -\left(1-\frac{h_0}{e_i}\right)h_0k_c\begin{bmatrix} 1 & -f \\ f & 1 \end{bmatrix}\begin{Bmatrix} X_i \\ Y_i \end{Bmatrix} \tag{5-3}$$

假定转子左端磁液双悬浮轴承处的径向位移为 x_1,y_1；转子转盘处的径向位移为 x_2,y_2；设 $X_1=\dfrac{x_1}{h_0}$，$Y_1=\dfrac{y_1}{h_0}$，$X_2=\dfrac{x_2}{h_0}$，$Y_2=\dfrac{y_2}{h_0}$，并引入无量纲时间 τ，则磁液双悬浮轴承支承下碰摩转子系统的无量纲运动微分方程为：

$$\begin{cases} \ddot{X}_1=-\dfrac{c_1}{w_nm_1}\dot{X}_1-\dfrac{k}{w_n^2m_1}(X_1-X_2)-\dfrac{F_X(X_1,\dot{X}_1,X_1^2,X_1\dot{X}_1)}{h_0w_n^2m_1}+\dfrac{f_{X_1}}{h_0w_n^2m_1} \\ \ddot{Y}_1=-\dfrac{c_1}{w_nm_1}\dot{Y}_1-\dfrac{k}{w_n^2m_1}(Y_1-Y_2)-\dfrac{F_Y(Y_1,\dot{Y}_1,Y_1^2,Y_1\dot{Y}_1)}{h_0w_n^2m_1}+\dfrac{f_{Y_1}}{h_0w_n^2m_1} \\ \ddot{X}_2=-\dfrac{c_2}{w_nm_2}\dot{X}_2-\dfrac{2k}{w_n^2m_2}(X_2-X_1)+\dfrac{f_{X_2}}{h_0w_n^2m_2}+\rho w^2\cos w\tau \\ \ddot{Y}_2=-\dfrac{c_2}{w_nm_2}\dot{Y}_2-\dfrac{2k}{w_n^2m_2}(Y_2-Y_1)+\dfrac{f_{Y_2}}{h_0w_n^2m_2}+\rho w^2\sin w\tau-\dfrac{g}{h_0w_n^2} \end{cases} \tag{5-4}$$

式中，w 为转速比，$w=\dfrac{w_s}{w_n}$，w_s 为转子角频率，w_n 为转子固有频率，ρ 为偏心比，$\rho=\dfrac{e}{h_0}$。

5.2　四自由度支承系统转子"间隙-碰摩"动力学行为数值仿真

碰摩转子运行规律与分岔参数有着密切的关系，分岔参数的变化会导致碰摩转子体现出非常复杂的运行特征，如周期、倍周期、拟周期甚至混沌状态，系统参数如表 5-1 所示。

本节根据上述参数，运用四阶 Runge-Kutta 法对微分方程进行求解，深入分析不同分岔参数对磁液双悬浮轴承支承下碰摩转子系统的运行规律的影响。

表 5-1　仿真参数

轴承集中质量 m_1/kg	转盘集中质量 m_2/kg	阻尼系数 c_1/(N·s/m^5)
4	32	1 050
阻尼系数 c_2/(N·s/m^5)	弹性转子刚度 k/(N·m^{-1})	摩擦系数 f/(无量纲)
2 100	2.5×10^7	0.2
定子刚度 k_c/ N·m^{-1}	转速仿真范围 n/(krpm)	偏心比仿真范围 ρ/(无量纲)
6×10^7	4.0~24.0	0~0.4

5.2.1　转速对转子位移的影响规律

转速是研究磁液双悬浮轴承系统运行特性的重要参数之一，分析转子位移随转速变化的振动规律具有重要的实际工程意义。磁液双悬浮轴承在一定转速范围内工作，当转子的实际转速接近其固有频率时，将会发生强烈的共振现象，使转子位移达到最大，超过间隙极限造成碰摩故障。本节以转速为分岔参数，选取几组不同的偏心比参数为定值，来获取转子位移随转速升高的振动规律，如图 5-2 所示。

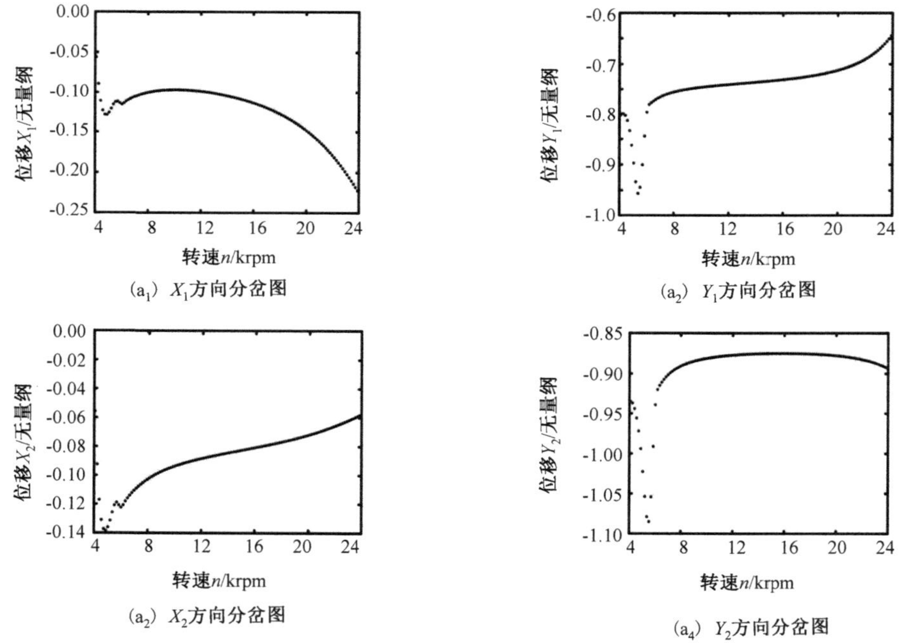

(a_1) X_1方向分岔图　(a_2) Y_1方向分岔图

(a_2) X_2方向分岔图　(a_4) Y_2方向分岔图

(a) ρ=0.1时的系统分岔图

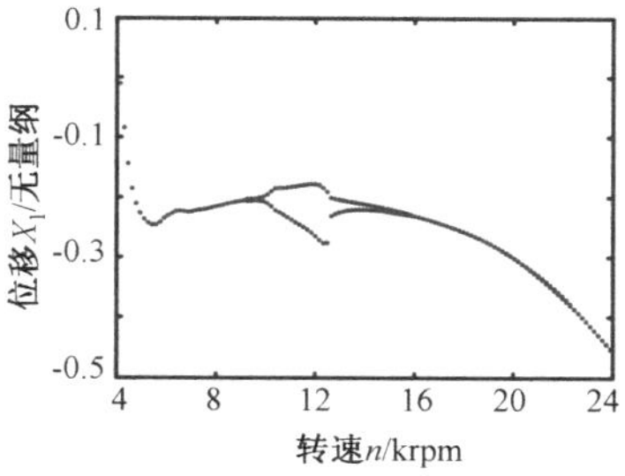

(b_1) X_1方向分岔图

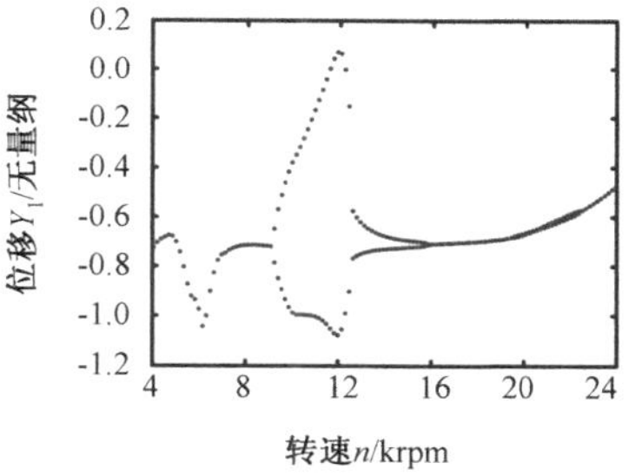

(b_2) Y_1方向分岔图

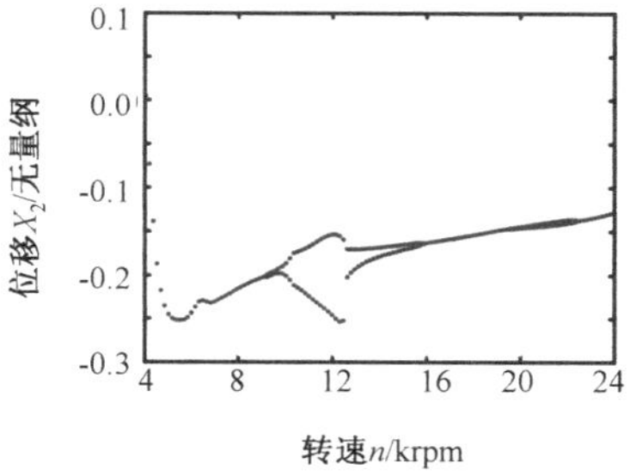

(b_3) X_2方向分岔图

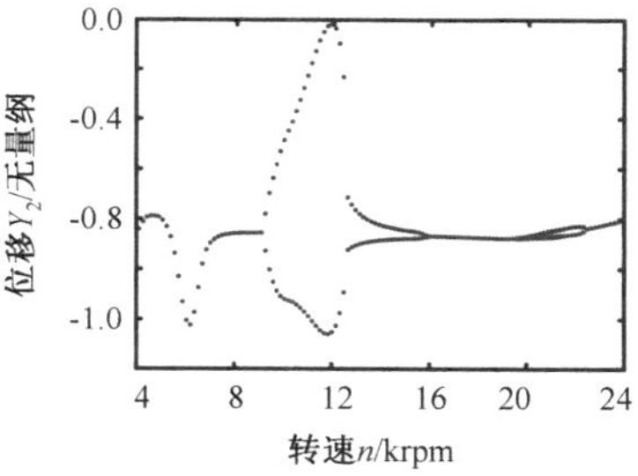

(b_4) Y_2方向分岔图

(b) ρ=0.2时的系统分岔图

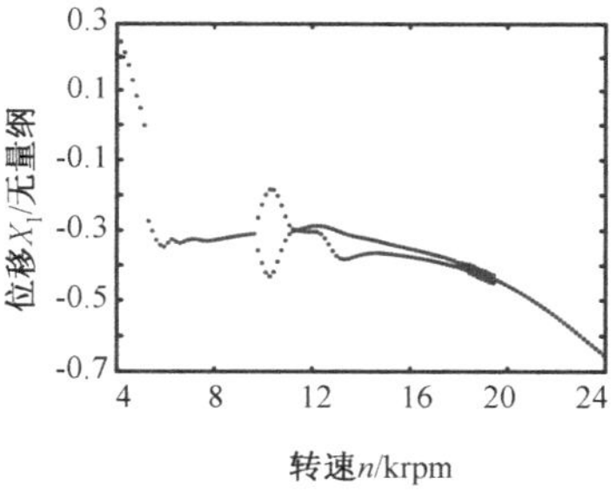

(c_1) X_1方向分岔图

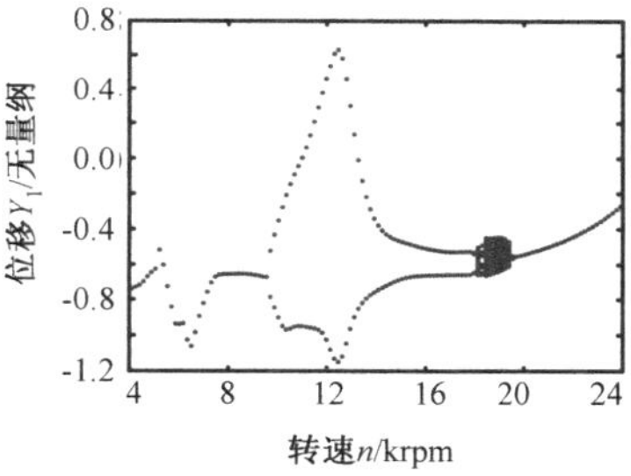

(c_4) Y_1方向分岔图

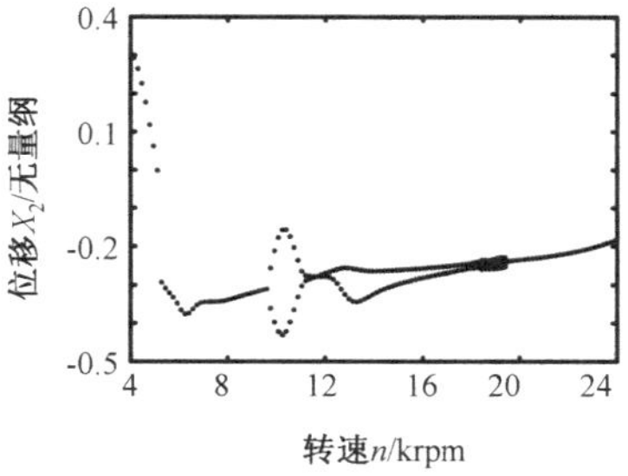

(c_3) X_2方向分岔图

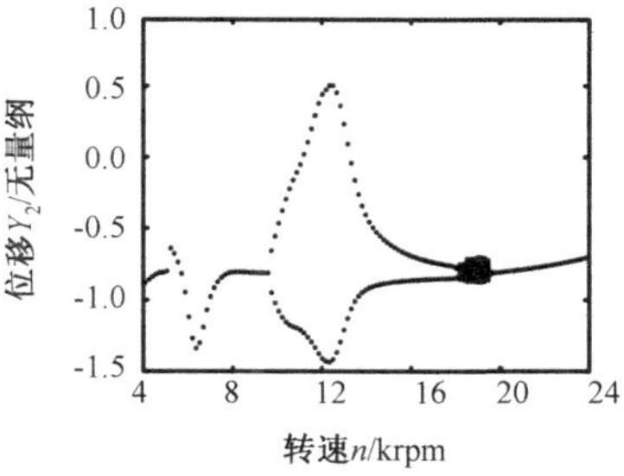

(c_4) Y_2方向分岔图

(c) ρ=0.3时的系统分岔图

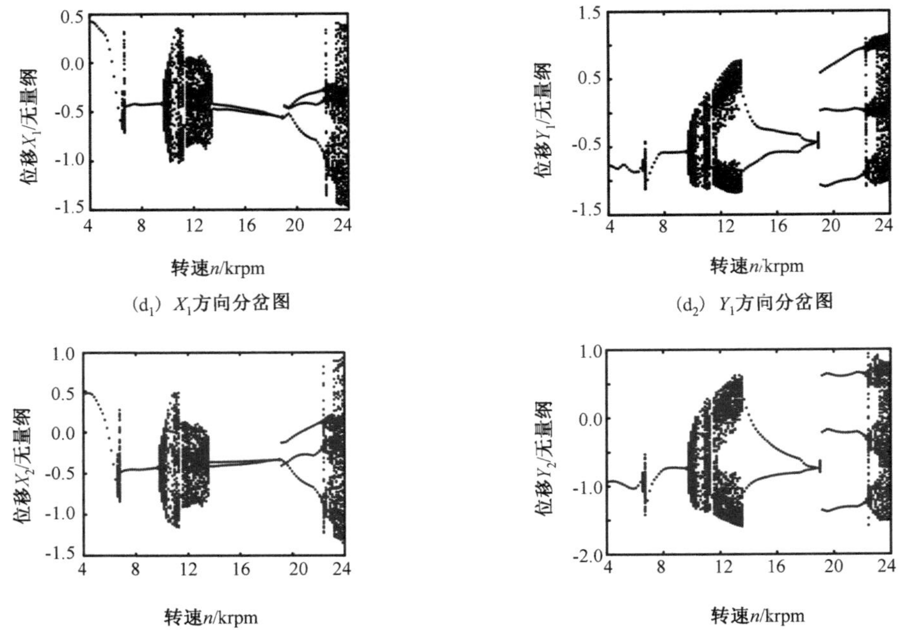

(d_1) X_1方向分岔图　(d_2) Y_1方向分岔图

(d_3) X_3方向分岔图　(d_4) Y_2方向分岔图

(d) ρ=0.4时的系统分岔图

图 5-2　不同偏心比下转子位移随转速变化的分岔曲线

根据图 5-2 可知，当 $\rho=0.1$ 时，在整个加速过程中，转子保持稳定，转子位移表现为单一曲线；当 $\rho=0.2$ 时，在整个加速过程中，转子出现倍周期分岔，转子位移曲线出现一分为二的情况；当 $\rho=0.3$ 时，在加速过程中，转子位移表现为倍周期分岔、拟周期分岔多种运动情况；当 $\rho=0.4$ 时，在整个加速过程中，转子依次呈现出单周期→拟周期→单周期→混沌→两倍周期→三倍周期→混沌的变化规律(如表 5-2 所示)。

表 5-2　不同转速下的转子运动规律

转速范围 n/krpm	(4.0~5.0)	(5.0~7.0)	(7.0~9.5)	(9.5~15)	(15~19)	(19~22)	(22~24)
转子运动规律	单周期	拟周期	单周期	混沌	两倍周期	三倍周期	混沌
测试转速 n/krpm	4.5	5.5	7.5	12	17	21	23

为了进一步研究转子位移在不同转速区间所表现出的运动规律，以偏心比 $\rho=0.4$ 为例详细分析转子位移的运行规律。

根据表 5-2 可知，不同转速下转子的位移可以表现出非常丰富的动力学行为，因此选取不同的测试转速，进一步研究转速对转子位移的影响，如图 5-3 至图 5-7 所示。

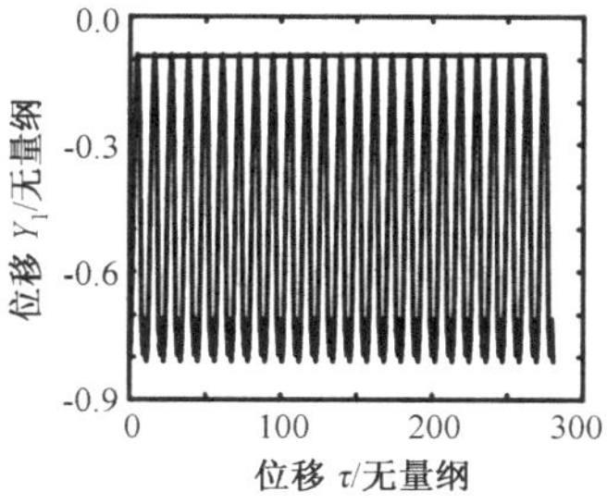

(a) 时间历程Y_1

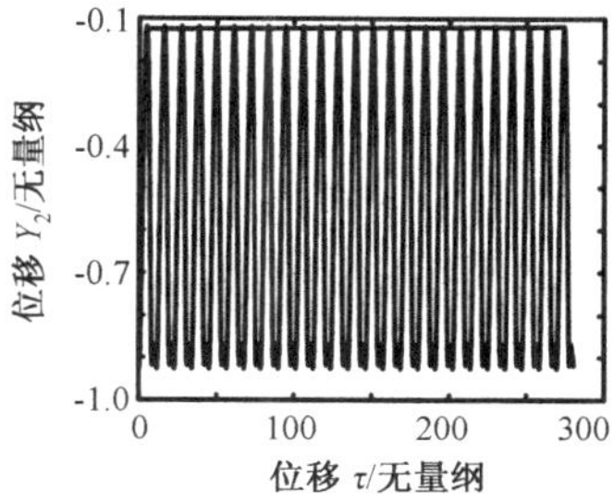

(a) 时间历程Y_2

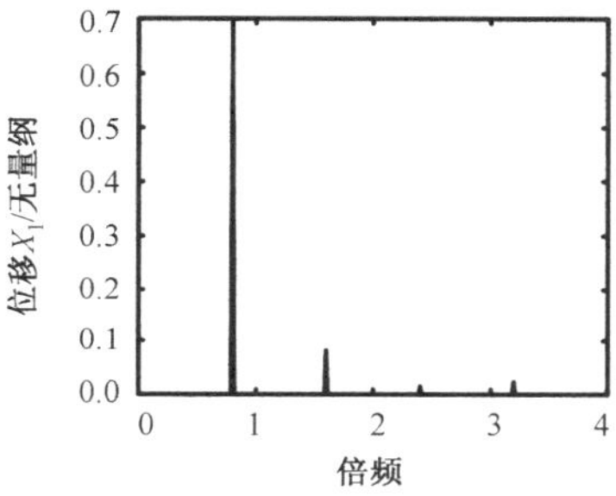

(c) 幅值谱X_1

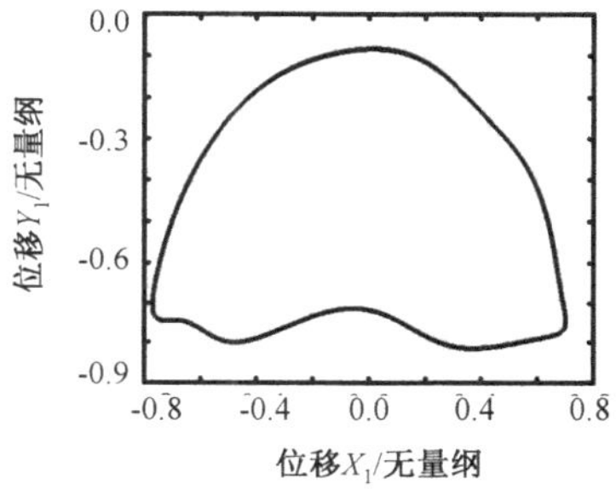

(d) 轴心轨迹

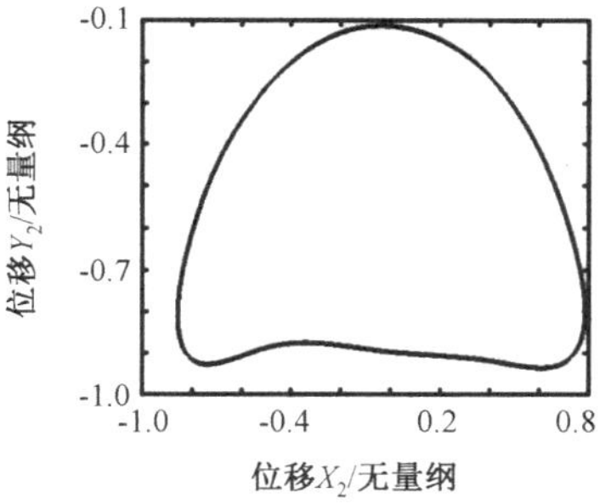

(e) 轴心轨迹

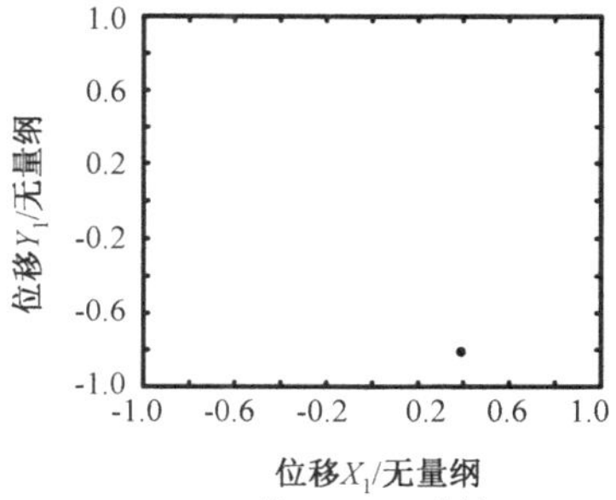

(f) Poincare映射

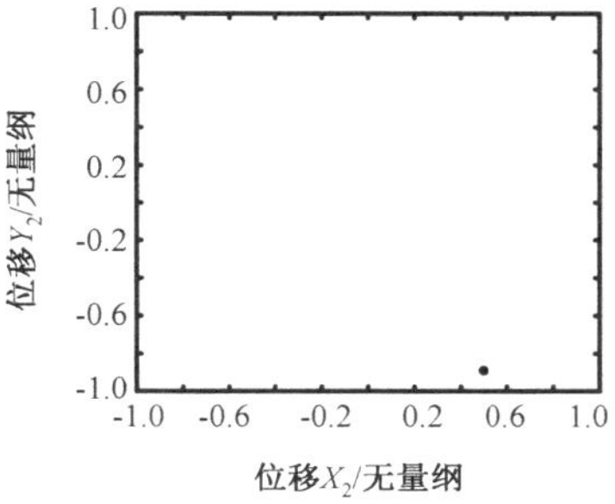

(g) Poincare映射

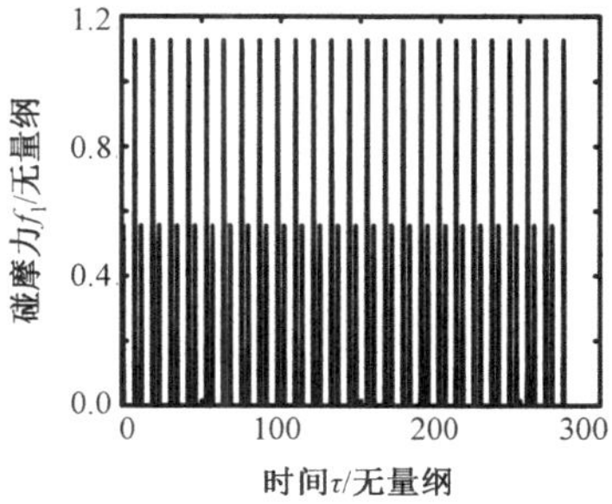

(h) 碰摩力f_1

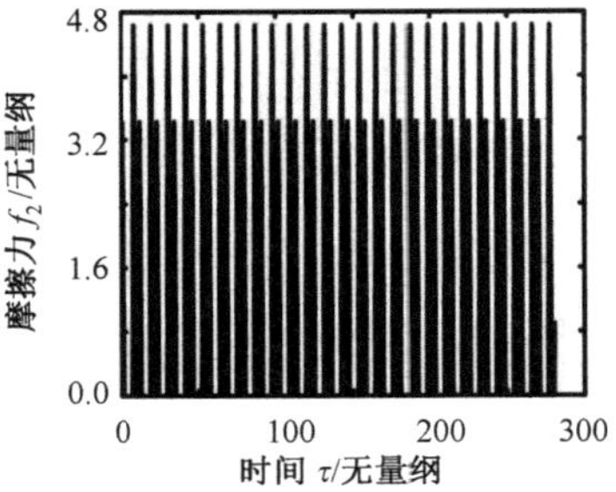

(i) 摩擦力f_2

图 5-3　转速 n=4.5 krpm 时转子位移响应图

根据图 5-3 可知，当转速为 4.5 krpm、磁液双悬浮轴承转子位移属于单周期运动范围时，转子轴心轨迹表现为单一封闭曲线，Poincare 映射表现为单一截点，幅值谱在 1 倍频内包含 1 个明显的离散波峰，转子轴承处和转子圆盘处均发生轻微碰摩行为，且转子圆盘处较为严重。

此时虽然磁液双悬浮轴承系统仍保持单周期运动，但并不稳定，转子位移在波谷处表现出非稳态正弦运动，从而随着转子转速的增加，转子位移极易发生分岔现象。

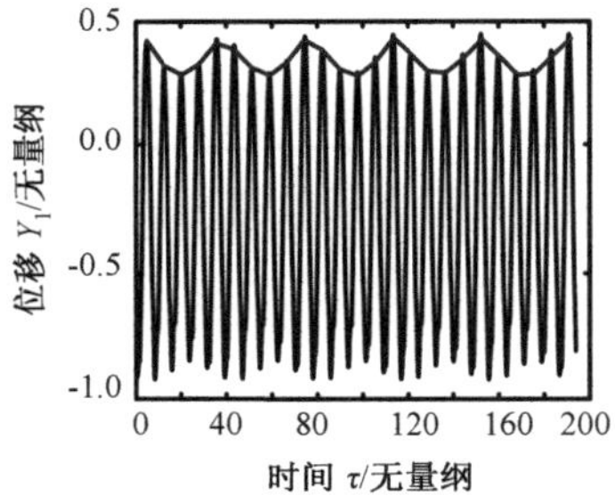

(a) 时间历程Y_1

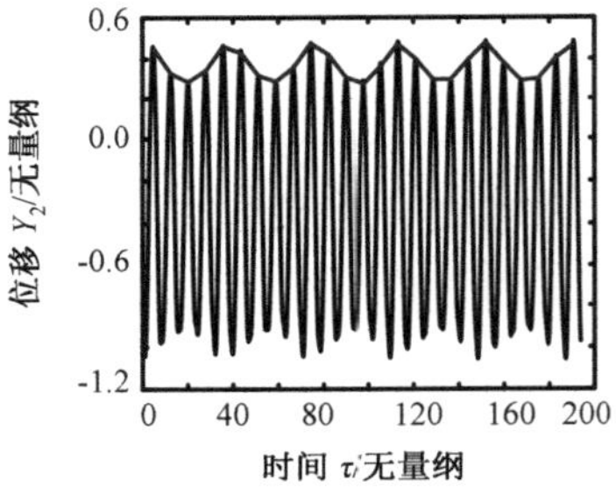

(b) 时间历程Y_2

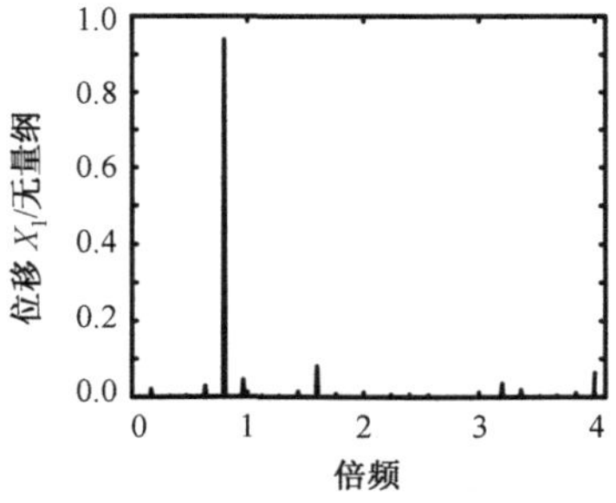

(c) 幅值谱X_1

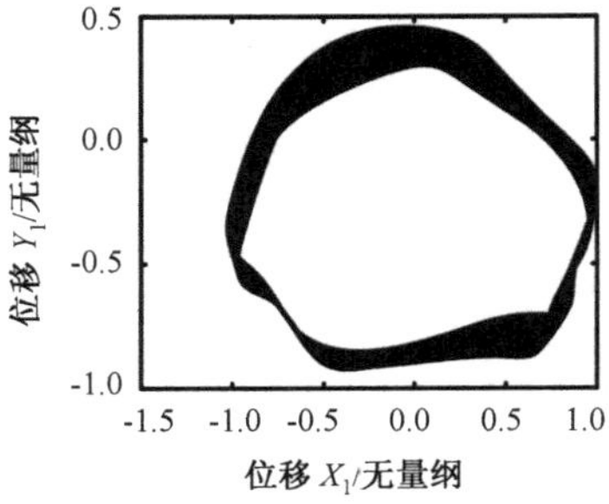

(d) 轴心轨迹

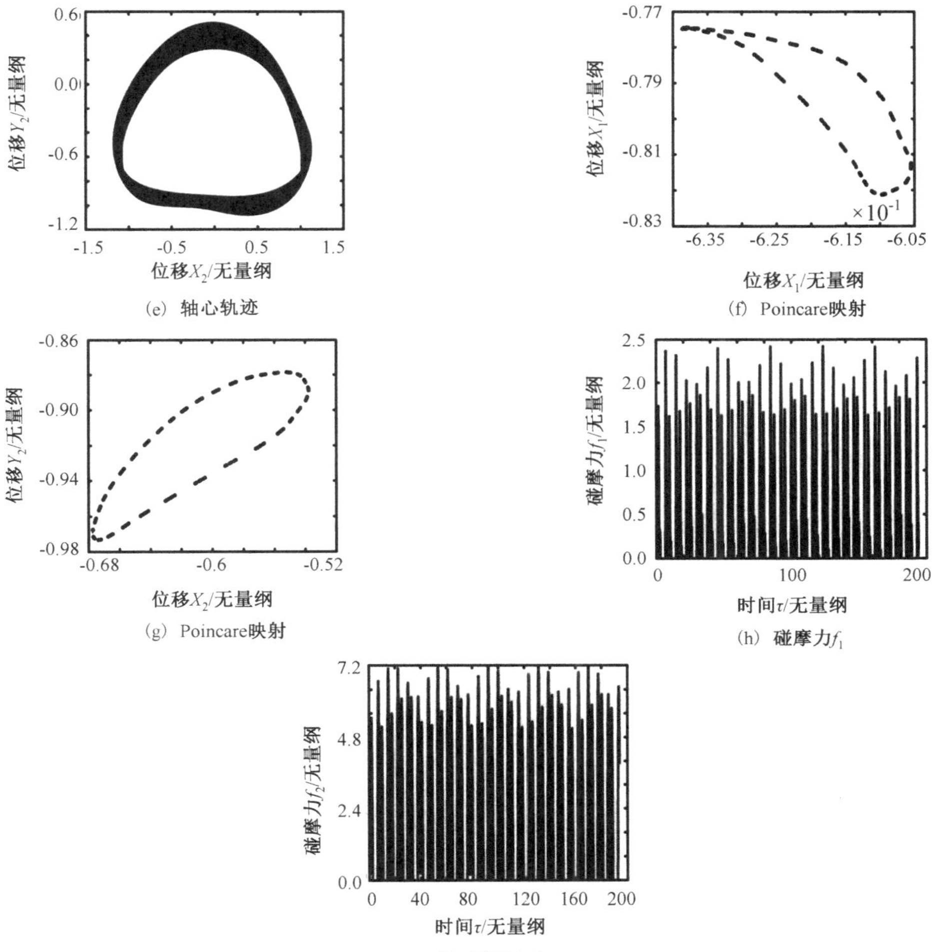

(e) 轴心轨迹　(f) Poincare映射　(g) Poincare映射　(h) 碰摩力f_1　(i) 碰摩力f_2

图 5-4　转速 $n=5.5$ krpm 时转子位移响应图

根据图 5-4 可知，当转子运行转速为 5.5 krpm，转子位移属于拟周期运动范围时，转子位移表现为不规则的正弦运动，呈现出幅值波动，转子轴心轨迹表现为多个封闭的椭圆曲线，Poincare 映射表现为多个截点并构成封闭椭圆，幅值谱在 2 倍频内包含不可公约的离散谱，转子轴承处发生轻微碰摩，转子转盘处的碰摩情况相比转子轴承处较为严重。

低转速情况下，转速对系统的影响较小，磁液双悬浮轴承系统的运动规律虽然表现为拟周期运动，但转子幅值谱图包含的不可公约的离散谱并不明显，从而随着转子转速的增加，转子位移逐渐恢复为单周期运动。当转速增加，接近固有频率附近时，转子位移运动规律将变为混沌。

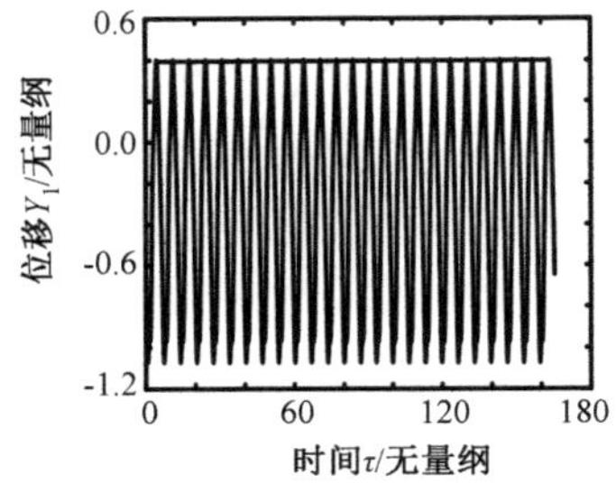

(a) 时间历程Y_1

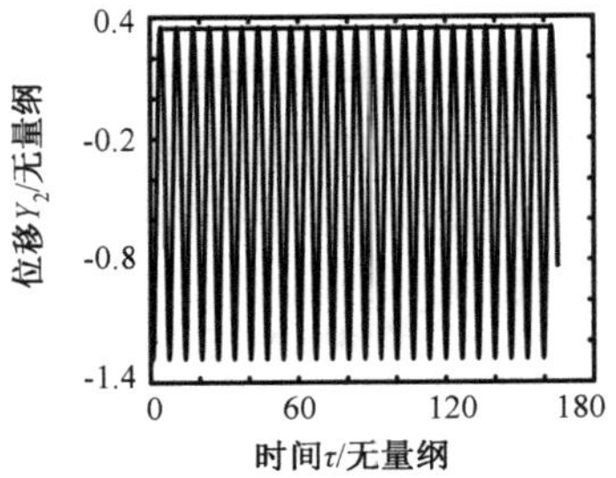

(b) 时间历程Y_2

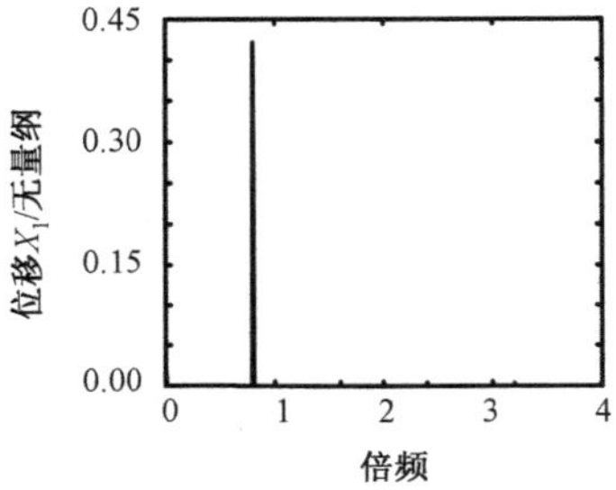

(c) 幅值谱X_1

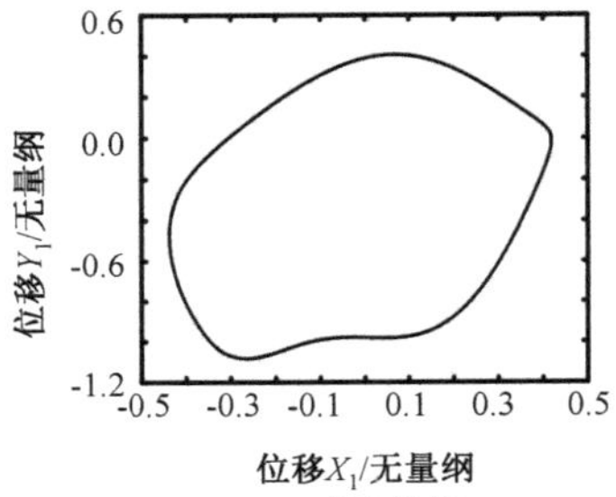

(d) 轴心轨迹

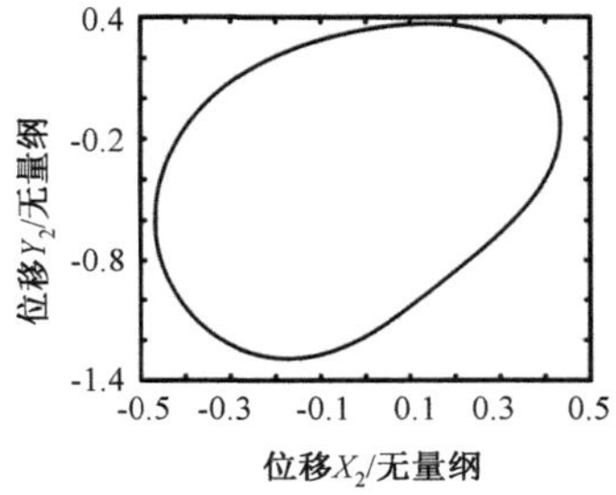

(e) 轴心轨迹

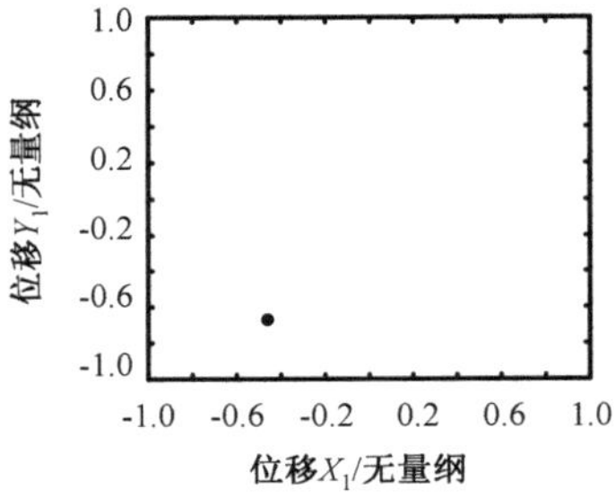

(f) Poincare映射

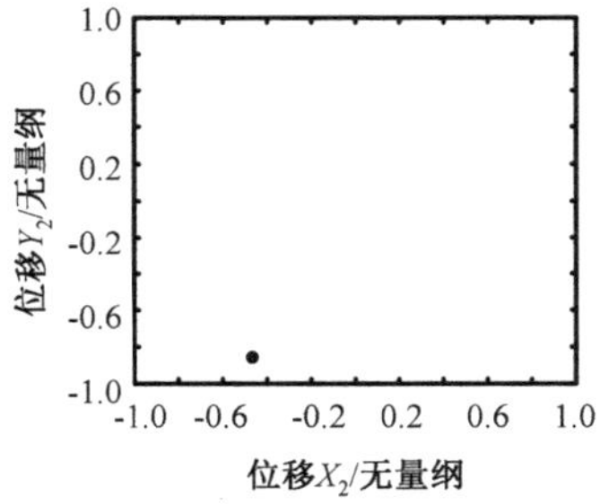

(g) Poincare映射

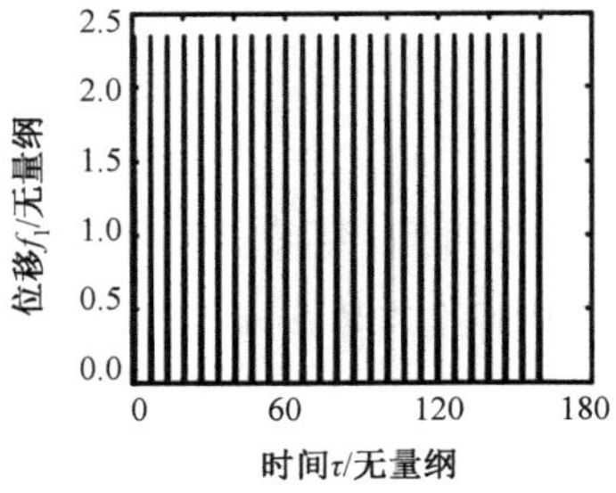

(h) 碰摩力f_1

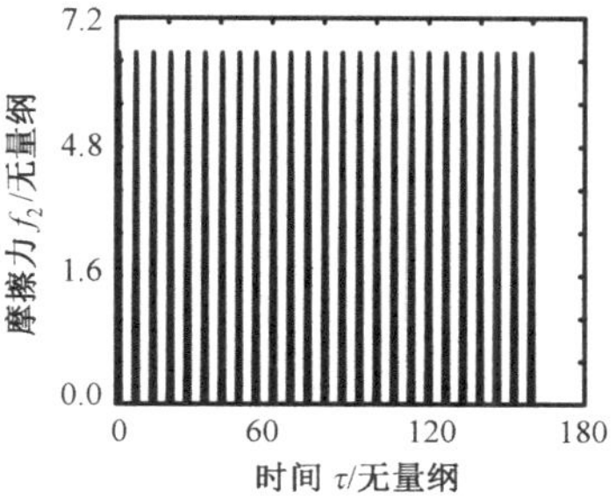

(i) 摩擦力f_2

图 5-5　转速 n=7.5 krpm 时转子位移响应图

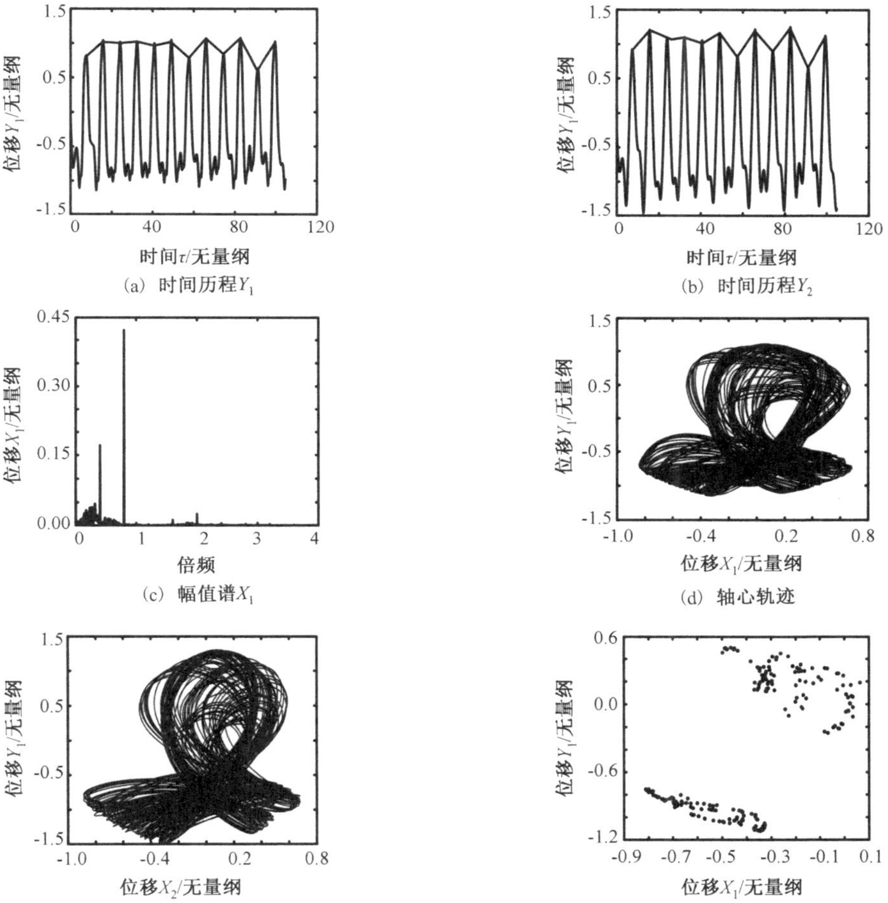

(a) 时间历程Y_1　(b) 时间历程Y_2

(c) 幅值谱X_1　(d) 轴心轨迹

(e) 轴心轨迹　(f) Poincare映射

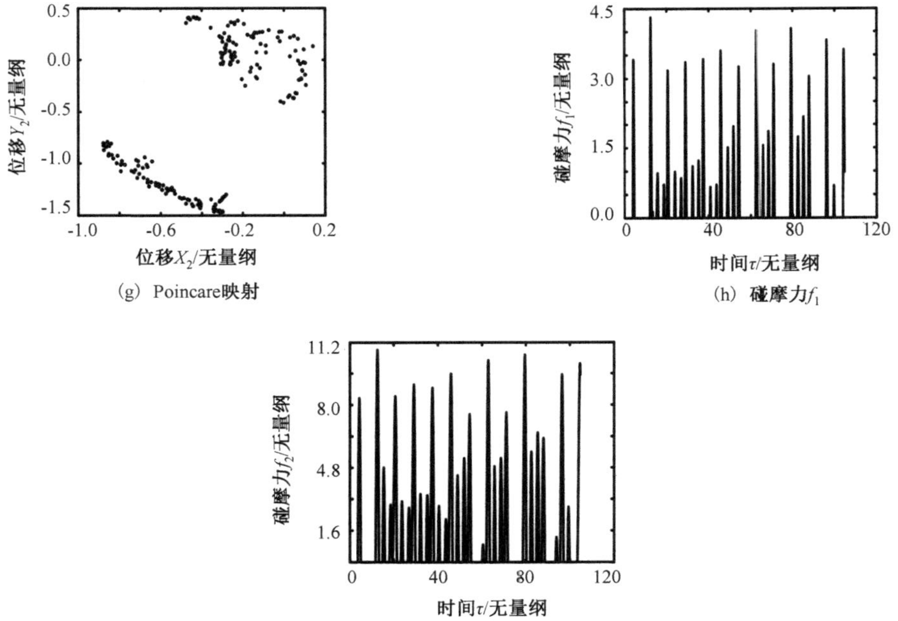

(g) Poincare映射　　(h) 碰摩力f_1

(h) 碰摩力f_2

图 5-6　转速 $n=12.0$ krpm 时转子位移响应图

根据图 5-5 可知，当转速为 7.5 krpm，属于单周期运动范围时，转子位移为规则的正弦运动，轴心轨迹为单一封闭椭圆曲线，Poincare 映射为单一截点，幅值谱在 1 倍频范围内出现单一离散波峰，转子轴承和转子圆盘处均发生碰摩行为，且转子圆盘处较为严重。

根据图 5-6 可知，当转速为 12.0 krpm，属于混沌运动范围时，转子位移突然由单周期运动演变为非周期的混沌运动，呈现剧烈的幅值波动，轴心轨迹为多个无规律重叠的封闭曲线，Poincare 映射为云状封闭图形，幅值谱呈现出明显的连续谱，转子轴承处与转子转盘处碰摩情况加剧，该转速区间为系统的谐振区间。

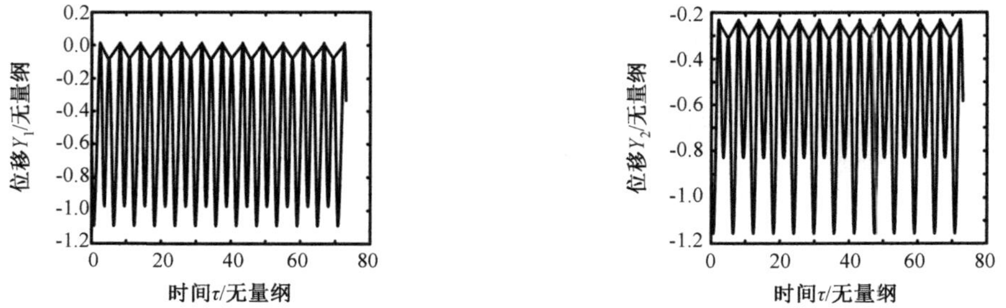

(a) 时间历程Y_1　　(b) 时间历程Y_2

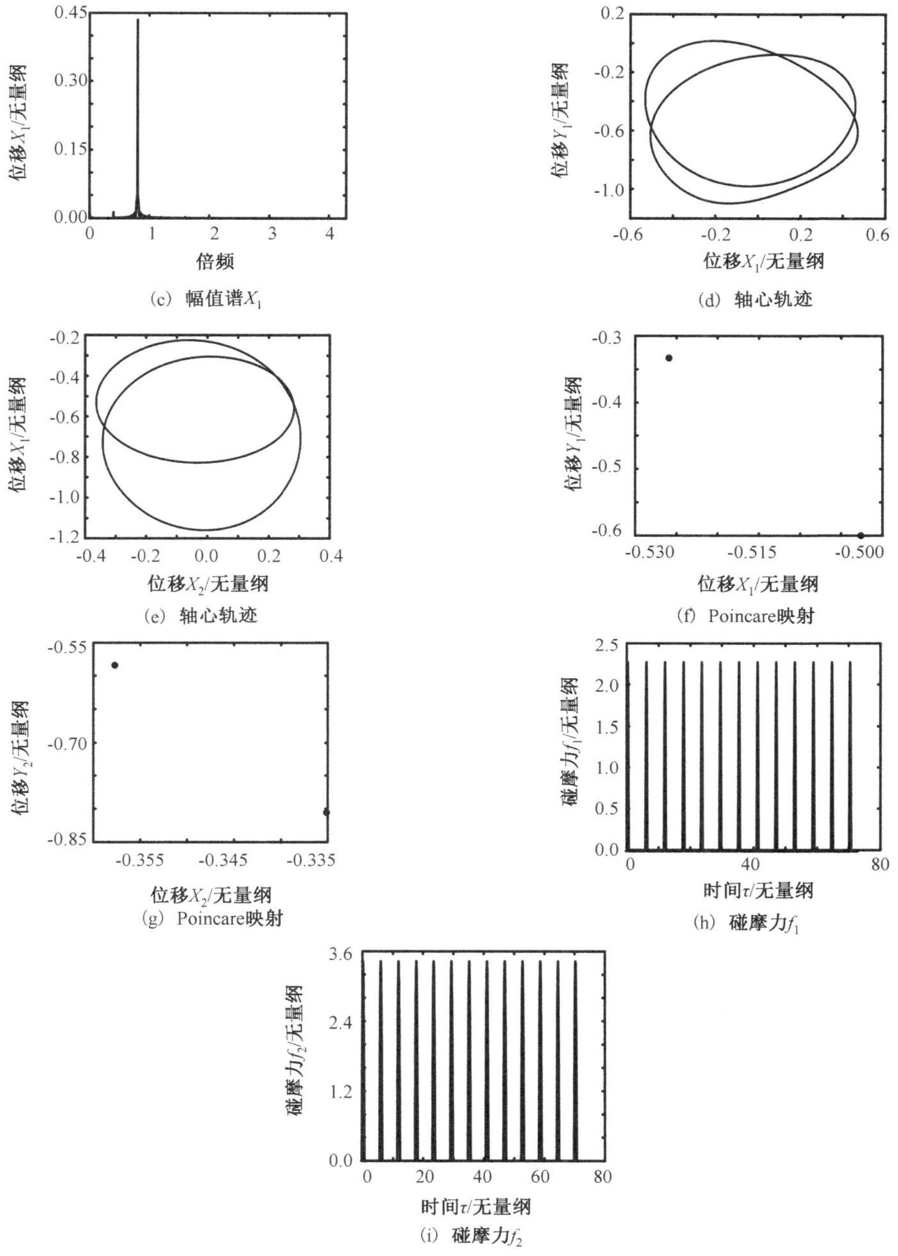

图 5-7　转速 $n=17.0$ krpm 时转子位移响应图

根据图 5-7 可知，当转速为 17.0 krpm，属于 2 倍周期运动范围时，转子位移为 2 倍周期运动，出现明显的 2 个波峰和波谷，轴心轨迹为 2 个封闭的椭圆曲线，Poincare 映射为 2 个独立的截点，幅值谱在 1 倍频内包含 2 个离散谱，转子轴承处与转子转盘处碰摩情况相对减轻。

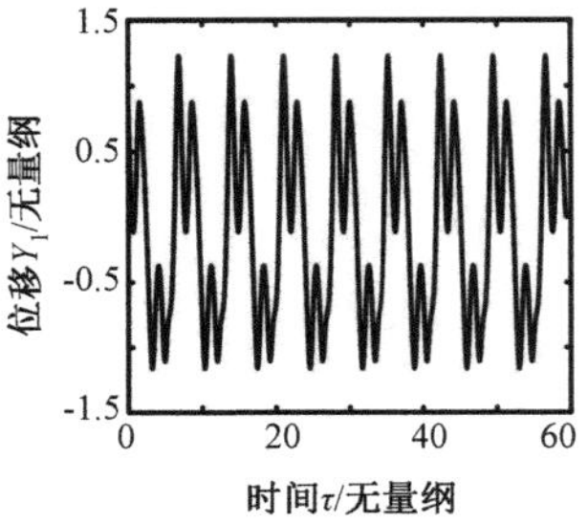

(a) 时间历程Y_1

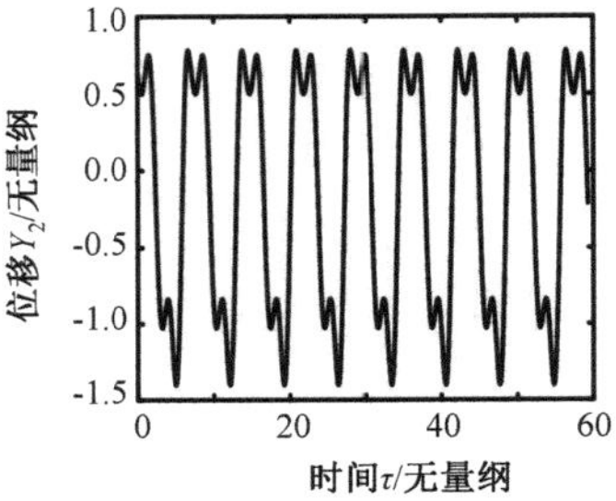

(b) 时间历程Y_2

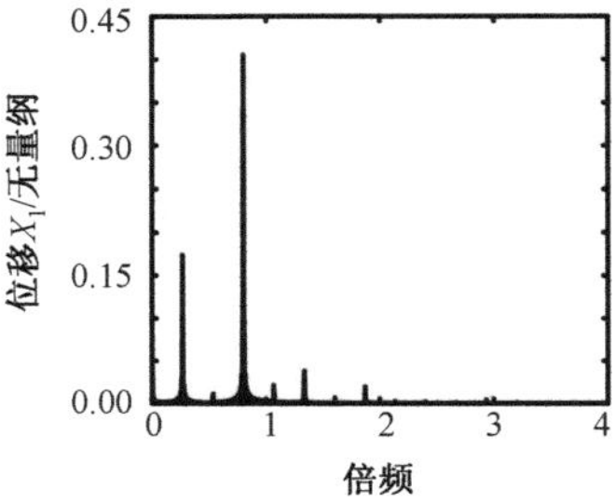

(c) 幅值谱X_1

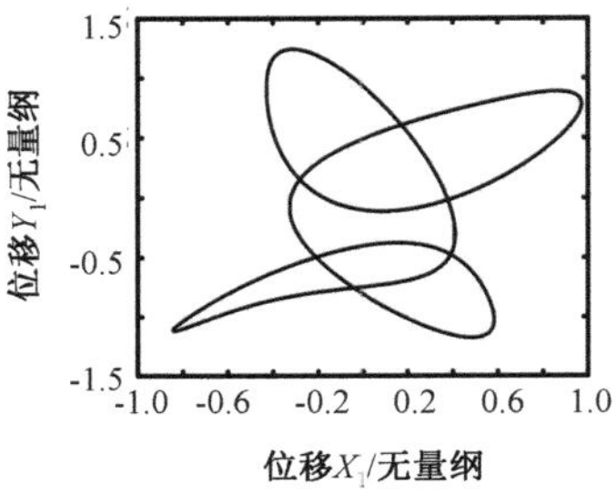

(d) 轴心轨迹

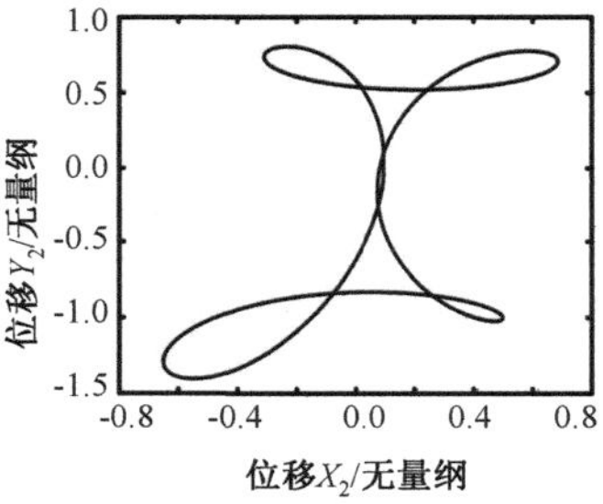

(e) 轴心轨迹

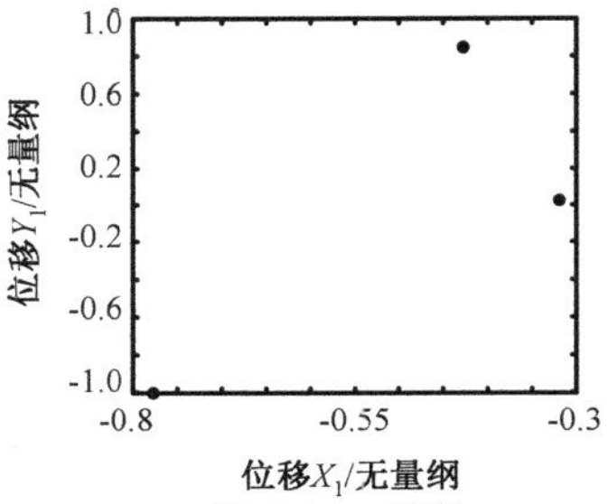

(f) Poincare映射

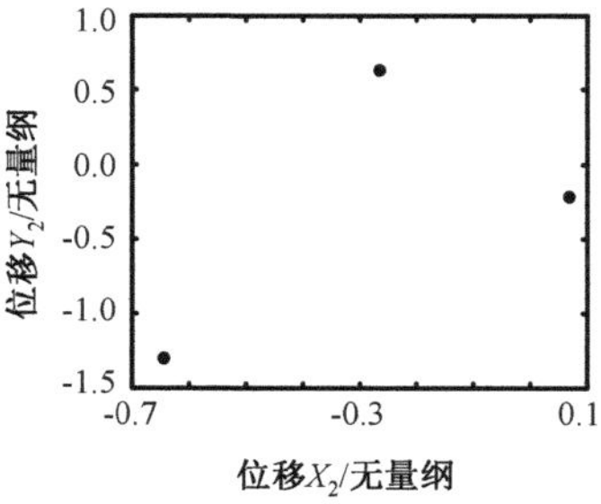

(g) Poincare映射

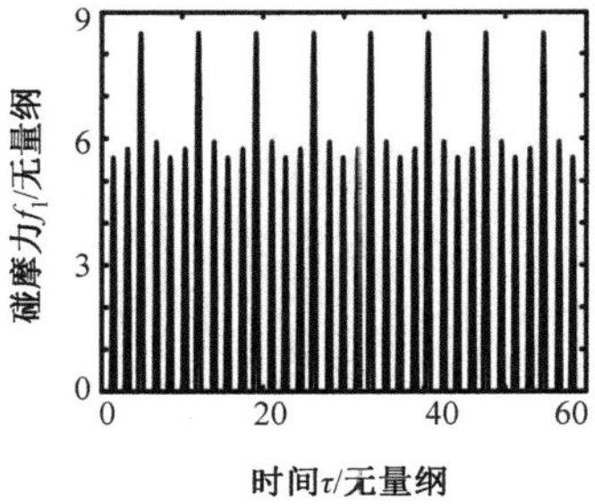

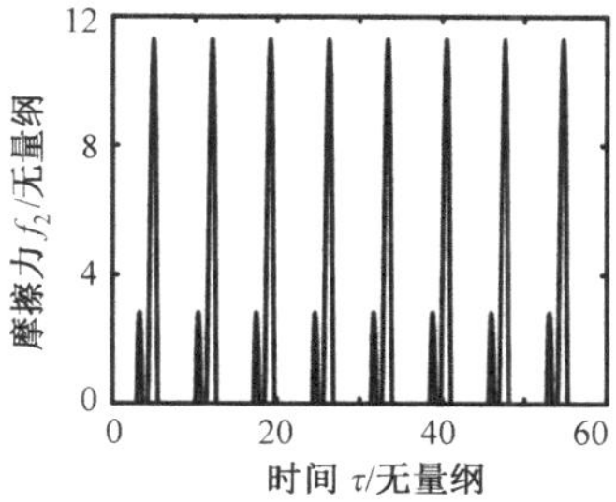

(i) 摩擦力f_2

图 5-8　转速 $n=21.0$ krpm 时转子位移响应图

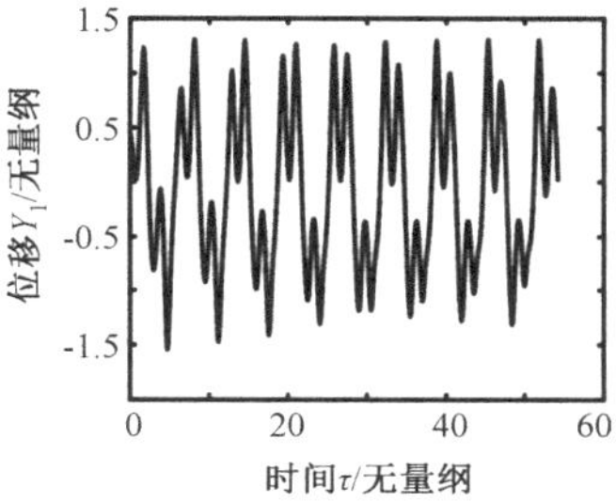

(a) 时间历程Y_1

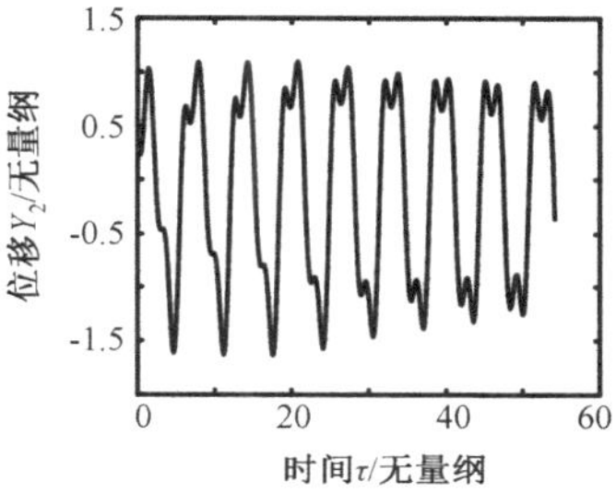

(a) 时间历程Y_2

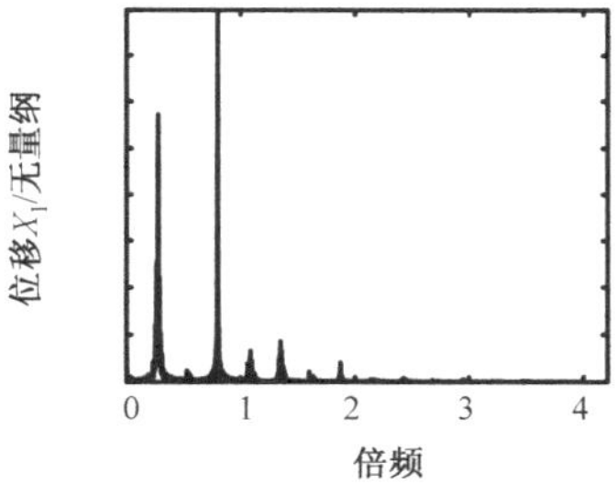

(c) 幅值谱X_1

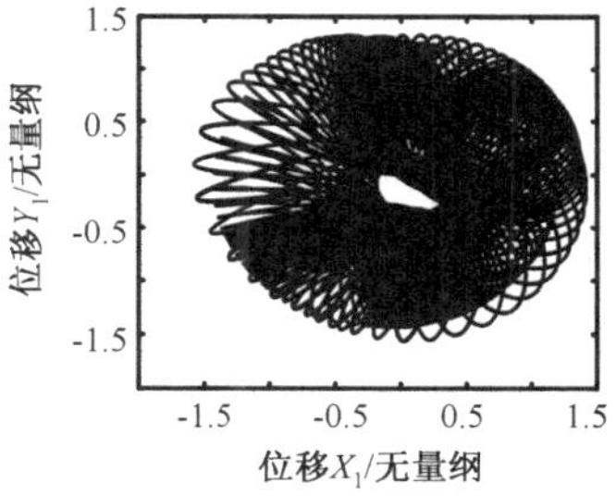

(d) 轴心轨迹

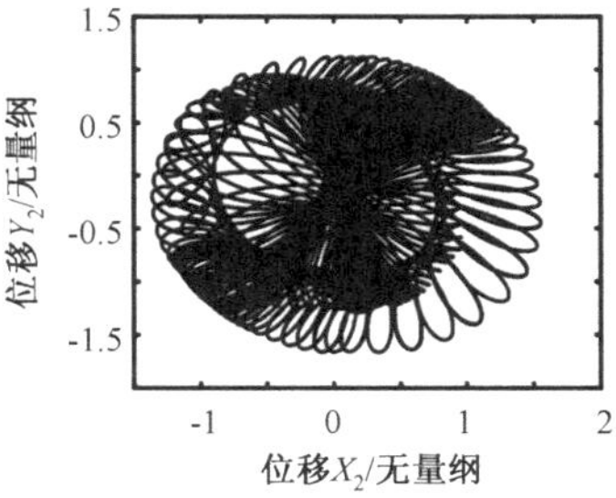

(e) 轴心轨迹

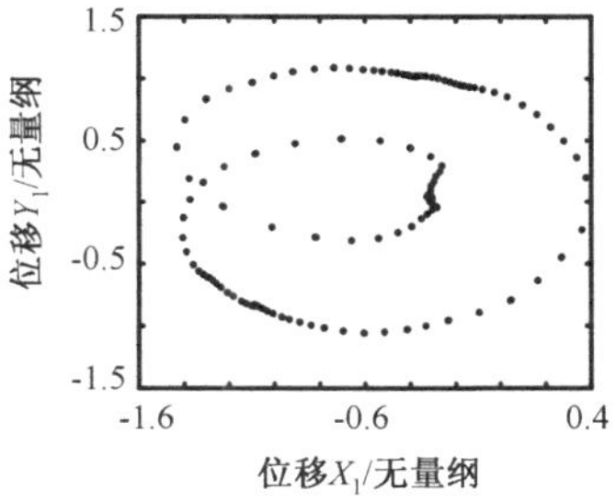

(f) Poincare映射

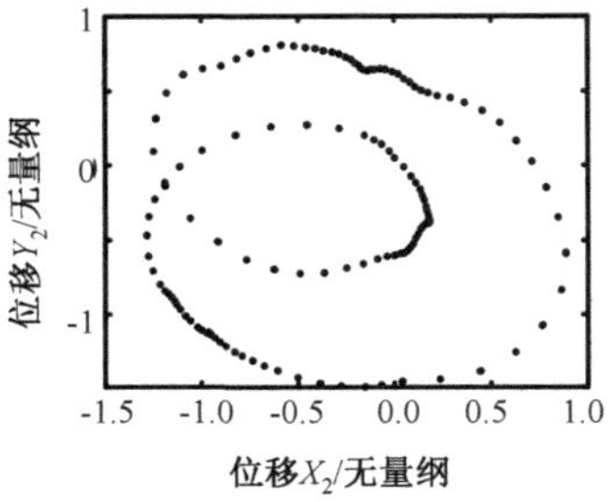

(g) Poincare映射

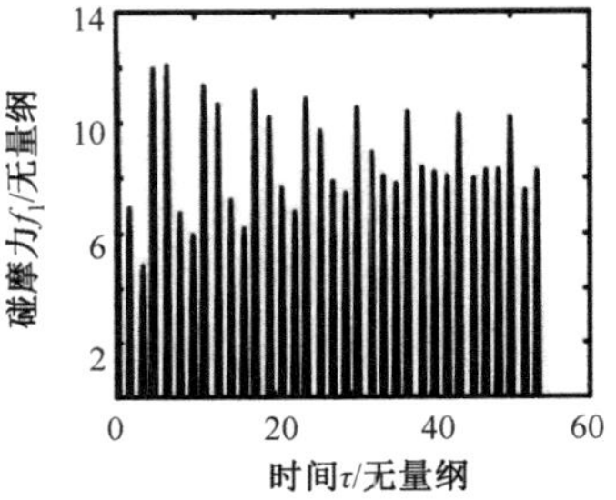

(h) 碰摩力f_1

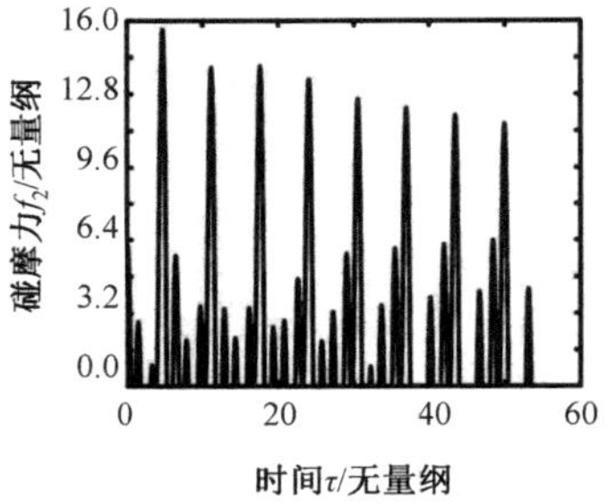

(i) 碰摩力f_2

图 5-9 转速 $n=23.0$ krpm 时转子位移响应图

根据图 5-8 可知,当转速为 21.0 krpm,属于 3 倍周期运动范围时,转子为 3 倍周期运动,出现明显的 3 个波峰,转子轴心轨迹为 3 个封闭曲线,Poincare 映射为 3 个独立的截点,幅值谱在 2 倍频内包含较明显的 3 个离散谱,转子轴承处与转子转盘处碰摩情况进一步加剧,转子圆盘处的碰摩更加严重。

根据图 5-9 可知,当转速为 23.0 krpm,属于混沌运动范围时,转子位移突然由 3 倍周期运动演变为非周期的混沌运动,呈现剧烈的幅值波动,轴心轨迹为多个无规律重叠的椭圆曲线,Poincare 映射为云状封闭图形,幅值谱呈现出不易观察的连续谱,转子轴承处与转子转盘处碰摩情况非常严重,该运行区间为系统的谐振区间。

综上所述,当偏心比较小时,转子位移受转速影响较小,呈现周期运动;当偏心比较大时,转子位移受转速影响较大,变化较为丰富,呈现出单周期、拟周期、倍周期、混沌等多种运动。为了进一步确定其发生不稳定运动的偏心比参数,以偏心比及转速的复合平面为分岔参数,通过数值模型,对其联合区域的划分作进一步的详细研究。

5.2.2 偏心比及转速对转子位移的复合影响规律

磁液双悬浮轴承在正常运行过程中,离不开转速和偏心比这两个重要参数,因此,研究转速及偏心比复合区域对转子位移的影响尤为重要。

本小节以转速与偏心比为研究平面,选取位移作为时间历程曲线的指标,碰摩力作为发生碰摩的指标,来判定转子的运动规律区间,如图 5-10 至图 5-13 所示。

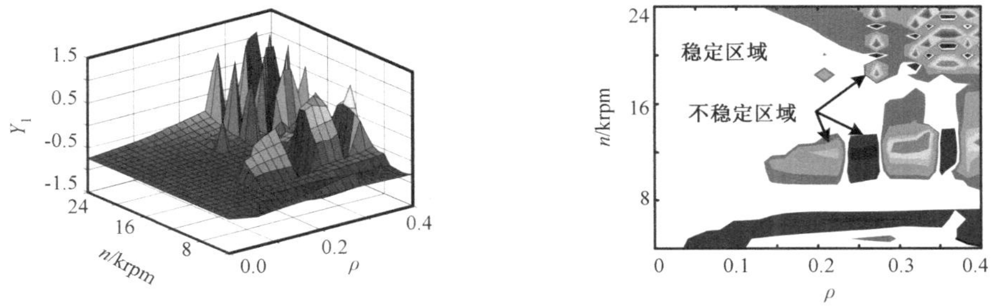

(a) ρ-n-Y_1分岔图　　(b) ρ-n平面图

图 5-10　不同偏心比及转速下的转子轴承处位移响应

根据图 5-10(a)可知,转子轴承处位移在大部分区间内保持单周期运动状态,在图中表现为光滑的曲面,随着转速和偏心比的变化,转子轴承处位移变化较为复杂,交替出现倍周期、单周期、混沌等多种运动特征,在图中表现为高低不同的山峰。

根据图 5-10(b)可知,稳定区域转子轴承处位移处于单周期运行;不稳定区域转子轴承处位移不再是单周期运行,出现分岔甚至混沌运动,且颜色越深表示转子轴承处位移分岔越严重。

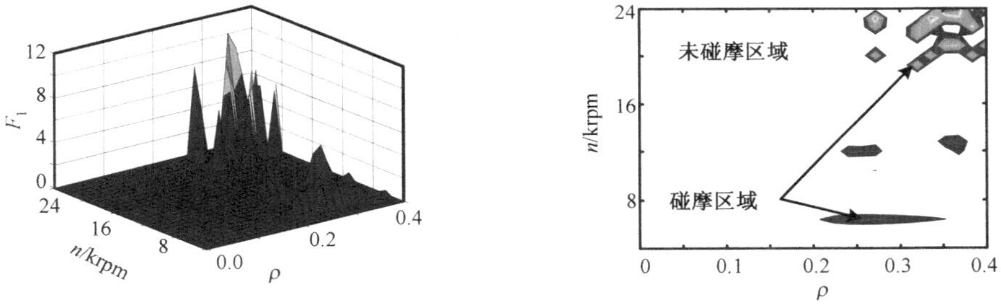

(a) ρ-n-F_1三维图　　(b) ρ-n平面图

图 5-11　不同偏心比及转速下的转子轴承处碰摩力

根据图 5-11(a)可知,大部分区间内转子轴承处未发生碰摩行为,无量纲碰摩力为 0,随着转速和偏心比的不断增大,转子轴承处发生碰摩行为。根据图 5-11(b)可知,稳定区域表示转子轴承处未发生碰摩行为;不稳定区域,表示转子轴承处发生碰摩行为,且颜色越深表示碰摩情况越严重。

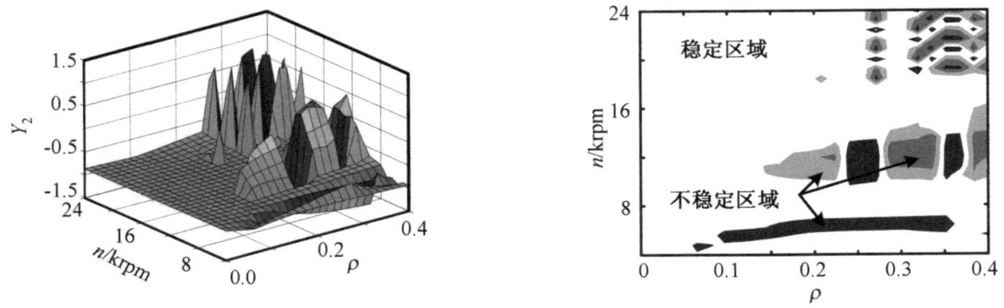

(a) ρ-n-Y_2分岔图　　(b) ρ-n平面图

图 5-12　不同偏心比及转速下的转子转盘处位移响应

根据图 5-12(a)可知,转子转盘处位移在大部分区间内保持单周期运动状态,在图中表现为光滑的曲面,随着转速和偏心比的变化,转子转盘处位移变化较为复杂,交替出现倍周期、单周期、混沌等多种运动特征,在图中表现为高低不同的山峰。

根据图 5-12(b)可知,稳定区域表示转子转盘处位移处于单周期运行;不稳定区域表示转子转盘处位移不再是单周期运行,出现分岔甚至混沌运动,且颜色越深表示转子转盘处位移分岔越严重。

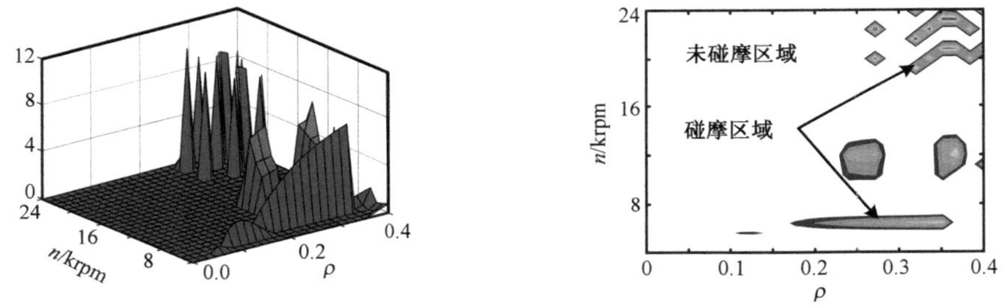

(a) ρ-n-F_2三维图　　(b) ρ-n平面图

图 5-13　不同偏心比及转速下的转子转盘处碰摩力

根据图 5-13(a)可知,大部分区间内转子转盘处未发生碰摩行为,无量纲碰摩力为 0,随着转速和偏心比的不断增加,转子转盘处发生碰摩行为。根据图 5-13(b)可知,稳定区域表示转子转盘处未发生碰摩行为;不稳定区域表示转子转盘处发生碰摩行为,且颜色越深表示碰摩情况越严重。

综上可知,系统运行区间(9.5~15.0) krpm、(22.0~24.0) krpm 为谐振区间,转子振幅达到最大,极可能造成转子碰摩故障、磁极组镀层磨损。在整个运行区间,偏心比为(0~0.2)时,转子轴承处不发生碰摩行为;偏心比为(0~0.15)时,转子圆盘处不发生碰摩行为。

5.3　本章小结

本章首先根据碰摩力表达式，建立了磁液双悬浮轴承支承下的碰摩转子无量纲微分方程，然后运用四阶 Runge-Kutta 法模拟了不同转速及不同偏心比与转速复合作用下的转子位移及碰摩规律。研究表明：转子在整个加速过程中，随着偏心比的增大，由稳定的单周期运行，变为包含单周期、倍周期、拟周期、混沌等多种运动规律，且伴随碰摩的发生。通过建立偏心比及转速的复合平面，得到了转子轴承处与转子转盘处发生分岔及碰摩的复合区域。在转子运行过程中要尽量避免在发生分岔及碰摩的复合区域里长时间运行。

参考文献

[1] 孙保苍，梁荣生，陈威. 磁悬浮轴承—转子系统非线性行为的控制[J]. 噪声与振动控制，2011，31(3)：11-14.

[2] 程力，程贵生，杨晶. 高转速下舰艇轴承磨损自动修复方法[J]. 舰船科学技术，2019，41(20)：203-205.

[3] 谢振宇，牟伟兴，周红凯，等. 基于转速的磁悬浮轴承转子系统变参数控制[J]. 振动工程学报，2012，25(6)：739-744.

[4] Torkhani M，May L，Voinis P. Light，Medium and Heavy Partial Rubs during Speed Transients of Rotating Machines：Numerical Simulation and Experimental Observation [J]. Mechanical Systems and Signal Processing，2012(29)：45-66.

[5] 商远杰，林建中，刘献军，等. 静压轴承对电主轴转子系统动态特性的影响分析[J]. 机械科学与技术，2015，34(5)：688-693.

[6] 单小磊. 磁悬浮转子系统的动力学行为分析[J]. 时代农机，2015，42(12)：34-36.

[7] 彭刚，李超，曹冲，等. 冲击激励转子系统动力学响应及安全性设计[J]. 推进技术，2018，39(5)：1111-1121.

[8] 马恩，等. 流体力学与流体传动[M]. 北京：清华大学出版社，2018.

[9] 赵建华，高殿荣. 线性化处理前后开式静压工作台动态特性比较[J]. 机械工程学报，2012，48(24)：158-163.

[10] Hai Y U，Chen Y S，Cao Q J. Nonlinear Dynamic Behavior Analysis for a Cracked Multi-DOF Rotor System [J]. Journal of Vibration Shock，2014(33)：92-98.

[11] 王砚，黎明安，郭旭侠，等. Matlab/Simulink 动力学系统建模与仿真 [M]. 北京：机械工

业出版社, 2018.
[12] 史蒂芬·斯托加茨. 非线性动力学与混沌[M]. 孙梅, 等译. 北京: 机械工业出版社, 2016.
[13] 莫逆, 刘兴男, 周燕, 等. 电磁轴承振动传递特性研究[J]. 振动与冲击, 2015, 34(6): 79-83.
[14] Ismagilov F R, Uzhegov N, Vavilov V E, et al. Multidisciplinary Design of Ultra-High-Speed Electrical Machines [J]. IEEE Transaction on Energy Conversion, 2018, 33(3): 1203-1212.
[15] 吴晓晨. 磁液双悬浮轴承静态分岔与 Hopf 分岔研究[D]. 秦皇岛: 燕山大学, 2020.
[16] 杨建玺, 周浩兵, 崔凤奎. 液体动静压轴承油腔结构对承载特性的影响[J]. 河南科技大学学报, 2012, 33(5): 37-40.
[17] Li H, He Q, Zhang Z. Overview of Time-Frequency Analysis Techniques in Vibration Signals of Rotating Machinery [J]. Applied Mechanics and Materials, 2014(684): 124-130.
[18] 曹素兵, 梁智权. 转子系统不平衡响应计算的 Riccati 传递矩阵法[J]. 机械工程与自动化, 2008(3): 54-56.
[19] 陈松霆, 吴志强. 反向旋转双转子碰摩振动分析[J]. 振动与冲击, 2012, 31(23): 142-147.
[20] Wrobel R, Salt D E, Griffo A, et al. Derivation and Scaling of AC Copper Loss in Thermal Modeling of Electrical Machines [J]. IEEE Transaction on Industrial Electronics, 2014, 61(8): 4412-4420.
[21] 成高, 张钢, 李松生, 等. 磁悬浮电主轴转子系统的动力学性能分析[J]. 振动工程学报, 2004, 17(Suppl.): 40-43.
[22] Xu X B, Chen S, Liu J H. Elimination of Harmonic Force and Torque in Active Magnetic Bearing Systems with Repetitive Control and Notch Filters [J]. Sensors, 2017(17): 763-778.
[23] Zheng M Z, Huang W G, Gao C, et al. Rotor Stress and Dynamics Analysis of a High-Speed Permanent Magnet Machine for a Micro Gas Turbine Considering Multiphysics Factors [J]. IEEE Access, 2020(8): 152523-152531.
[24] 张维煜, 朱熀秋, 鞠金涛, 等. 磁悬浮轴承研究现状及其发展[J]. 轴承, 2016(12): 56-63.
[25] Tiwari M, Gupta K, Prakash O. Effect of Radial Internal Clearance of a Ball Bearing on the Dynamics of a Balanced Horizontal Rotor [J]. Journal of Sound and Vibration, 2000, 238(5): 723-756.

[26] Li Y, Luo Z, Liu Z, et al. Nonlinear Dynamic Behaviors of a Bolted Joint Rotor System Supported by Ball Bearings [J]. Archive of Applied Mechanics, 2019, 89(11): 2381-2395.
[27] 施佳余, 吴国庆, 茅靖峰, 等. 磁悬浮轴承系统控制方法研究[J]. 机械设计与制造, 2015(12): 265-268.

第 6 章　磁极组磨损状态下转子支承特性

6.1　磁极组镀层磨损的软测量

磁液双悬浮轴承径向定子磁极组的镀层磨损不改变电磁悬浮系统的气隙,但会造成静压支承系统的液膜厚度变大,进而影响静压支承系统的支承刚度和支承阻尼,最终可能使磁液双悬浮系统发生二次碰摩故障及镀层磨损,影响系统的安全稳定运行,且磁液双悬浮轴承结构复杂,不易拆卸和安装。为了在启动前可以有效地得到磁极组镀层磨损的情况,本节提出一种检测支承单元流量及压力以确定磁极组镀层磨损量的新方法。

6.1.1　磁极组镀层磨损软测量的思路

磁液双悬浮轴承结构较为复杂,不便于拆卸和安装,难以监控和测量磁极的磨损状态,因此提出了一种通过检测支承单元供给流量及其压力来监控和测量磁极阻磨损量的软测量方法,其思路如下:

(1) 获得未磨损状态下的第 i 个支承单元的初始供给流量 Q_0 及其初始压力 p_{r0},作为判断是否发生磨损的标准;

(2) 测量磨损状态下第 i 个支承单元的供给流量 Q 及其压力 p_r;

(3) 以静压支承系统的供给模式为基础,得到第 i 个磁极组磨损量 s 的数学表达式,包括根据供给流量及支承单元压力分别获得的磨损量;

(4) 通过平均值得到第 i 个磁极组的磨损量。

6.1.2　磁极组磨损量的计算步骤

(1) 静压支承系统采用恒压供给模式,根据图 6-1 可知,每个磁极组/支承单元包含两个磁极柱和两个支承腔,且每个支承腔的流量及压力均相等。

初始设计状态下系统每个支承单元流量 Q_0 为:

$$Q_0 = \frac{p_s}{R_g + R_{h0}} = \frac{p_{r0}}{R_{h0}} \tag{6-1}$$

式中:

p_{r0}——支承单元初始压力，MPa。

初始条件下，磁液双悬浮轴承系统按照设定的节流比 β_0 与液阻比 λ_0 工作，其表达式为：

$$\begin{cases} \lambda_0 = \dfrac{R_g}{R_{h0}} \\ \beta_0 = \dfrac{p_s}{p_{r0}} = 1 + \lambda_0 \end{cases} \tag{6-2}$$

根据初始条件下的系统压力、支承单元和节流器液阻可知支承单元压力表达式为：

$$p_{r0} = \frac{p_s R_{h0}}{R_g + R_{h0}} = \frac{p_s}{1 + \dfrac{R_g}{R_{h0}}} = \frac{p_s}{1 + \lambda_0} \tag{6-3}$$

（2）假设磁极组的磨损量为 s，则支承单元的液阻、流量及压力的表达式如下：

$$\begin{cases} R_h = \dfrac{\mu}{\bar{B}(h_0 + S)^3} \\ Q_i = \dfrac{p_s}{R_g + R_h} = \dfrac{p_s(h_0 + S)^3 \bar{B}}{\bar{B}(h_0 + S)^3 R_g + \mu} \\ p_{ri} = \dfrac{p_s R_h}{R_g + R_h} = \dfrac{\mu p_s}{\bar{B}(h_0 + S)^3 R_g + \mu} \end{cases} \tag{6-4}$$

式中：

s_i——第 i 个磁极组镀层磨损量，μm；

R_h——支承腔动态液阻，N · s/m^5；

p_{ri}——第 i 个支承单元动态压力，MPa。

（3）根据式（6-1）至式（6-4）可知，当第 i 个磁极镀层发生不同程度的磨损时，静压系统的支承腔液阻 R_h、供给流量 Q 和压力 p_r 均随之发生变化，因此可以反解出磨损量与供给流量及支承单元压力的表达式：

$$\begin{cases} s_{Qi} = \left(\dfrac{Qu}{BP_s - BR_g Q} \right)^{\frac{1}{3}} - h_0 \\ s_{pi} = \left[\dfrac{\mu(p_s - p_r)}{p_r \bar{B} R_g} \right]^{\frac{1}{3}} - h_0 \end{cases} \tag{6-5}$$

（4）求取磁极磨损量的平均值：

$$s_i = \frac{s_{Qi} + s_{pi}}{2} \tag{6-6}$$

根据表 5-1 的数据，令磁极组磨损量由 0 μm 增加至 10 μm，仿真得到支承单元流量、压力与磁极组磨损量之间的关系曲线，如图 6-1 所示。

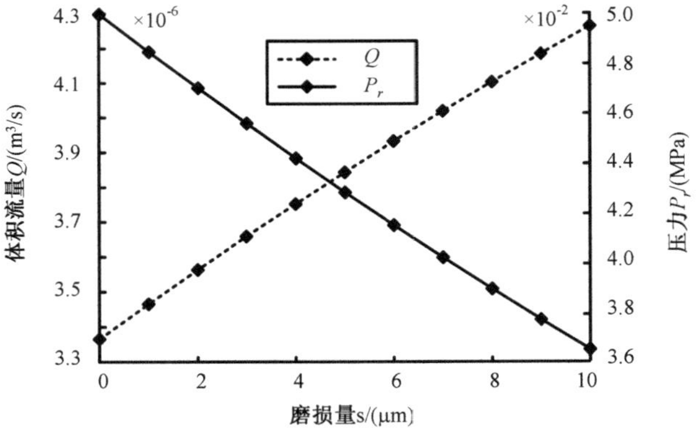

图 6-1　支承单元流量/压力随磨损量 s 的变化曲线

根据图 6-1 可知，随着磨损量逐渐增加，轴承间隙不断增大，系统供给流量随之增大，压力随之减小，因此可以通过检测系统供给流量及压力来获得磁极组磨损量，为系统的安全稳定运行奠定基础。

6.2　磁极组镀层磨损对轴承支承性能的影响

磁液双悬浮轴承径向定子磁极组的镀层磨损会导致静压支承系统的液膜厚度变大，进而影响静压支承系统的支承刚度、支承阻尼及系统的稳定性，故本节研究镀层磨损对轴承系统支承性能的影响。

6.2.1　磁极组磨损状态下轴承静压承载力计算

建立磁极镀层磨损模式下轴承承载力的表达式，根据 Navier-Stokes 方程，得到不同支承单元的静压支承力表达式为：

$$\begin{cases} P_{x_1} = \dfrac{A}{1+(\beta-1)(h_1-\tilde{x})^3} + \dfrac{B\dot{x}}{(h_1-\tilde{x})^3} \\ P_{x_2} = \dfrac{A}{1+(\beta-1)(h_2+\tilde{x})^3} - \dfrac{B\dot{x}}{(h_2+\tilde{x})^3} \end{cases} \quad \begin{cases} P_{y_3} = \dfrac{A}{1+(\beta-1)(h_3-\tilde{y})^3} + \dfrac{B\dot{y}}{(h_3-\tilde{x})^3} \\ P_{y_4} = \dfrac{A}{1+(\beta-1)(h_4+\tilde{y})^3} - \dfrac{B\dot{y}}{(h_4+\tilde{x})^3} \end{cases} \tag{6-7}$$

式中：

h_i——第 i 个支承单元的液膜厚度比，$h_i=1+s_i/h_0$，N · s/m 。

将式(6-6)转化成泰勒级数的形式有：

$$\begin{cases}P_{x_1}=j_1x+c_1\dot{x}+d_1x^2+e_1x\dot{x}+w_1\\P_{x_2}=j_2x+c_2\dot{x}+d_2x^2+e_2x\dot{x}+w_2\end{cases}\quad\begin{cases}P_{y_3}=j_3y+c_3\dot{y}+d_3y^2+e_3y\dot{y}+w_3\\P_{y_4}=j_4y+c_4\dot{y}+d_4y^2+d_4y\dot{y}+w_4\end{cases}\tag{6-8}$$

式中:

j_i——第 i 个支承单元的静压刚度系数,$i=1,2,3,4$,$\mathrm{N\cdot m^{-1}}$;

c_i——第 i 个支承单元的静压阻尼系数,$i=1,2,3,4$,$\mathrm{N\cdot s/m^5}$;

d_i、e_i——第 i 个支承单元的静压非线性系数,$i=1,2,3,4$,无量纲;

w_i——第 i 个支承单元的静压非线性常数,$i=1,2,3,4$,无量纲。

$$\begin{cases}j_1=\dfrac{3Ah_1^2\lambda\cos\theta}{(1+\lambda h_1^3)^2h_0},j_2=-\dfrac{3Ah_2^2\lambda\cos\theta}{(1+\lambda h_2^3)^2h_0}\\ j_3=\dfrac{3Ah_3^2\lambda\cos\theta}{(1+\lambda h_3^3)^2h_0},j_4=-\dfrac{3Ah_4^2\lambda\cos\theta}{(1+\lambda h_4^3)^2h_0}\\ c_1=\dfrac{B}{h_1^3},c_2=-\dfrac{B}{h_2^3},c_3=\dfrac{B}{h_3^3},c_4=\dfrac{B}{h_4^3}\\ d_1=\dfrac{3Ah_1\lambda\cos^2\theta}{h_1^3+1}\left[\dfrac{3h_1^3\lambda}{h_0^2(\lambda h_1^3+1)^2}-\dfrac{1}{h_0^2(\lambda h_1^3+1)}\right]\\ d_2=\dfrac{3Ah_2\lambda\cos^2\theta}{h_2^3+1}\left[\dfrac{3h_2^3\lambda}{h_0^2(\lambda h_2^3+1)^2}-\dfrac{1}{h_0^2(\lambda h_2^3+1)}\right]\\ d_3=\dfrac{3Ah_3\lambda\cos^2\theta}{h_3^3+1}\left[\dfrac{3h_3^3\lambda}{h_0^2(\lambda h_3^3+1)^2}-\dfrac{1}{h_0^2(\lambda h_3^3+1)}\right]\\ d_4=\dfrac{3Ah_4\lambda\cos^2\theta}{h_4^3+1}\left[\dfrac{3h_4^3\lambda}{h_0^2(\lambda h_4^3+1)^2}-\dfrac{1}{h_0^2(\lambda h_4^3+1)}\right]\\ e_1=\dfrac{3B\cos\theta}{h_0h_1^4},e_2=-\dfrac{3B\cos\theta}{h_0h_2^4},e_3=\dfrac{3B\cos\theta}{h_0h_3^4},e_4=\dfrac{3B\cos\theta}{h_0h_4^4}\\ w_1=\dfrac{A}{1+\lambda h_1^3},w_2=\dfrac{A}{1+\lambda h_2^3},w_3=\dfrac{A}{1+\lambda h_3^3},w_4=\dfrac{A}{1+\lambda h_4^3}\end{cases}\tag{6-9}$$

则磁极组磨损状态下,通过泰勒处理后的磁液双悬浮轴承静压支承力增量表达式为:

$$\begin{cases}\Delta P_x=(c_1-c_2)\dot{x}+(j_1-j_2)x+(d_1-d_2)x^2+(e_1-e_2)x\dot{x}+(w_1-w_2)\\P_{x_2}=(c_3-c_4)\dot{y}+(j_3-j_4)y+(d_3-d_4)y^2+(e_3-e_4)y\dot{y}+(w_3-w_4)\end{cases}\tag{6-10}$$

6.2.2　磁极组磨损状态下系统的支承刚度及阻尼

磁液双悬浮轴承径向单元磁极组镀层的磨损不影响电磁悬浮系统的气隙,即不改变磁液双悬浮轴承电磁悬浮系统的电磁支承刚度和支承阻尼，但会使磁液双悬浮轴承径向支承单元的液膜厚度增大，大大降低磁液双悬浮轴承系统的静压支承刚度和支承阻尼。

磁液双悬浮轴承支承系统的磁极组长期浸泡在润滑液中且其工作环境恶劣，这都将加剧磁极组镀层的疲劳脱落，降低磁液双悬浮轴承的运行稳定性，甚至导致轴承失效，故研究磁极组磨损对系统支承性能的影响尤为重要。

磁液双悬浮轴承径向单元在 x 和 y 方向上的基本结构和支承原理均相同，y 方向上的转子重力通过磁液双悬浮轴承电磁悬浮系统的初始调控电流平衡，故：在初始条件下，磁液双悬浮轴承静压支承系统的支承刚度系数和阻尼系数在 x 和 y 方向上相同。为了研究方便，取 y 方向磁极组镀层磨损为研究对象，对磁极组磨损状态下的转子支承特性进行研究，现做出以下假设：

假定 y 方向上磁液双悬浮轴承径向单元磁极组 3、4 的磨损状态相同，静压支承系统的静压刚度系数、静压阻尼系数以及非线性系数均与磨损量 s 有关，当磁极组镀层对称磨损时，液膜厚度比 h_3、h_4 将同时发生改变，且变化量相同，此时非线性系数将会被约去，静压系统的静压刚度系数与静压阻尼系数的表达式为：

$$\begin{cases} h_3 = h_4 = 1 + \dfrac{s}{h_0} \\ j_y = j_3 - j_4 = \dfrac{6\ A\lambda h^2 \cos\theta}{h_0(\lambda h^3 + 1)^2} \\ c_y = c_3 - c_4 = \dfrac{2B}{h^3} \end{cases} \tag{6-11}$$

根据表 5-1 所给的数据，令磁液双悬浮轴承 y 方向磁极组 3、4 的镀层磨损量同时由 0 μm 增加至 10 μm，通过数值模拟，得到静压支承刚度及阻尼随磨损量的变化曲线，如图 6-2 所示。

根据图 6-2 可知，静压支承刚度和阻尼均随着磨损量的增大而减小，电磁刚度和阻尼不发生变化，总刚度和阻尼也随之减小，系统的支承性能下降。

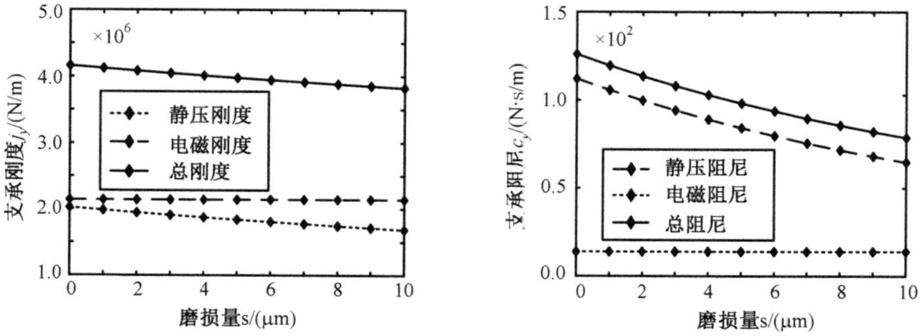

(a) 刚度系数随磨损量s变化曲线 (b) 阻尼系数随磨损量s变化曲线

图 6-2 对称磨损状态下轴承的支承性能

同理,假定 y 方向仅磁极组 3 发生磨损,磁极组 4 未发生磨损。当磁极组 3 发生磨损,液膜厚度比 h_3 将发生改变,液膜厚度比 h_4 未发生改变,此时非线性系数无法约去,则静压系统的静压刚度系数与静压阻尼系数表达式为:

$$\begin{cases} h_3 = 1 + \dfrac{s}{h_0}, h_4 = 1 \\ j_y = \dfrac{3A\lambda\cos\theta}{h_0}\left[\left(\dfrac{h_3}{\lambda h_3^3 + 1}\right)^2 + \left(\dfrac{h_4}{\lambda h_4^3 + 1}\right)^2\right], c_y = B(h_3^{-3} + h_4^{-3}) \end{cases} \tag{6-12}$$

根据表 5-1 的数据,令磨损量由 0 μm 增加至 10 μm,得到支承刚度及阻尼随磨损量的变化曲线,如图 6-3 所示。

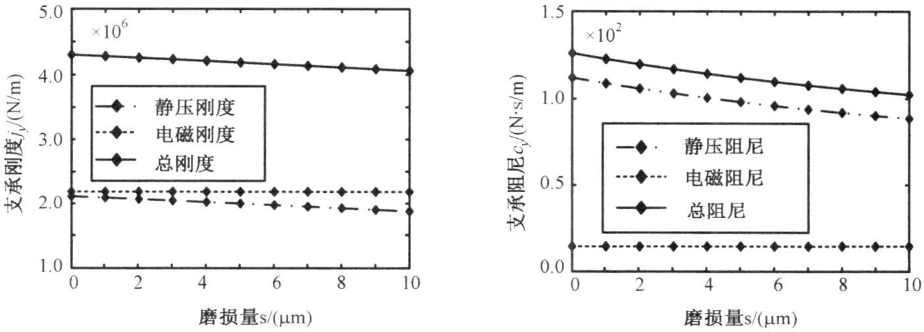

(a) 刚度系数随磨损量s变化曲线　　(b) 阻尼系数随磨损量s变化曲线

图 6-3　单侧磨损状态下轴承的支承性能

根据图 6-3 可知,磁液双悬浮轴承的静压刚度系数和阻尼系数随着磨损量增大而减小,且减小程度明显低于对称磨损状态。电磁刚度和阻尼不发生变化,总刚度和阻尼也随之减小,系统的支承性能下降。同时,磁液双悬浮轴承径向单元单侧磁极组磨损还会导致单自由度静压支承系统数学模型产生非线性项,影响磁液双悬浮轴承运行稳定性。

6.3　不同磁极组磨损状态下转子位移规律及碰摩行为

6.3.1　变极限碰摩力模型

碰撞力 P_N 与摩擦力 P_T 的数学表达式,如下所示:

$$\begin{cases} P_N = (e_1 - h)k_c \\ P_T = fP_N \\ h = h_0 + s \end{cases} \tag{6-13}$$

式中:

h——磨损后的液膜厚度,μm。

将式(6-13)向 x、y 轴进行分解,进行无量纲化处理,得到下式:

$$\begin{Bmatrix} f_X \\ f_Y \end{Bmatrix} = -\left(1 - \frac{h}{e_1}\right) hk_c \begin{bmatrix} 1 & -f \\ f & 1 \end{bmatrix} \begin{Bmatrix} X \\ Y \end{Bmatrix} \tag{6-14}$$

由于磁液双悬浮轴承径向单元磁极组镀层发生磨损,导致支承单元液膜厚度发生改变,需要根据不同磁极组磨损状态,建立不同的转子位移碰摩极限,最后通过 MATLAB 软件进行编码。

6.3.2 磁极组磨损状态下系统动力学方程组

根据上述内容,结合不同的转子位移碰摩极限,建立磁极组镀层磨损状态下的磁液双悬浮轴承二自由度转子系统无量纲碰摩动力学方程:

$$\begin{cases} m\ddot{x} + \Delta F_x + \Delta P_x = f_x + mew_s^2\cos(w_s t + \alpha) \\ m\ddot{y} + \Delta F_y + \Delta P_y = f_y + mew_s^2\sin(w_s t + \alpha) \end{cases} \tag{6-15}$$

将式(6-14)代入式(6-15)并对其进行量纲归一化处理,得到式(6-16)和(6-17)所示的无量纲方程组:

$$\begin{cases} \ddot{X} = -2\Theta_{\dot{X}}\dot{x} - \Theta_x X - \Theta_{x^2}X^2 - \Theta_{x\dot{x}}X\dot{X} - \Theta_1 + f_X + \rho\cos(w\tau + \alpha) \\ \ddot{Y} = -2\Theta_{\dot{Y}}\dot{y} - \Theta_y Y - \Theta_{y^2}Y^2 - \Theta_{y\dot{y}}Y\dot{Y} - \Theta_2 + f_Y + \rho\sin(w\tau + \alpha) \end{cases} \tag{6-16}$$

$$\begin{cases} \Theta_{\dot{x}} = \dfrac{1}{mw_n}(\zeta_x + c_1 - c_2),\Theta_{\dot{y}} = \dfrac{1}{mw_n}(\zeta_y + c_3 - c_4) \\ \Theta_x = \dfrac{1}{mw_n^2}(\beta_x + j_1 - j_2),\Theta_y = \dfrac{1}{mw_n^2}(\beta_y + j_3 - j_4) \\ \Theta_{x^2} = \dfrac{h_0}{mw_n^2}(\varphi_{x^2} + d_1 - d_2),\Theta_{y^2} = \dfrac{h_0}{mw_n^2}(\varphi_{y^2} + d_3 - d_4) \\ \Theta_{x\dot{x}} = \dfrac{h_0}{mw_n}(\varphi_{x\dot{x}} + e_1 - e_2),\Theta_{y\dot{y}} = \dfrac{h_0}{mw_n}(\varphi_{y\dot{y}} + e_3 - e_4) \\ \Theta_1 = w_1 - w_2,\Theta_2 = w_3 - w_4,\rho = Uw^2 = \dfrac{ew_s^2}{h_0 w_n^2} \end{cases} \tag{6-17}$$

6.3.3 不同磨损状态下的转子位移规律及碰摩行为

采用四阶 Runge-Kutta 法分析不同磨损状态下的转子位移运动规律及碰摩行为。由于磁极镀层磨损受到众多不确定性条件的影响,为了研究方便,下面做出以下假设情况进行分析。

磨损量 $s=0$ μm 时,转子位移随转速变化的运行规律如图 6-4 所示。

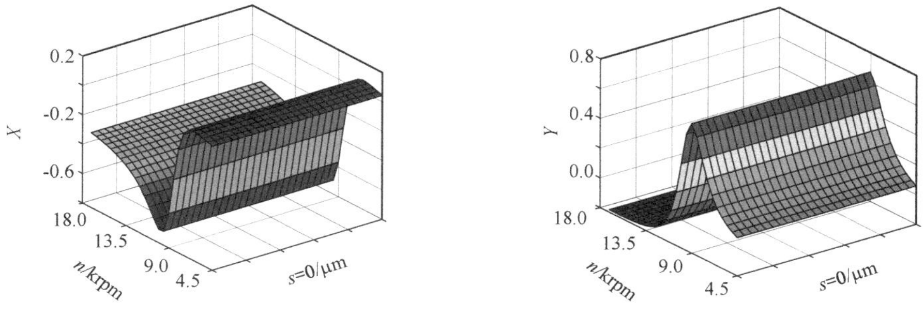

(a) *s-n-X*分岔图

(b) *s-n-Y*分岔图

图 6-4 未磨损时转子位移随转速的变化曲线

根据图 6-4 可知，磁液双悬浮轴承转子在整个转速区间为单周期运行，x、y 方向转子位移表现为规则曲面。当转速为 9. 2 krpm 左右时，转子位移达极大值，未发生“间隙-碰摩”行为，不会造成磁液双悬浮轴承径向单元磁极组的二次磨损，系统保持稳定。

同理，假定磁极组 3、4 的磨损状态相同，转子位移随转速的变化规律及碰摩行为如图 6-5 所示。

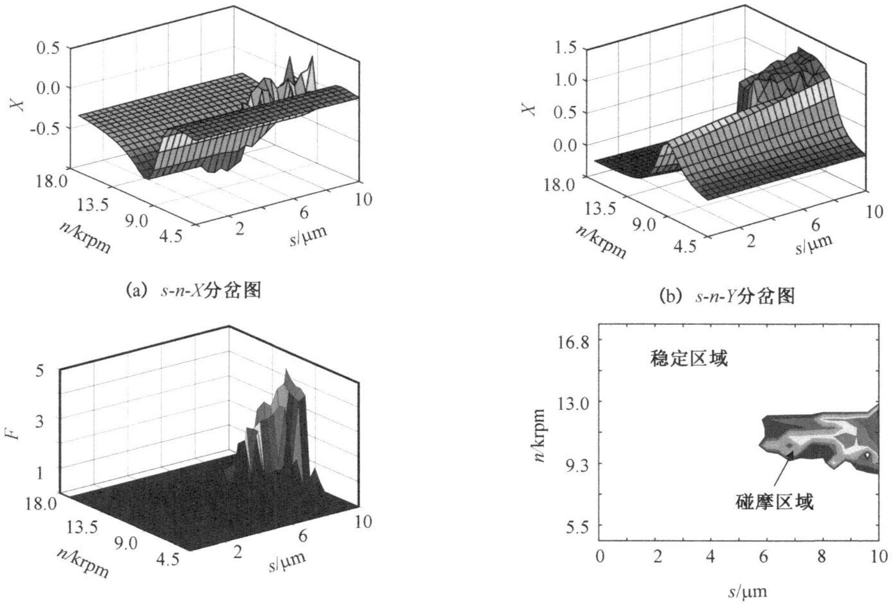

(a) *s-n-X*分岔图

(b) *s-n-Y*分岔图

(c) *s-n*-碰摩力分岔图

(d) *s-n*平面图

图 6-5 *y* 方向磁极对称磨损转子位移的响应

根据图 6-5 可知，磁液双悬浮轴承转子位移在大部分区域内保持单周期稳定运行。但随着转速增大，磁液双悬浮轴承支承处的转子位移呈现出规则曲面→不规则曲面→规则曲面的变化趋势。当转速在(9,13) krpm、磨损量在(3,6) μm 复合区域内,转子位移不断增大,出现轻微的碰摩行为,随着磨损量继续增大至(6,10) μm 区域,转子位移达到极大值,且伴有明显的分岔及混沌特性,磁液双悬浮轴承转子系统碰摩行为较为严重,最大无量纲碰摩力达到 4.3,极大可能造成磁极镀层的二次磨损。

假定 x、y 方向双侧磁极组磨损状态相同,转子位移随转速的变化规律如图 6-6 所示。

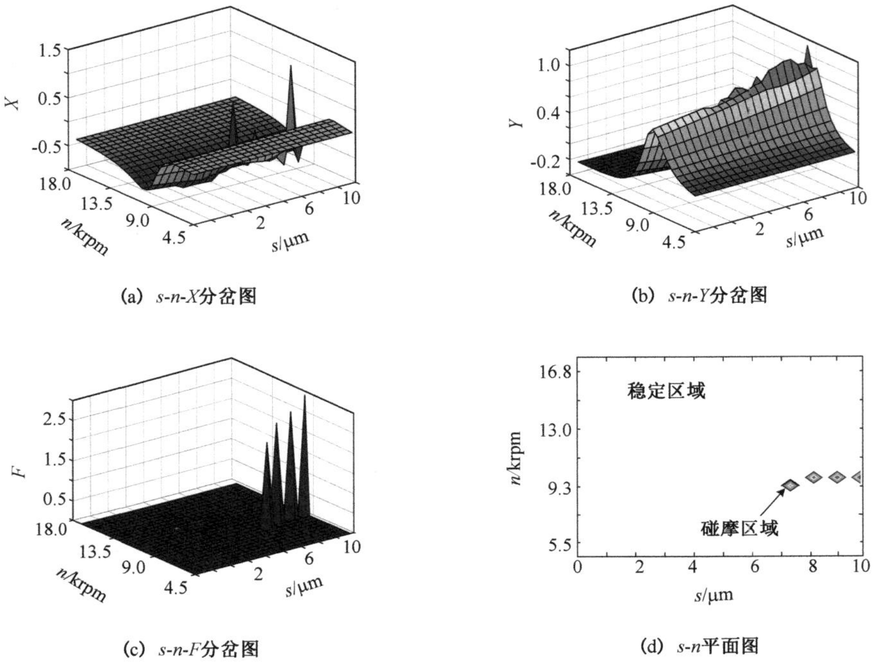

(a) s-n-X分岔图　(b) s-n-Y分岔图

(c) s-n-F分岔图　(d) s-n平面图

图 6-6　x、y 方向磁极对称磨损转子位移的响应

根据图 6-6 可知,转子在大部分区域内保持单周期运行。当转速在(9,11) krpm、磨损量在(4,6) μm 时,转子位移出现轻微的分岔特征,未发生碰摩行为;当磨损量为(6,10) μm 区域时,位移达到极大值,且伴有明显的分岔及其混沌特性,碰摩行为较为严重,极大可能造成磁极镀层的二次磨损。

假定仅磁极组 3 发生磨损,转子位移随转速的变化规律如图 6-7 所示。

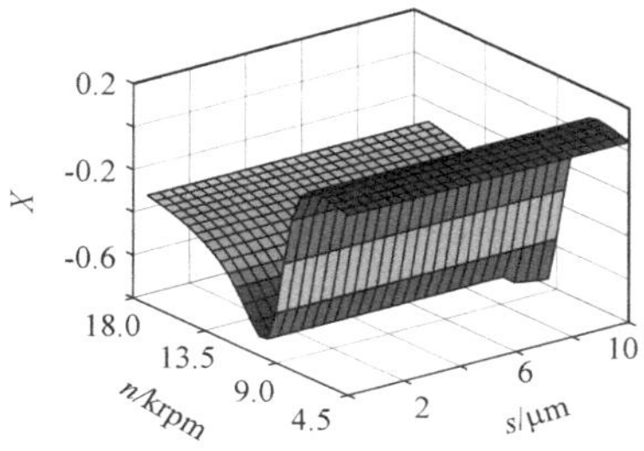

(a) s-n-X分岔图

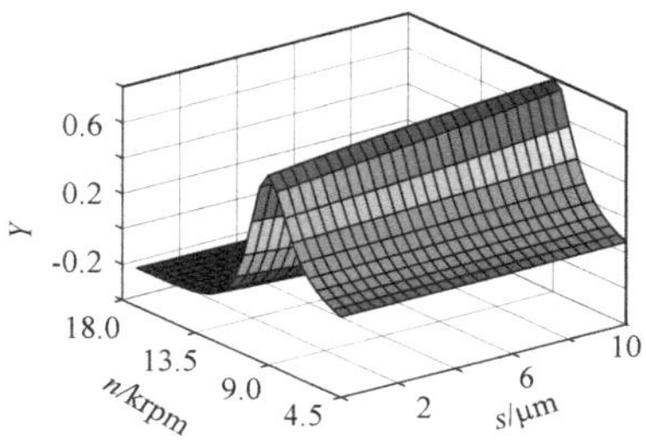

(b) s-n-Y分岔图

图 6-7　y 方向磁极单侧磨损转子位移的响应

根据图 6-7 可知，转子在整个运行区域内都保持单周期运行。随着转速增大，x、y 方向位移变化表现为规则曲面；当转速为 9.2 krpm 左右时，位移达到极大值，未发生碰摩行为，不造成二次磨损。

假定仅磁极 1、3 发生磨损，转子位移随转速的变化规律如图 6-8 所示。

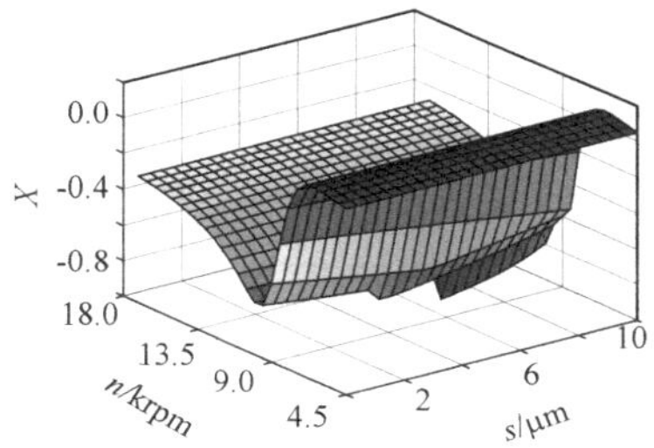

(a) s-n-X分岔图

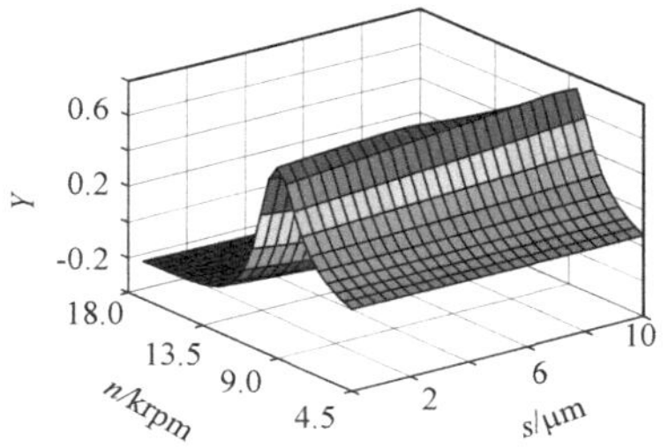

(b) s-n-Y分岔图

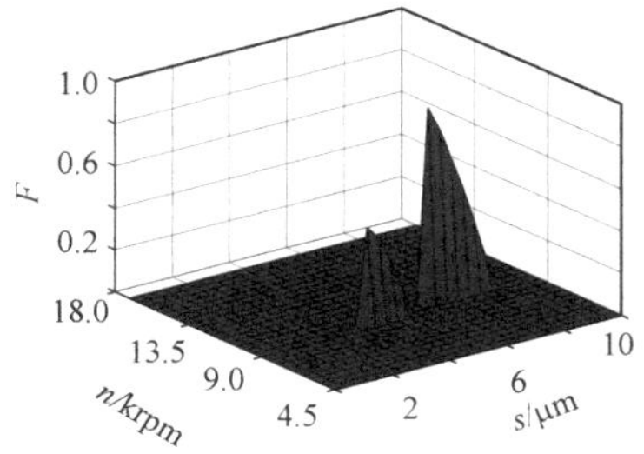

(c) s-n-F分岔图

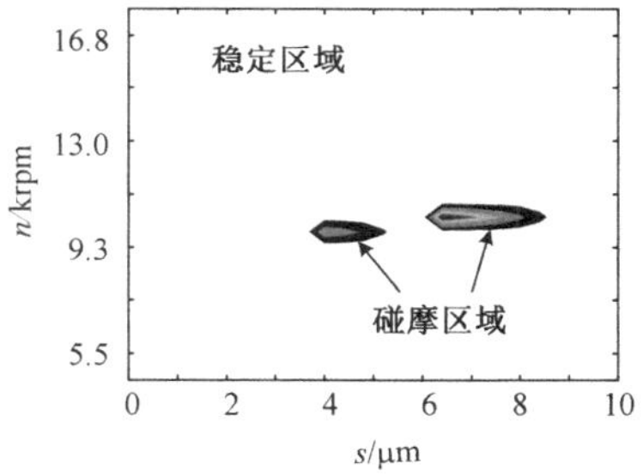

(d) s-n平面图

图 6-8　x、y 方向磁极单侧磨损转子位移的响应

根据图 6-8 可知，转子在整个运行区域内都保持单周期运行。随着转速增大，x、y 方向位移变化表现为规则曲面→不规则曲面→规则曲面。当转速在(9,11) krpm、磨损量在(3,5) μm 及(6,9) μm 范围内时，位移均达到极大值，并伴有轻微的分岔及其混沌特性，发生碰摩行为，极有可能造成磁极镀层的二次磨损。

综上可知,不同磨损状态下系统稳定性对比如表 6-1 所示。

表 6-1　不同磨损状态下系统稳定性

磨损状态	运动规律	碰摩情况
未磨损	单周期	无碰摩
y 方向双侧对称磨损	多周期	严重碰摩
x、y 方向双侧对称磨损	多周期	轻微碰摩
y 方向单侧磨损	单周期	无碰摩
x、y 方向单侧磨损	多周期	严重碰摩

根据表 6-1 可知,双侧磨损比单侧磨损下的碰摩程度严重,且 y 方向双侧对称磨损下的碰摩程度最为严重,这是由于系统 y 方向磁极组磨损,液膜极限增大,x 方向的液膜极限没有改变,不均匀分布的液膜极限极易发生碰摩行为,造成镀层二次磨损,加剧转子不稳定运行,发生混沌现象。

为了研究转子位移的分岔规律,选取 y 方向双侧对称磨损的情况进行详细分析,确定磨损量为 2 μm、5 μm、8 μm,根据转子位移分岔、时间历程、幅值谱、轴向轨迹、Poincare 映射和碰摩力来分析转子位移的规律,如图 6-9 所示。

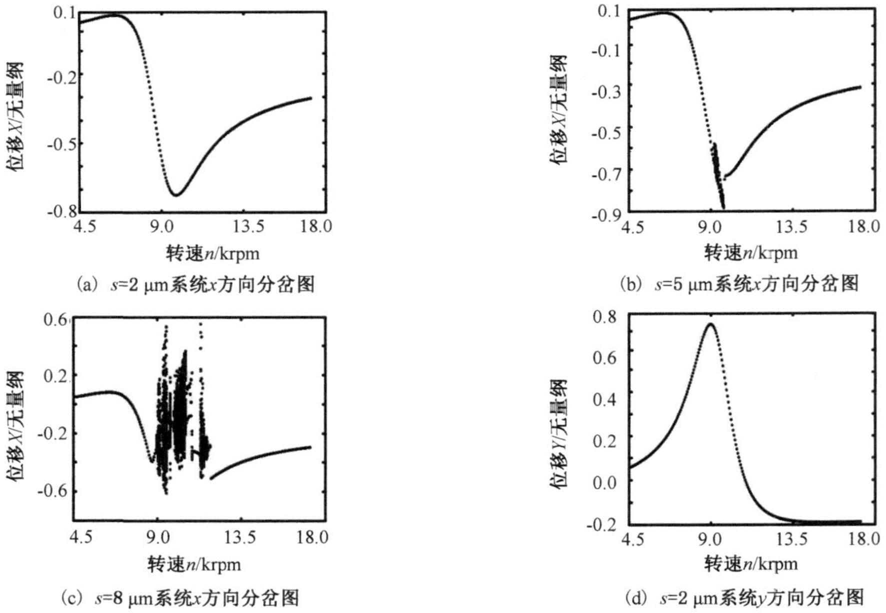

(a) s=2 μm系统x方向分岔图　(b) s=5 μm系统x方向分岔图

(c) s=8 μm系统x方向分岔图　(d) s=2 μm系统y方向分岔图

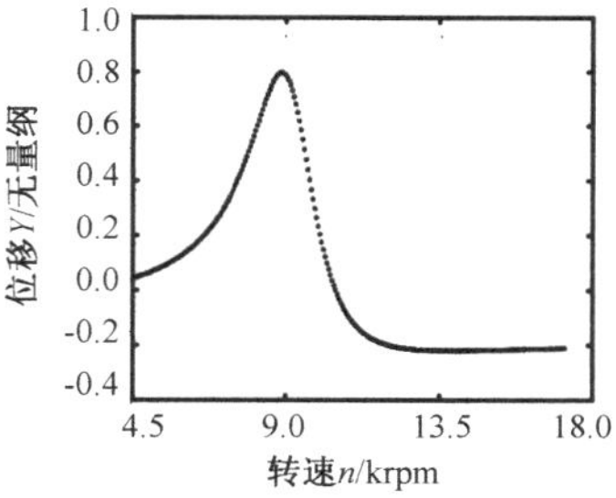

(e) s=5 μm系统y方向分岔图

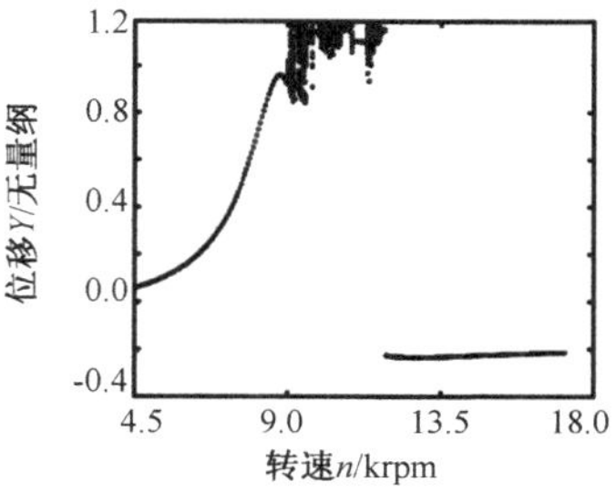

(f) s=8 μm系统y方向分岔图

图 6-9　不同磨损量下转子位移随转速变化的分岔曲线

根据图 6-9(a)可知,当磨损量 $s=2$ μm 时,转子始终保持稳定,x 方向上位移为单一曲线。低转速情况下,转子位移较小,且为正值;随着转速逐渐增加,转子位移迅速由正值变为负值,且约在 9.5 krpm 时达到极限值;随着转速再次增加,转子位移逐渐减小,并逐渐平衡于-0.3 附近。当磨损量 $s=5$ μm 时,x 方向上转子位移在转速增加的大部分区间上变化规律与磨损量 $s=2$ μm 时相同,只是转速在(8~11) krpm 范围内时出现轻微的分岔行为。当磨损量 $s=8$ μm、转速在(4.5, 18) krpm 范围时,x 方向上转子位移呈现出单周期运动、拟周期分岔、倍周期分岔、混沌等多种运动形式。

根据图 6-9(b)可知,当磨损量 $s=2$ μm 时,转子始终保持稳定,y 方向上位移为单一曲线;低转速情况下,转子位移较小,且为正值;随着转速逐渐增加,转子位移迅速由正值变为负值,且约在 9.5 krpm 时达到极限值;随着转速再次增加,转子位移逐渐减小,并逐渐平衡于-0.2 附近。当磨损量 $s=5$ μm 时,y 方向上转子位移的变化规律与磨损量 $s=2$ μm 时相同,只是转子位移的幅值增大。当磨损量 $s=8$ μm、转速在(4.5, 18) krpm 范围时,y 方向上转子位移呈现出单周期运动、拟周期分岔、倍周期分岔、混沌等多种运动形式。

综上可知,一般情况下,轴承支承系统 x 和 y 方向上转子位移变化的规律基本相同,但由于磁液双悬浮轴承 y 方向上磁极组发生磨损,导致其液膜厚度增大,故随着磨损量不断增大,x 方向上转子位移会提前出现分岔行为。

为了进一步观察这一现象的转子位移特征及其分岔规律,选取如下参数进行具体研究,如表 6-2 所示。

表 6-2　测试参数

测试磨损量 s/μm	5	8	8	8
测试转速 n/krpm	9.5	6.0	9.5	13.5

根据表格中所给出的参数,通过 MATLAB 软件,运用四阶 Runge-Kutta 算法进行数值仿真,得到转子位移响应如图 6-10 至图 6-13 所示。

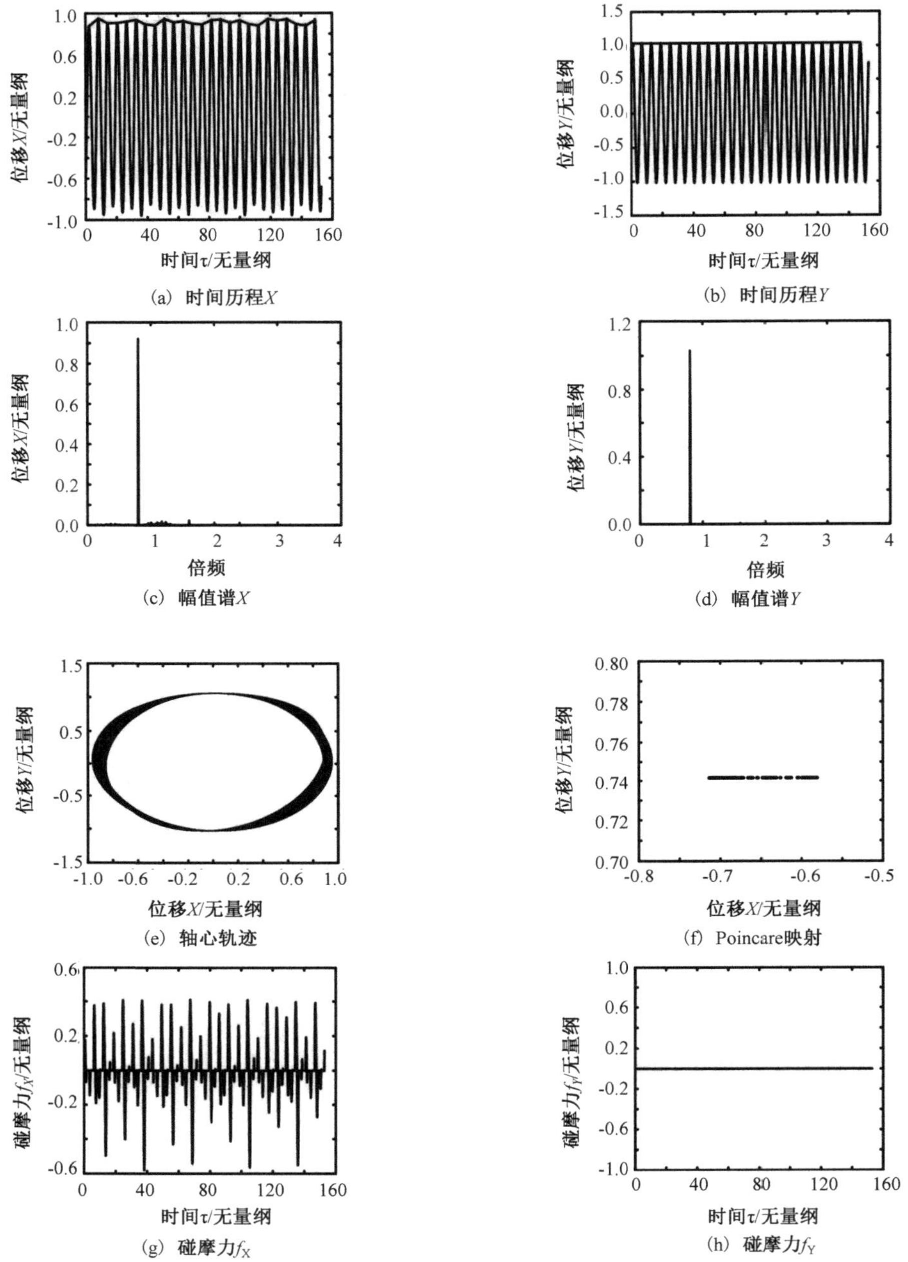

图 6-10　磨损量 $s=5$ μm、转速 $n=9.5$ krpm 时转子位移响应图

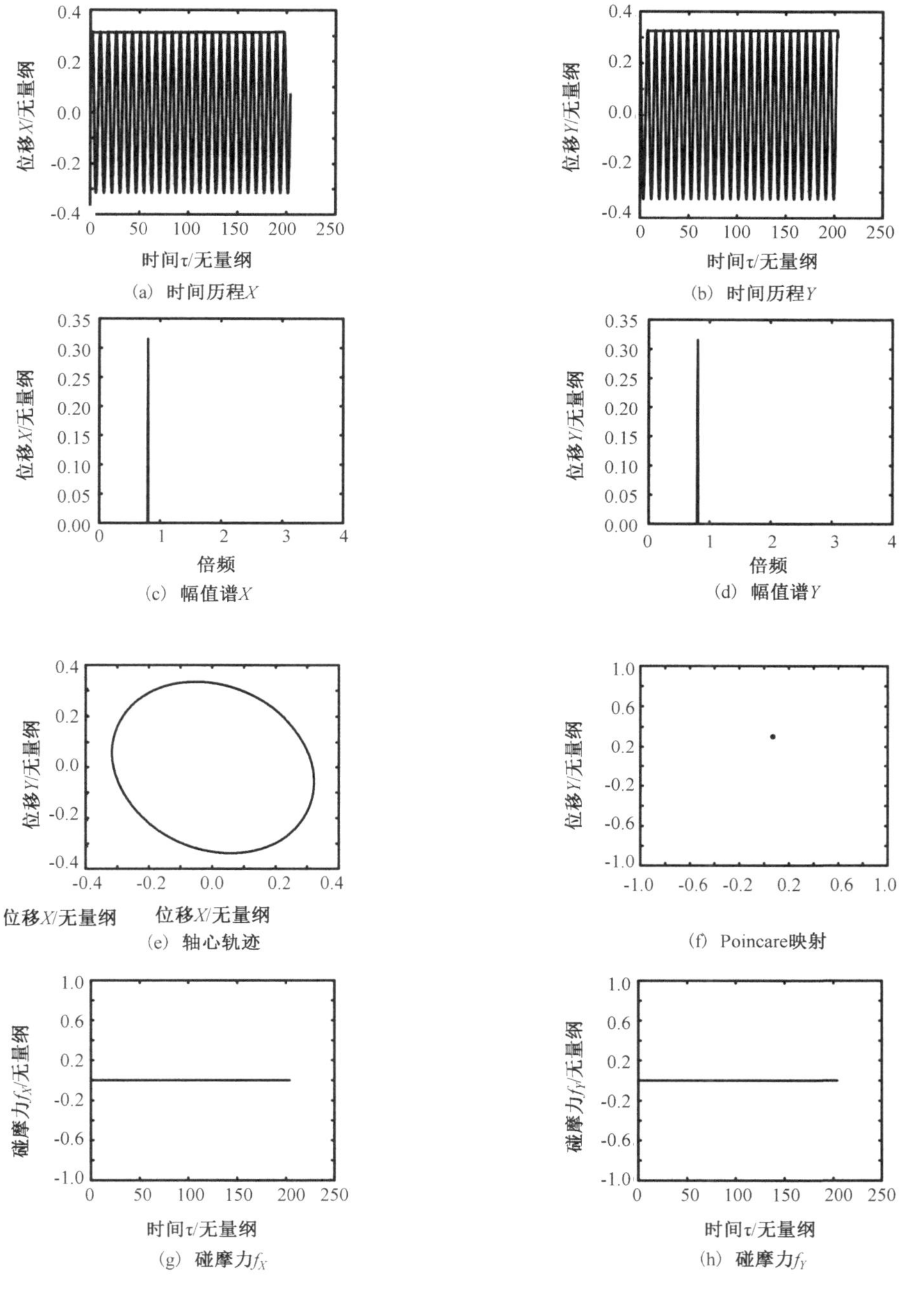

图 6-11　磨损量 $s=8$ μm、转速 $n=7$ krpm 时转子位移响应图

根据图 6-10 可知，当磨损量 $s=5$ μm、转速为 9.5 krpm 时，x 和 y 方向上转子位移呈现出不同的变化规律，x 方向上属于混沌运动范围，转子位移呈现剧烈的幅值波动，幅值谱呈现出不易观察的连续谱，转子发生“间隙-碰摩”行为；y 方向上属于单周期运动范围，转子位移为规则的正弦运动，幅值谱在 1 倍频范围内出现单一离散波峰，无量纲碰摩力为 0，未发生“间隙-碰摩”行为；轴心轨迹为多个无规律重叠的椭圆曲线，Poincare 映射为多个映射点位。

根据图 6-11 可知，当磨损量 $s=8\ \mu\text{m}$、转速为 7 krpm，属于单周期运动范围时，转子位移表现为规则的正弦运动，轴心轨迹表现为单一封闭椭圆曲线，Poincare 映射表现为单一截点，幅值谱在 1 倍频范围内出现单一离散波峰，x 和 y 方向无量纲碰摩力为 0，磁液双悬浮轴承未发生“间隙-碰摩”行为。

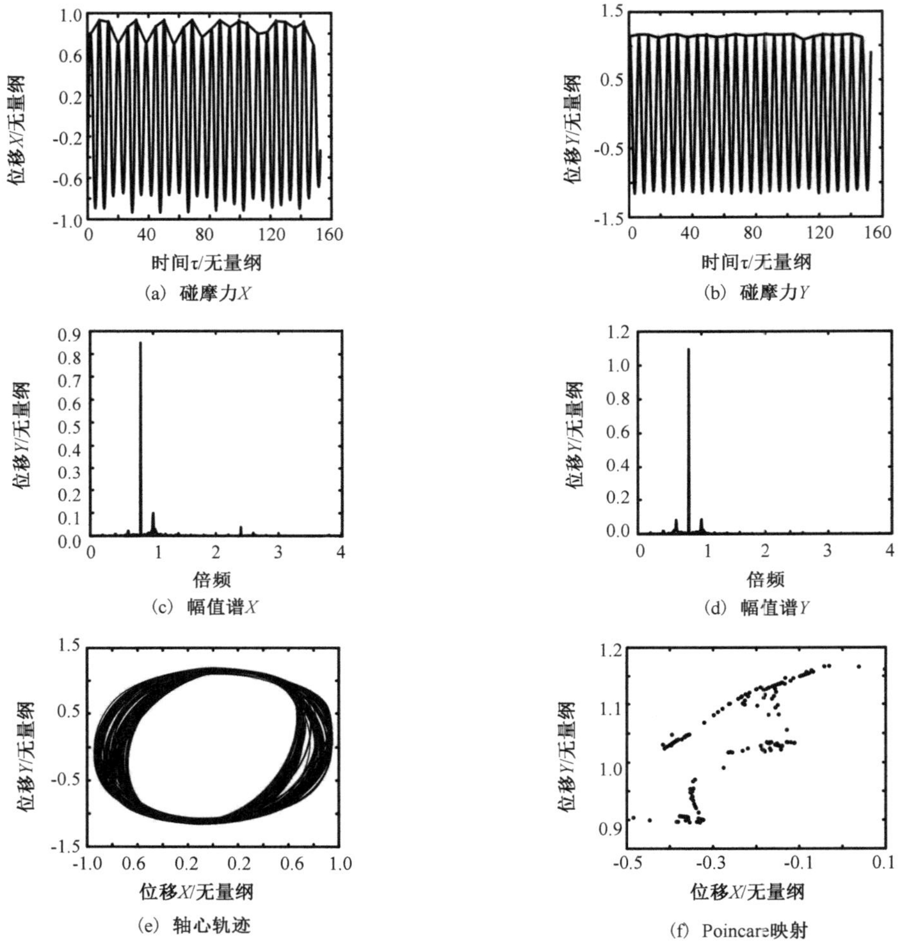

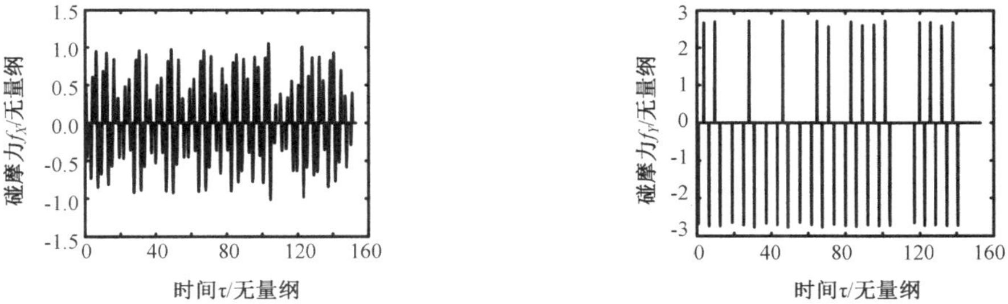

(g) 碰摩力f_X　　(h) 碰摩力f_Y

图 6-12　磨损量 $s=8$ μm、转速 $n=9.5$ krpm 时转子位移响应图

根据图 6-12 可知，当磨损量 $s=8$ μm、转速为 11.5 krpm，属于混沌运动范围时，转子位移呈现剧烈的幅值波动，x 方向上的转子位移振幅波动比 y 方向振动明显，轴心轨迹表现为多个无规律重叠的椭圆曲线，且 x 方向上的转子位移轨迹比 y 方向分散，Poincare 映射表现为云状封闭图形，幅值谱呈现出不易观察的连续谱，磁液双悬浮轴承发生“间隙-碰摩”行为，且 x 方向上的碰摩行为更频繁。由于磁液双悬浮轴承径向单元磁极组发生磨损导致 y 方向液膜极限增大，故 x 方向较 y 方向更易发生碰摩行为。

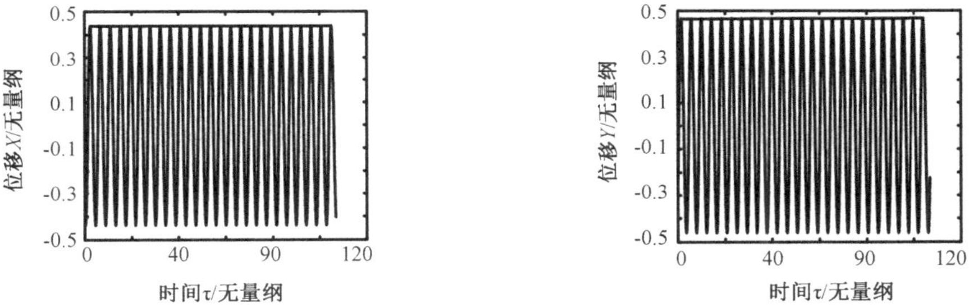

(a) 时间历程X　　(b) 时间历程Y

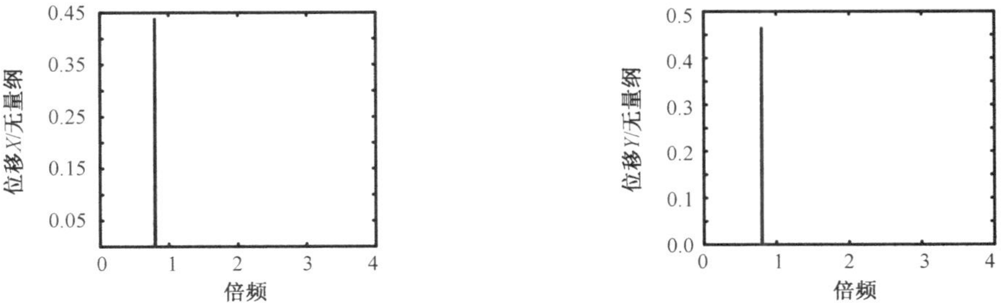

(c) 幅值谱X　　(d) 幅值谱Y

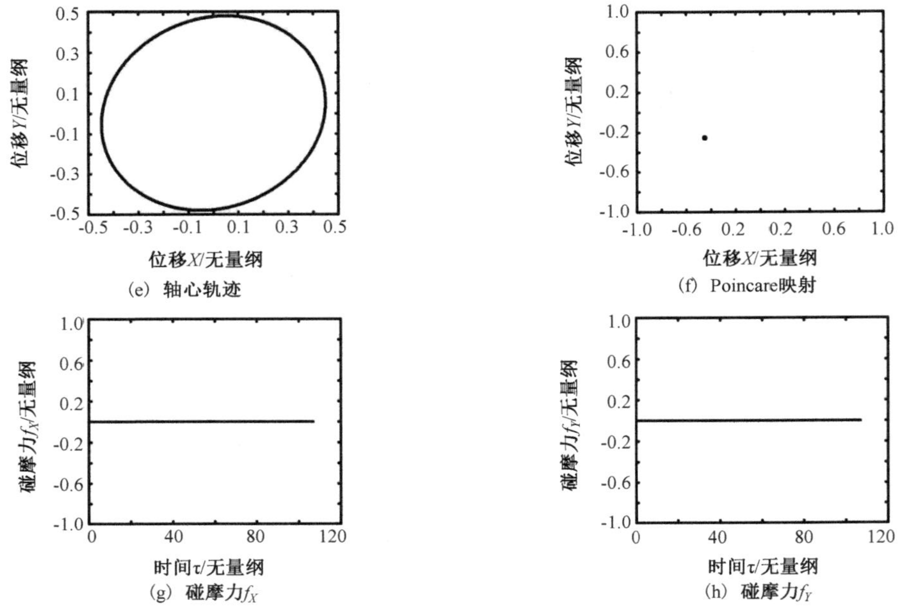

图 6-13　磨损量 $s=5$ μm、转速 $n=13.5$ krpm 时转子位移响应图

根据图 6-13 可知，当磨损量 $s=5$ μm、转速为 13.5 krpm，属于单周期运动范围时，转子位移为规则的正弦运动，轴心轨迹为单一封闭椭圆曲线，Poincare 映射为单一截点，幅值谱在 1 倍频范围内出现单一离散波峰，无量纲碰摩力为 0，磁液双悬浮轴承未发生"间隙-碰摩"行为。

综上所述，轴承在使用的启停阶段极易导致磁极组的磨损，且磁液双悬浮轴承磁极组的磨损严重影响系统的安全稳定运行，系统表现出多种运动规律，极可能造成"间隙-碰摩"行为，应加以调控避免。

6.4　磁极组磨损状态下的支承特性调控

6.4.1　磨损状态下的调控策略

磁极组磨损会降低轴承的支承刚度和阻尼，因此可以通过调节电磁系统的 PD 控制参数，补偿静压支承系统的刚度及阻尼的损失，实现磁液双悬浮轴承性能的恢复调节。其调控策略如下：

(1) 根据表 5-1 的参数，获得初始状态下磁液双悬浮轴承静压支承系统的刚度系数 j_0 和阻尼系数 c_0 的数值解；

(2) 根据上述软测量方法得到具体的磁极组磨损量数值，获得磨损状态下的静压支承系

统的刚度 $j_{x、y}$ 和阻尼 $c_{x、y}$ 的数值解；

（3）根据上述两种磨损状态下的数值解差值，反解出需要调节的电磁 $P_{tx,ty}$、$D_{tx,ty}$ 参数数值解；

（4）将获得的电磁调控参数输入控制系统进行调节。

6.4.2 电磁调控参数的确定

（1）未磨损状态下，得到初始条件下磁液双悬浮轴承系统的静压支承刚度 j_0 和阻尼 c_0 分别为：

$$\begin{cases} j_0 = 12A_e p_s \lambda \cos^2\theta / B^2 h_0 \\ c_0 = 4A_b A_e R_{h_0} \cos^2\theta \end{cases} \tag{6-18}$$

（2）磨损状态下，将获得的磨损量数值代入下式，分别求得 x 和 y 方向的磁液双悬浮轴承系统静压支承刚度系数 $j_{x、y}$ 和阻尼系数 $c_{x、y}$ 的数值解：

$$\begin{cases} h_i = 1 + \dfrac{s_i}{h_0}, h_j = 1 + \dfrac{s_j}{h_0} \\ j_{x、y} = \dfrac{3A\lambda\cos\theta}{h_0}\left[\left(\dfrac{h_i}{\lambda h_i^3 + 1}\right)^2 + \left(\dfrac{h_j}{\lambda h_j^3 + 1}\right)^2\right] \\ c_{x、y} = B(h_i^{-3} + h_j^{-3}) \end{cases} \tag{6-19}$$

式中：x 方向取 $i=1, j=2$；y 方向取 $i=3, j=4$。

（3）根据上述磨损状态下的表达式，反解出需要设置的电磁调控（$P_{tx,ty}$、$D_{tx,ty}$）参数表达式：

$$\begin{cases} P_{tx,ty} = k_t(j_0 - j_{x,y}) + P_{x0,y0} \\ D_{tx,ty} = k_t(c_0 - c_{x,y}) + D_{x0,y0} \end{cases} \tag{6-20}$$

式中：k_t 为电磁调控斜率，$k_t = \delta_0^2/(8i_0 k\cos\theta)$；$P_{x0}$、$P_{y0}$、$D_{x0}$、$D_{y0}$ 为 x 和 y 方向上未磨损状态下的电磁调控参数。

6.4.3 调控前后对比

将软测量得到的磨损量经过计算得到系统的实时刚度和阻尼并代入式（6-20）中，得到电磁调控参数的数值解。通过 MATLAB 数值仿真得到调控后系统的刚度、阻尼及转子位移响应规律，如图 6-14 所示。

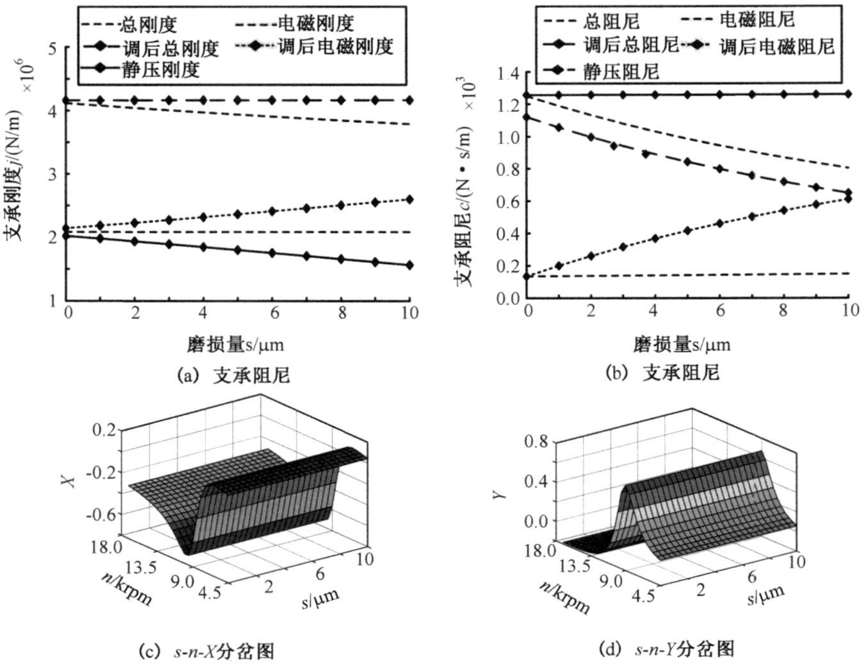

(a) 支承阻尼　(b) 支承阻尼

(c) s-n-X分岔图　(d) s-n-Y分岔图

图 6-14　调控后的系统响应

对比图 6-14(a)、图 6-14(b)及图 6-3 可知,经过磁液双悬浮轴承电磁悬浮支承系统的 P_t、D_t 参数调控,系统的电磁刚度系数和阻尼系数随着磨损量的增大而增大,进而补偿静压支承系统支承刚度和阻尼的损失,使轴承系统的总刚度和总阻尼保持稳定。

根据图 6-14(c)和图 6-14(d)与图 6-5 对比可知,经过电磁悬浮支承系统的 P_t、D_t 参数调控,转子位移未发生分岔混沌,在整个运行转速区间都能保持稳定单周期运行,未发生碰摩行为,避免了造成再次磨损。

根据式(6-19)可知,电磁支承系统的控制参数可以根据磨损量的不同进行预设(如图 6-15 所示),以提高系统的支承刚度和阻尼,防止系统二次碰摩,对系统的稳定运行具有重要的意义。

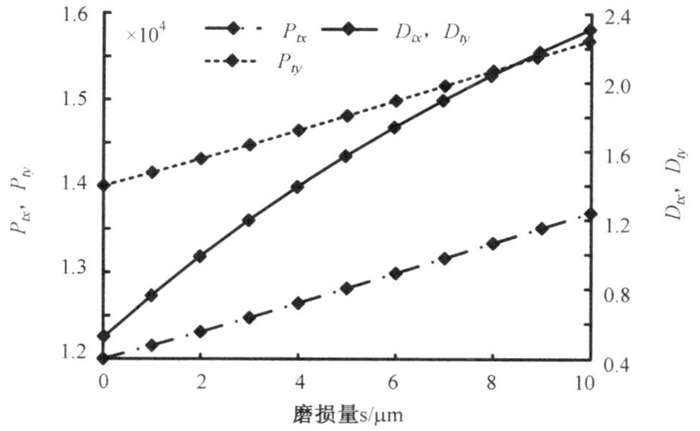

图 6-15　磨损状态下电磁悬浮系统调控参数

通过检测控制电流的变化来直观分析系统的调控动态过程，以磨损量 x、y 方向双侧磁极组对称磨损状态下的动态位移为研究平面，建立偏置电流的三维模型，如图 6-16 和图 6-17 所示。

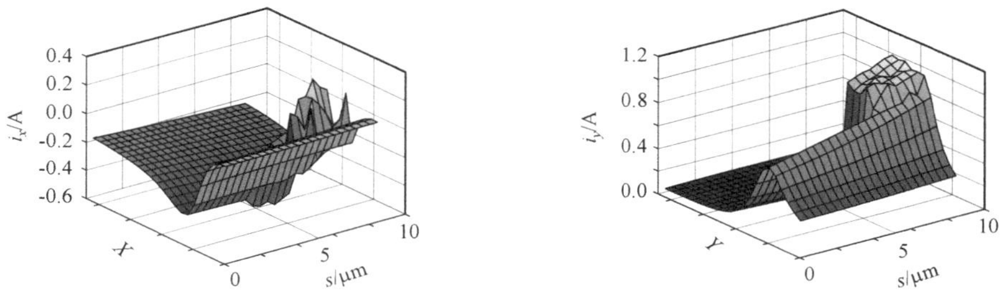

(a) s-X-i_x三维图　　(b) s-Y-i_y三维图

图 6-16　未经调控的偏置电流

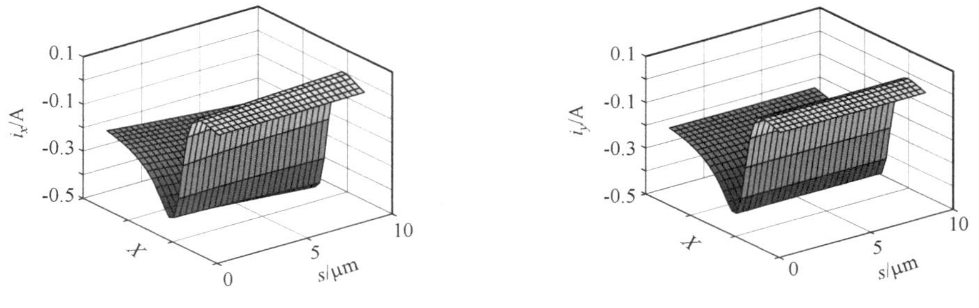

(a) s-X-i_x三维图　　(b) s-Y-i_y三维图

图 6-17　调控后的偏置电流

根据图 6-16 和图 6-17 可知，未经电磁系统调控的电流在研究平面内变化复杂，波峰波谷毫无规律，采用电磁调控方式后，系统偏置电流运动形式为单一曲线，系统稳定运行。

6.5 本章小结

本章提出了一种磁极磨损量的软测量新方法及调控策略,研究了不同磨损状态下转子位移的运行规律。所提出的测量方法无须对磁液双悬浮轴承进行拆卸和安装,就可以实时监控和测量磁极的磨损状态。

磁极组镀层磨损降低了支承性能及其运行稳定性。其中 y 方向单侧磨损的影响最轻,不发生二次碰撞—磨损故障,y 方向双侧对称磨损的影响最严重,发生混沌现象及其二次碰撞—磨损故障。一般情况下,轴承支承系统 x 和 y 方向上转子位移变化的规律基本相同,但由于磁液双悬浮轴承 y 方向上磁极组发生磨损,导致其液膜厚度增大,故随着磨损量的不断增大,x 方向上的转子位移会提前出现分岔行为。

调控策略方法通过未磨损及磨损状态下的支承单元供给流量及其压力的数学表达式,反推出各磁极磨损量的数学表达式。根据磁液双悬浮轴承的初始参数和上述软测量方法得到的具体的磨损数值可反解出需要设置的电磁调控参数。通过调节电磁系统的 PD 控制参数,补偿静压支承系统因磁极组磨损造成的刚度及阻尼的损失,使磁液双悬浮轴承支承性能恢复到初始状态,提高了磁液双悬浮轴承运行的稳定性。

参考文献

[1] 陈润霖, 欧阳武, 王建磊, 等. 动静压轴承支承电主轴服役精度保持用磁力减载研究[J]. 振动与冲击, 2017, 36(12): 25-30.

[2] 杜国伟, 王有志, 杨国军, 等. 165 kW 鼓风机改型电磁轴承后转子动力学分析与试验[J]. 风机技术, 2017, 59(4): 39-44.

[3] 冯龙飞, 云忠, 徐军瑞, 等. 一种轴流血泵的磁液双悬浮支承系统[J]. 中国医学物理学杂志, 2018, 35(8): 940-944.

[4] 李国荣, 朱晓东, 郝宗超, 等. 磁—液悬浮轴流泵心脏辅助装置研制[J]. 中国医疗器械信息, 2013, 19(6): 20-24.

[5] 姜洋, 高航, 王伟, 等. 磁液悬浮式离心血泵实验研究[J]. 北华航天工业学院学报, 2012, 22(6): 4-6.

[6] 李红. 碰摩转子系统动力学特性及其故障分析[D]. 北京: 华北电力大学, 2016.

[7] 吕宁, 李晶, 孟祥雪, 等. 电磁轴承—转子系统的非线性动力学行为分析[J]. 重庆理工大学学报, 2012, 26(12): 100-102.

[8] 罗利军. 轴承—转子—机匣系统碰摩的非线性动力学特性研究[D]. 天津：河北工业大学，2006.
[9] Shatokhin V F. Patterns of the Rotor-Over-Stator Rolling under Change in the Damping Components [J]. Thermal Engineering, 2018, 65(3): 143-150.
[10] Tamisier V, Lacour M, Carrere F, et al. Attenuation of Vibrations due to Unbalance of an Active magnetic Bearings Milling Electro-Spindle [J]. CIRP Annals-Manufacturing Technology, 2001, 50(1): 255-258.
[11] 陶海亮，潘波，高庆，等. 滚动轴承—转子系统非线性动力响应分析[J]. 燃气轮机技术，2013, 26(1):15-20.
[12] Muszynska A. Stability of Whirl and Whip in Rotor Bcaring System [J]. Journal of Sound and Virbration, 1988, 127(1): 49-64.
[13] Bulgarevich S B, Boiko M V, Lebedinskii K S, et al. Adsorption Separation of Components of Liquid Lubricant on Rubbing Surfaces under Sliding Friction [J]. Journal of Friction & Wear, 2015, 36(6): 534-541.
[14] Kostyuk A G, Shatokhin V F, Volokhovskaya O A, et al. Specific Features Relating to the Motion of a Rotor with Rubbing against the Stator [J]. Thermal Engineering, 2013, 60(9): 628-634.
[15] 张钢，殷庆振，梁世颇，等. 5 自由度磁悬浮轴承—转子系统非线性动力学研究[J]. 机械工程学报，2010, 46(20): 15-21.
[16] 祝长生. 主动电磁轴承失效后转子坠落在备用轴承过程中的非线性动力学[J]. 机械工程学报,2006(7):196-202.
[17] Nikiforov A N. A Vibroimpact Motion, Slippage and Return of the Rotor on the Stator [J]. Journal of Machinery Manufacture and Reliability, 2012, 41(1): 11-19.
[18] Maslen E H, Schweitzer G. Magnetic Bearings: Theory, Design, and Application to Rotating Machinery [M]. Berlin: Springer, 2009: 15-17.
[19] Xu H Z, Wang N F, Jiang D X, et al. Dynamic Characteristics and Experimental Research of Dual-Rotor System with Rub-Impact Fault [J]. Shock and Vibration, 2016(6): 1-11.
[20] Zhao J H, Zhang G J, Cao J B, et al. Decoupling Control of Single DOF Supporting System of Magnetic-Liquid Double Suspension Bearing [J]. Machine Tool & Hydraulics, 2020, 48(18): 1-8.

第 7 章　不同保护支承对转子碰摩动力学行为的影响

7.1　不同保护支承下的碰摩动力学模型

在传统的主动电磁轴承中，运用固定环或深沟球轴承等装置对转子的“间隙-碰摩”行为进行防护，被称为保护轴承。而磁液双悬浮轴承以静压系统代替了传统的保护装置，其在有效支撑转子的同时，还能对转子的“间隙-碰摩”故障起到抑制及缓冲作用，降低转子和磁极之间的磨损程度和概率。为比较转子在静压系统与传统保护装置中碰摩动力学行为的差异性，本章建立了电磁故障模式下（上单元故障和上/下单元均故障）转子在三种保护装置上（固定环/深沟球轴承/静压系统）的碰摩动力学方程，数值模拟了转子的轴心轨迹及其单方向位移、相轨迹、碰摩力和电磁力等变化规律，比较分析了转子在三种保护装置上碰摩动力学行为特性的区别。

7.1.1　“转子-固定环”碰摩动力学模型

电磁故障模式下转子在固定环保护装置上发生碰摩的力学模型如图 7-1 所示。

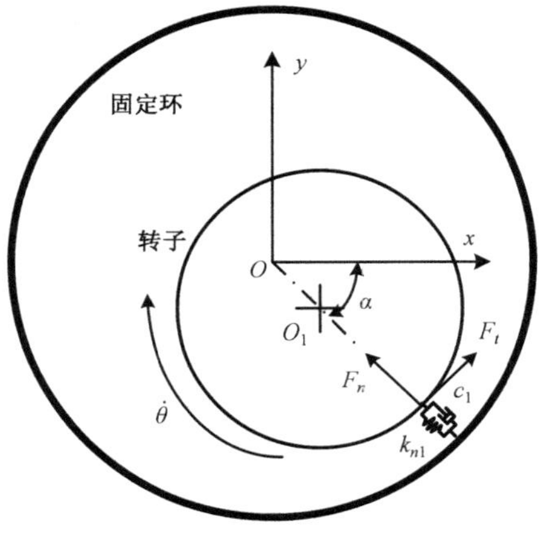

图 7-1　“转子-固定环”保护装置力学模型

1. 电磁悬浮支承力

转子在 x、y 方向电磁力均为 PD 控制,其表达式为:

$$\begin{cases} F_{Mx} = F_{Mx,1} - F_{Mx,2} \\ F_{My} = F_{My,1} - F_{My,2} \end{cases} \tag{7-1}$$

其中,

$$\begin{cases} F_{Mx,j} = 2k\cos\varphi \sum_{j=1}^{2} (-1)^{j+1} \left[\dfrac{i_{Mx,j}}{h_0 + 2l + (-1)^j x\cos\varphi} \right]^2 \\ F_{My,j} = 2k\cos\varphi \sum_{j=1}^{2} (-1)^{j+1} \left[\dfrac{i_{My,j}}{h_0 + 2l + (-1)^j y\cos\varphi} \right]^2 \end{cases}$$

$$\begin{cases} i_{Mx,j} = i_0 + (-1)^j (k_{px} x + k_{dx} \dot{x}) \\ i_{My,j} = i_0 + (-1)^j (i_{0y} + k_{py} y + k_{dy} \dot{y}) \end{cases} \quad j = 1,2$$

2. 碰摩力

转子在与固定环发生接触碰摩时径向碰摩力和切向碰摩力的表达式为:

$$\begin{cases} F_n = \begin{cases} k_1 \delta_1^{e_1} + c_1 V_1 & \delta_1 \geqslant 0 \\ 0 & \delta_1 < 0 \end{cases} \\ F_t = f_1 F_n \end{cases} \tag{7-2}$$

其中,

$$\begin{cases} \delta_1 = \sqrt{x^2 + y^2} - h_1 \\ V_1 = \dfrac{\dot{x}x + \dot{y}y}{\sqrt{x^2 + y^2}} \end{cases}$$

式中:

h_1——转子与保护装置内圈的初始单边间隙,μm,$h_1 = 0.5h_0$;

δ_1——转子侵入固定环的深度,μm;

将其分别分解到 x、y 方向上,可得:

$$\begin{cases} F_x = \dfrac{-F_n}{\sqrt{x^2 + y^2}}(x - f_1 y) \\ F_y = \dfrac{-F_n}{\sqrt{x^2 + y^2}}(f_1 x + y) \end{cases} \tag{7-3}$$

3. “转子-固定环”力学模型

结合图 7-1,考虑在接触点处转子受到切向摩擦力产生的力矩作用,建立“转子-固定环”系统的力学模型:

$$\begin{cases} F_{Mx,j} + F_x = m\ddot{x} \\ F_{My,j} + F_y - mg = m\ddot{y} \\ J\theta = -F_t r \end{cases} \tag{7-4}$$

4. “转子-固定环”系统碰摩动力学方程

本章研究的电磁系统故障包括上单元故障和上/下单元均故障两种模式,其碰摩动力学数学模型如式(7-4)所示,仅需进行如下变化即可:

$$\begin{cases} F_{My,1} = 0 & \text{上单元失效} \\ F_{My,1} = F_{My,2} = 0 & \text{上/下单元均失效} \end{cases} \tag{7-5}$$

7.1.2 “转子-深沟球轴承”碰摩动力学模型

深沟球轴承本身是一个十分复杂的机械系统,因此在建立“转子-深沟球轴承”碰摩动力学模型时需要进行一定的简化。现将其简化为一个带质量块的弹簧阻尼模型,则转子与深沟球轴承发生碰摩就相当于与一个“弹簧—阻尼”系统发生了接触。

电磁故障模式下转子在深沟球轴承保护装置上发生碰摩的力学模型如图 7-2 所示。

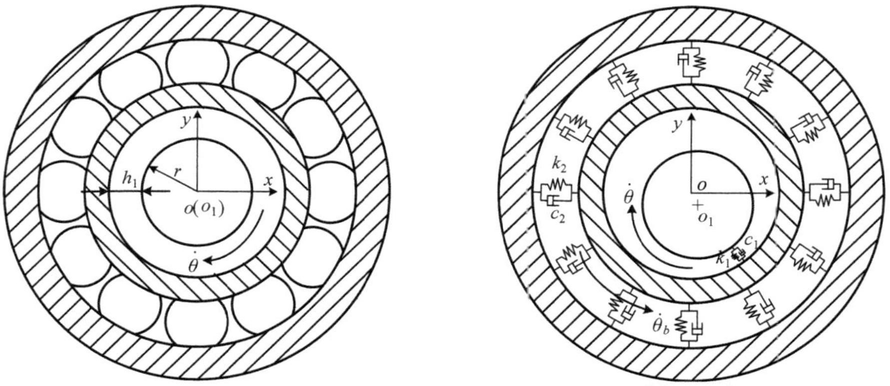

(a) 初始平衡阶段　　(b) 接触碰摩阶段

图 7-2 “转子-深沟球轴承”保护装置力学模型

1. 电磁悬浮支撑力

转子在 x、y 方向电磁力均为 PD 控制,其表达式为:

$$\begin{cases} F_{Mx} = F_{Mx,1} - F_{Mz,2} \\ F_{My} = F_{My,1} - F_{My,2} \end{cases} \tag{7-6}$$

2. 转子与深沟球轴承内圈的碰摩力

转子在与深沟球轴承内圈发生接触碰摩时其径向碰摩力和切向碰摩力的表达式为：

$$\begin{cases} F_{n1} = \begin{cases} k_1\delta_2^{e_1} + c_1V_2 & \delta_2 \geq 0 \\ 0 & \delta_2 < 0 \end{cases} \\ F_{t1} = f_1F_{n1} \end{cases} \tag{7-7}$$

其中，

$$\begin{cases} \delta_2 = \sqrt{(x - x_b)^2 + (y - y_b)^2} - h_1 \\ V_2 = \dfrac{(\dot{x} - \dot{x}_b)(x - x_b) + (\dot{y} - \dot{y}_b)(y - y_b)}{\sqrt{(x - x_b)^2 + (y - y_b)^2}} \end{cases}$$

式中：

F_{n1}、F_{t1}——作用于转子的径向和切向碰摩力，N；

δ_2——转子侵入深沟球轴承内圈的深度，μm；

V_2——转子相对深沟球轴承内圈的法向速度，m/s^2；

x_b、y_b——深沟球轴承内圈形心的位移，μm。

将其分解到 x、y 方向上，可得：

$$\begin{cases} F_{x1} = \dfrac{-F_{n1}}{\sqrt{(x - x_b)^2 + (y - y_b)^2}}[(x - x_b) - f_1(y - y_b)] \\ F_{y1} = \dfrac{-F_{n1}}{\sqrt{(x - x_b)^2 + (y - y_b)^2}}[f_1(x - x_b) + (y - y_b)] \end{cases} \tag{7-8}$$

3. 深沟球轴承内圈与滚珠的碰摩力

深沟球轴承内圈和滚珠发生接触挤压时径向碰摩力和切向碰摩力的表达式为：

$$\begin{cases} F_{n2} = k_2\delta_b^{e_2} + c_2V_b \\ F_{t2} = f_2F_{n2} \end{cases} \tag{7-9}$$

其中，

$$\begin{cases} \delta_b = \sqrt{x_b{}^2 + y_b{}^2} \\ V_b = \dfrac{\dot{x}_b x_b + \dot{y}_b y_b}{\delta_b} \end{cases}$$

式中：

F_{n2}、F_{t2}——作用于轴承内圈的径向和切向碰摩力，N；

δ_b——轴承内圈侵入滚珠的深度,m;

V_b——轴承内圈相对滚珠的法向速度,m/s;

k_2——滚珠等效刚度,N/m;

e_2——轴承内圈与滚珠的接触系数,无量纲;

c_2——滚珠等效阻尼,N · s/m^5;

f_2——轴承内圈与滚珠的摩擦系数,无量纲。

将其分别分解到 x、y 方向上,可得:

$$\begin{cases} F_{x2} = \dfrac{F_{n2}}{\delta_b}(x_b - f_2 y_b) \\ F_{y2} = \dfrac{F_{n2}}{\delta_b}(f_2 x_b + y_b) \end{cases} \tag{7-10}$$

4. “转子-深沟球轴承”力学模型

结合图 7-2,考虑在接触点处转子和深沟球轴承内圈受到切向摩擦力矩的作用,建立“转子-深沟球轴承”力学模型:

$$\begin{cases} F_{Mx,j} + F_{x1} = m\ddot{x} \\ F_{My,j} + F_{y1} - mg = m\ddot{y} \\ J\theta = - F_{t1}r \\ F_{x2} - F_{x1} = m_b\ddot{x}_b \\ F_{y2} - F_{y1} = m_b\ddot{y}_b \\ J_b\theta_b = (F_{t2} - F_{t1})(h_1 + r) \end{cases} \tag{7-11}$$

式中:

θ_b——深沟球轴承内圈角位移,rad。

5. “转子-深沟球轴承”系统碰摩动力学方程

深沟球轴承中的碰摩动力学数学模型如式(7-11)所示,仅需进行如下变化即可:

$$\begin{cases} F_{My,1} = 0 & \text{上单元失效} \\ F_{My,1} = F_{My,2} = 0 & \text{上/下单元均失效} \end{cases} \tag{7-12}$$

7.1.3 “转子-静压支承”碰摩动力学模型

磁液双悬浮轴承以静压支承系统代替传统的保护轴承,其电磁故障模式下转子发生碰摩的力学模型如图 7-3 所示。

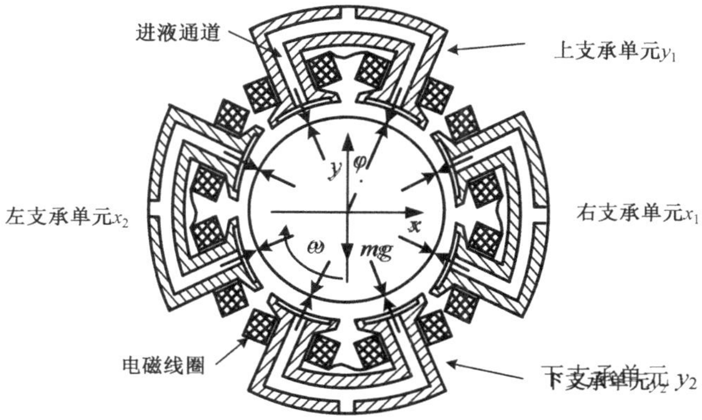

图 7-3　“转子-静压系统”保护装置力学模型

$$\begin{cases} F_{Lx,j}+F_{Mx,j}+F_x=m\ddot{x} \\ F_{Ly,j}+F_{My,j}+F_y-mg=m\ddot{y} \\ J\theta=-F_t r \end{cases} \tag{7-13}$$

磁液双悬浮轴承静压系统保护装置中的碰摩动力学数学模型如式(7-13)所示，仅需进行如下变化即可：

$$\begin{cases} F_{My,1}=0 & \text{上单元失效} \\ F_{My,1}=F_{My,2}=0 & \text{上／下单元均失效} \end{cases} \tag{7-14}$$

7.2　三种保护支承中转子碰摩过程数值仿真

在固定环/深沟球轴承/静压支承三种保护装置中初始设计参数如表 7-1 所示。

表 7-1　保护装置的初始设计参数

内圈质量 m_b/kg	内圈转动惯量 J_b/(kg · m^2)	供油压力 p_s/MPa	偏置电流 i_0/A
0.01	1×10^{-4}	0.05	0.5
滚珠刚度 k_2/(N/m$^{-3/2}$)	滚珠阻尼 c_2/(N · s/m)	内圈接触系数 e_2/(无量纲)	内圈摩擦系数 f_2/(无量纲)
4×10^{12}	800	3/2	0.007

7.2.1　“转子-固定环”碰摩动力学行为

1. 上单元故障下的转子碰摩行为规律

上单元故障下转子将直接跌落至固定环上，其轴心轨迹如图 7-4 所示。

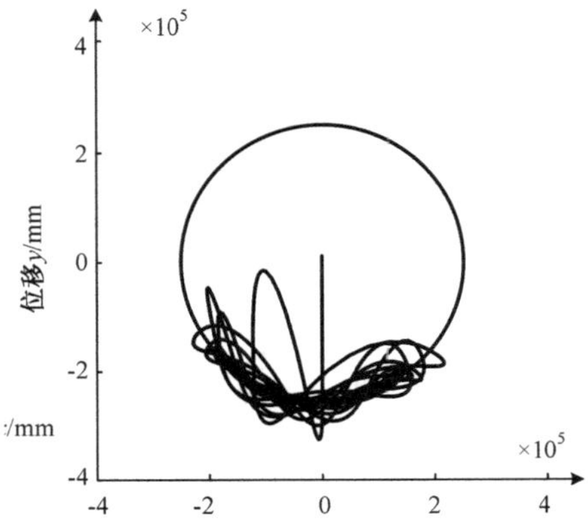

图 7-4 “转子-固定环”系统在上单元故障下的轴心轨迹

根据图 7-4 可知，上单元故障时转子的“间隙-碰摩”分为弹跳阶段和涡动阶段。转子直接跌落到间隙圆底部，首先呈现弹跳碰撞现象，而后在固定环上作反复的正/反向涡动运动。

为了进一步分析转子跌落至固定环上的“弹跳—涡动”情况，分别提取转子单方向位移、相轨迹、碰摩力、电磁力等的变化情况，如图 7-5 所示。

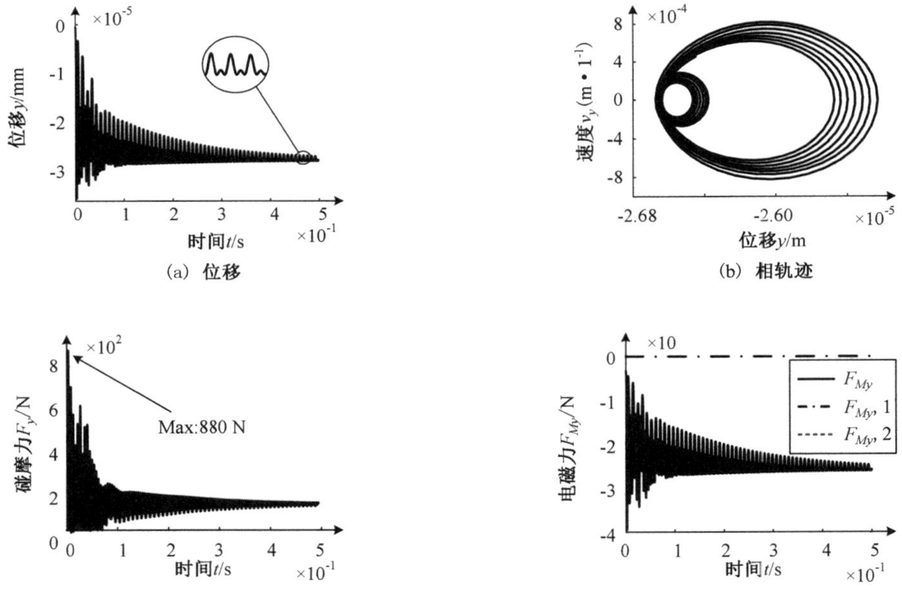

(a) 位移　(b) 相轨迹　(c) 碰摩力　(d) 电磁力

图 7-5 “转子-固定环”系统在上单元故障下的转子碰摩运动规律

由图 7-5 可知，转子跌落后的弹跳阶段主要发生在 0.07 s 之内。该阶段内，转子单方向位移、碰摩力以及残余电磁力均产生剧烈的抖动，且幅值逐渐减小，其中最大碰摩力的数值为

880 N。

涡动阶段主要发生在 0.07 s 之后。该阶段内，位移逐渐收敛到−25 μm 左右，表明转子将逐渐稳定在间隙圆底部；相轨迹呈现双周期闭合圆环，表征转子位移将周期性出现两种峰值震颤，且呈现逐渐递减的趋势；碰摩力与电磁力的变化情况与位移相似，也出现两种峰值逐渐递减的震颤，分别收敛到 125 N 和−25 N 左右，且二者的矢量和正好与转子自重相平衡。

2. 上/下单元均故障下的转子碰摩行为规律

上/下单元均故障下转子跌落至固定环上，其轴心轨迹图如图 7-6 所示。

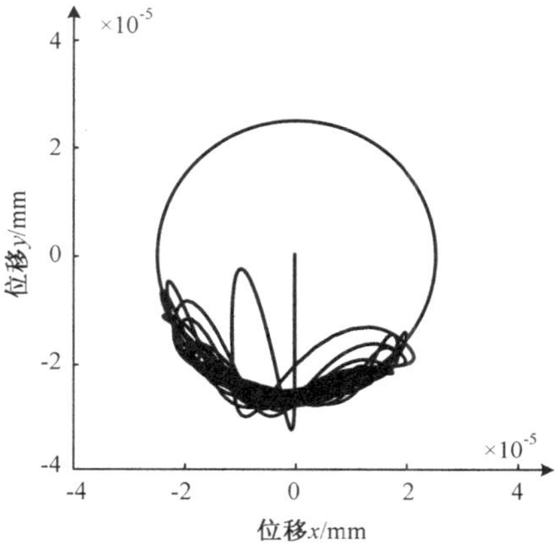

图 7-6　“转子-固定环”系统在上/下单元均故障下的轴心轨迹

根据图 7-6 可知，上/下单元均故障时转子的“间隙-碰摩”分为弹跳阶段和涡动阶段。转子直接跌落到间隙圆底部，首先呈现弹跳碰撞现象，而后在固定环上作反复的正/反向涡动运动。

为了进一步分析转子跌落至固定环上的“弹跳-涡动”情况，分别提取转子单方向位移、相轨迹、碰摩力、电磁力等的变化情况，如图 7-7 所示。

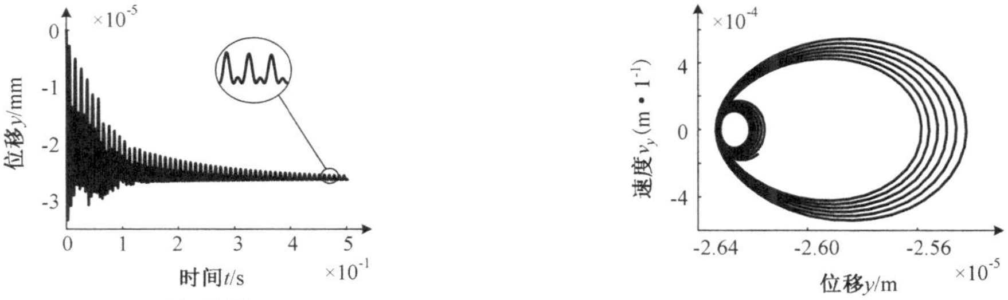

(a) 位移　　(b) 相轨迹

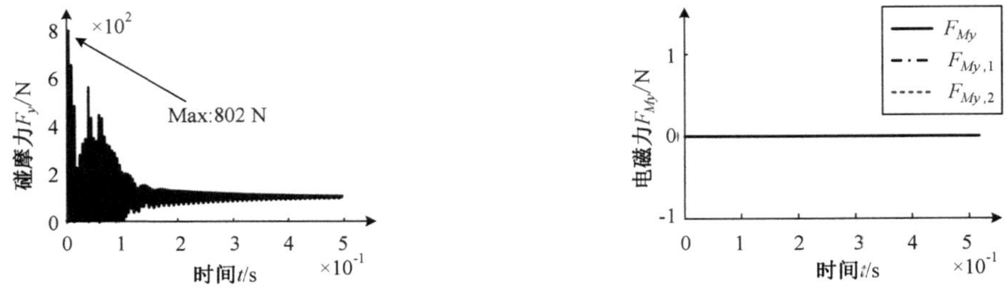

(c) 碰摩力　　　　　　(d) 电磁力

图 7-7 “转子-固定环”系统在上/下单元均故障下的转子碰摩运动规律

根据图 7-7 可知,转子跌落后的弹跳阶段主要发生在 0.1 s 之内。在该时段内,转子单方向位移以及碰摩力均产生剧烈的抖动,且幅值逐渐减小,其中最大碰摩力的数值为 802 N。

涡动阶段主要发生在 0.1 s 之后。在该阶段内,位移逐渐收敛到−25 μm 左右,表明转子将逐渐稳定在间隙圆底部;相轨迹出现双周期闭合圆环,表征转子位移将周期性出现两种峰值震颤,且呈现逐渐递减的趋势;系统无残余电磁力;碰摩力的变化情况与位移相似,也出现两种峰值逐渐递减的震颤,收敛到 100 N 左右,且其矢量值正好与转子自重相平衡。

7.2.2 “转子-静压系统”碰摩动力学行为

1. 上单元故障下的转子碰摩行为规律

上单元故障下转子跌落在静压系统上的轴心轨迹如图 7-8 所示。

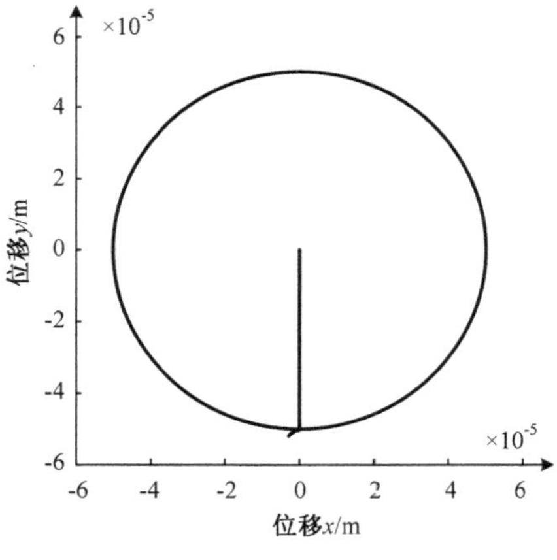

图 7-8 “转子-静压系统”在上单元故障下的轴心轨迹

根据图 7-8 可知,上单元故障时转子直接跌落到磁极上,但不发生“弹跳-涡动”现象,而是与之发生震颤很小的接触碰摩,转子最终稳定在间隙圆底部。

为了进一步分析转子跌落至静压系统上的“间隙-碰摩”情况,分别提取转子单方向位移、相轨迹、碰摩力、电磁力、液阻、静压力等的变化情况,如图 7-9 所示。

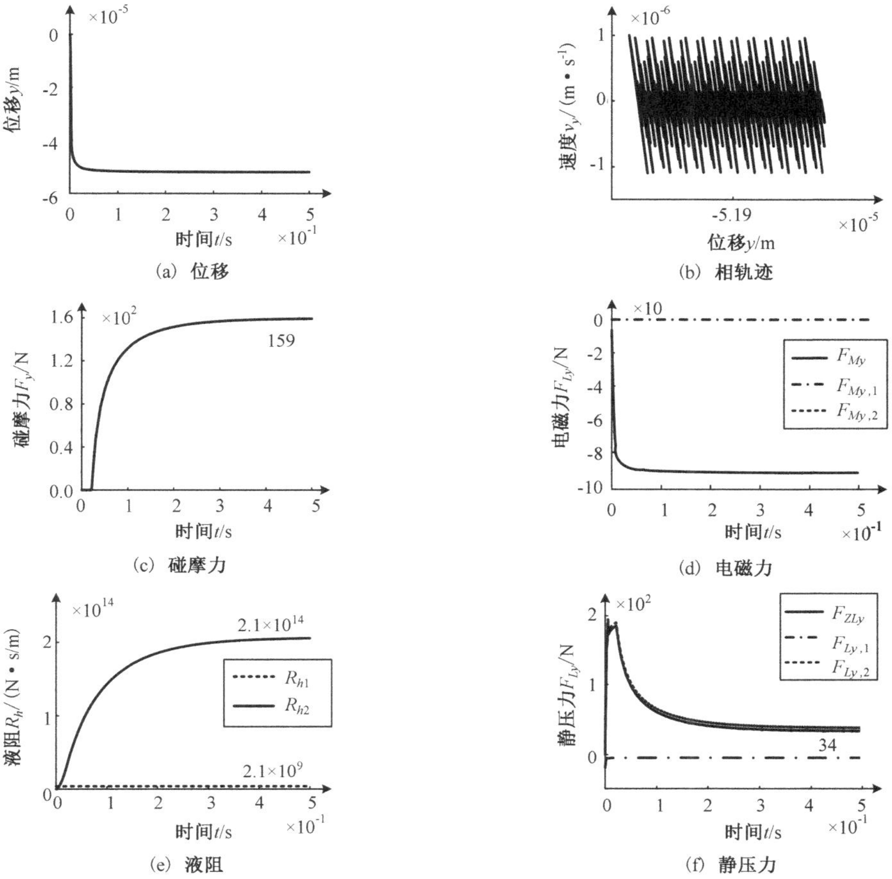

图 7-9　上单元故障下的转子碰摩运动规律

根据图 7-9 可知，跌落阶段主要发生在 0.02 s 之内。该阶段内，转子跌落的速度由大变小；残余电磁力 F_{My} 逐渐减小；上支承单元的液阻 R_{h1} 变化不大，但下支承单元的液阻 R_{h2} 由于油液动态挤压效应而迅速上升，导致静压支承力 F_{Ly} 呈现出先迅速增大、后变化平缓的趋势。

接触碰摩阶段主要发生在 0.02 s 之后，转子达到新的平衡状态：相轨迹表现为相同频率、三种不同幅值运动的叠加，表明位移到达-51.9 μm 左右依旧缓慢增加，并持续速度很小的震颤运动；随着转子与定子的接触深度逐渐增加，碰摩力 F_n 增加，直至与残余电磁力 F_{My} 和静压力 F_{Ly} 共同平衡转子自重；残余电磁力 F_{My} 稳定于-93 N；上支承单元、下支承单元的液阻 R_{h1}、R_{h2} 分别稳定在 2.0×10^9 N · s/m^5、2.1×10^{14} N · s/m^5，后者约为前者的 9.5×10^4 倍，导致转子与定子在接触碰撞后仅发生微小震颤，静压力 F_{Ly} 逐渐降低并最终稳定于 34 N 左右。

2. 上/下单元均故障下的转子碰摩行为规律

上/下单元均故障下转子跌落在静压系统上的轴心轨迹如图 7-10 所示。

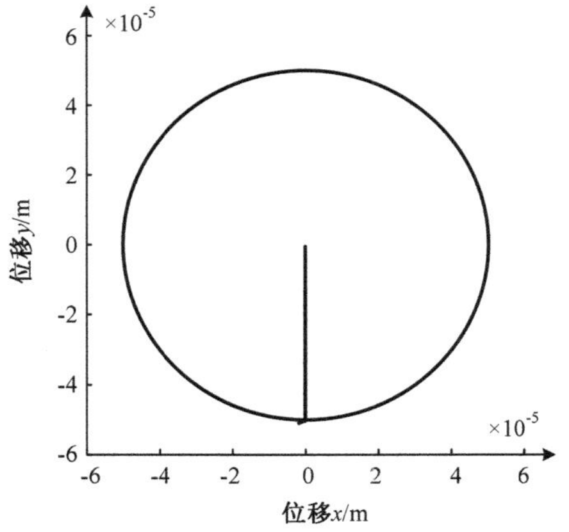

图 7-10 上/下单元均故障的轴心轨迹

根据图 7-10 可知,上/下单元均故障时转子直接跌落到磁极上,但不发生"弹跳-涡动"现象,而是与之发生震颤很小的接触碰摩,转子最终稳定在间隙圆底部。

为了进一步分析转子跌落至静压系统上的"间隙-碰摩"情况,分别提取转子单方向位移、相轨迹、碰摩力、电磁力、液阻、静压力等的变化情况,如图 7-11 所示。

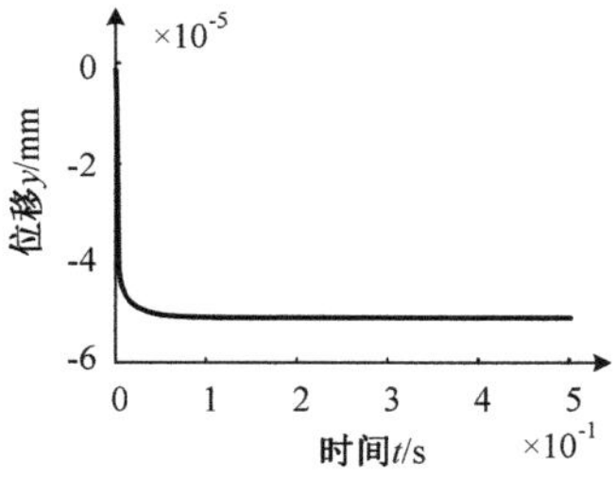

(a) 位移

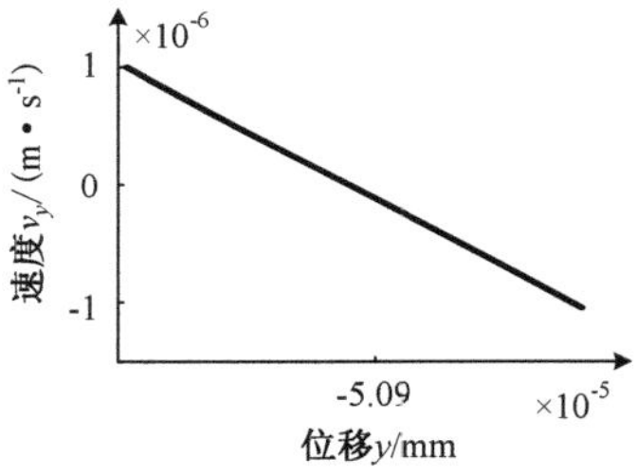

(b) 相轨迹

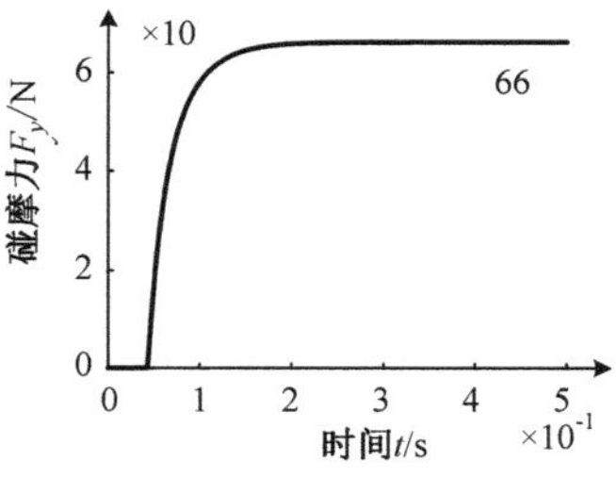

(c) 碰摩力

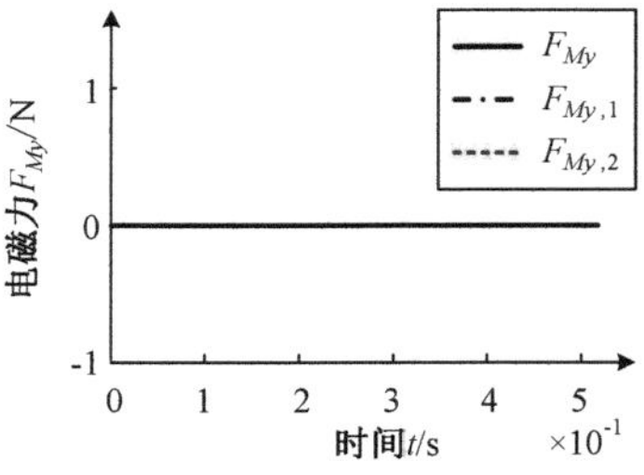

(d) 电磁力

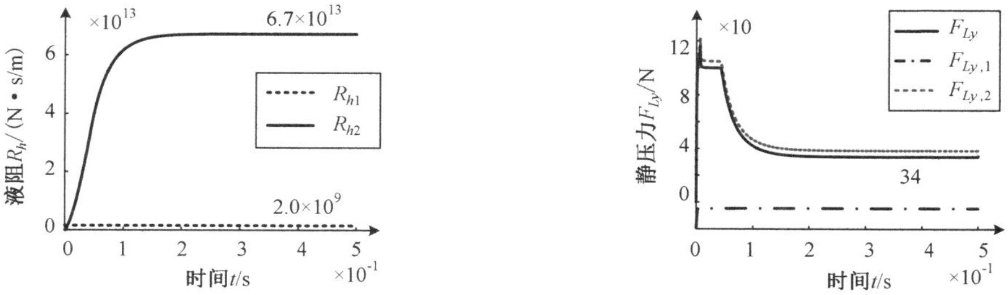

(e) 液阻　　(f) 静压力

图 7-11 上/下单元均故障下的转子碰摩运动规律

根据图 7-11 可知,跌落阶段主要发生在 0.04 s 之内。该阶段内,转子跌落的速度由大变小;电磁合力 F_{My} 为 0;上支承单元的液阻 R_{h1} 变化不大,但下支承单元的液阻 R_{h2} 由于油液动态挤压效应而迅速上升,导致静压支承力 F_{Ly} 呈现出先迅速增大、后缓慢下降的趋势。

接触碰摩阶段主要发生在 0.04 s 之后,转子达到新的平衡状态:相轨迹表现为相同频率、往复运动的形式,表明位移稳定在−50.9 μm 左右,并且将持续速度很小的反复震颤运动;随着转子与定子的接触深度增加,碰摩力 F_n 增加,直至与静压力 F_{Ly} 共同平衡转子自重;上支承单元、下支承单元的液阻 R_{h1}、R_{h2} 分别稳定在 2.0×10^9 N·s/m^5、6.7×10^{13} N·s/m^5,后者约为前者的 3.4×10^4 倍,导致转子与定子在接触碰撞后仅发生微小震颤,静压力 F_{Ly} 逐渐降低并最终稳定至 34 N 左右。

7.2.3 “转子-深沟球轴承”碰摩动力学行为

1. 上单元故障下的转子碰摩行为规律

上单元故障下转子跌落至深沟球轴承内圈上,其轴心轨迹如图 7-12 所示。

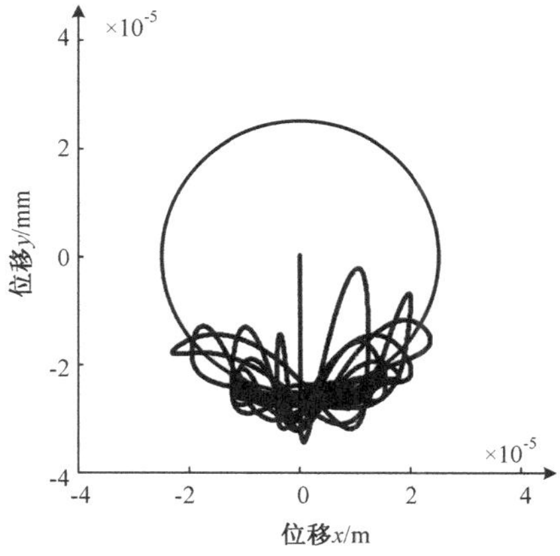

图 7-12 “转子-深沟球轴承”系统在上单元故障下的轴心轨迹

根据图 7-12 可知，上单元故障时转子的“间隙-碰摩”分为弹跳阶段和涡动阶段。转子直接跌落到深沟球轴承内圈底部，首先呈现弹跳碰撞现象，而后在深沟球轴承内圈上作反复的正/反向涡动运动。

为了进一步分析转子跌落至深沟球轴承内圈上的“弹跳-涡动”情况，分别提取转子单方向位移、相轨迹、碰摩力、电磁力等的变化情况，如图 7-13 所示。

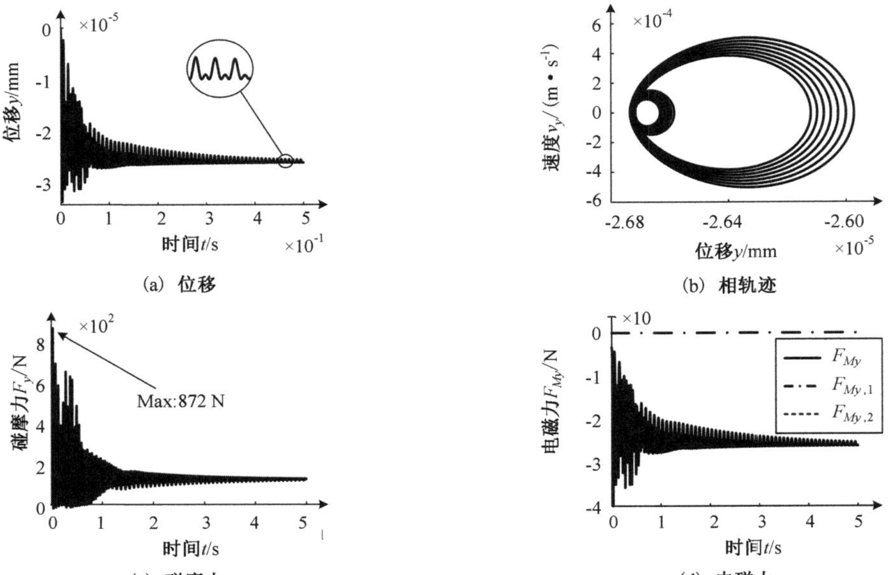

(a) 位移 (b) 相轨迹 (c) 碰摩力 (d) 电磁力

图 7-13 “转子-深沟球轴承”系统在上单元故障下的转子碰摩运动规律

根据图 7-13 可知，转子跌落后的弹跳阶段主要发生在 0.06 s 之内。该阶段内，转子单方向位移、碰摩力及残余电磁力均产生剧烈的抖动，最大碰摩力的数值为 872 N。

涡动阶段主要发生在 0.06 s 之后，在该阶段内，位移逐渐收敛到−25 μm 左右，表明转子将逐渐稳定在间隙圆底部；相轨迹呈现双周期闭合圆环，表征转子位移将周期性出现两种峰值震颤，且呈现逐渐递减的趋势；碰摩力与电磁力的变化情况与位移相似分别收敛到 126 N 和−26 N 左右，且二者的矢量和正好与转子自重相平衡。

2. 上/下单元均故障下的转子碰摩行为规律

上/下单元均故障下转子跌落至深沟球轴承内圈上的轴心轨迹如图 7-14 所示。

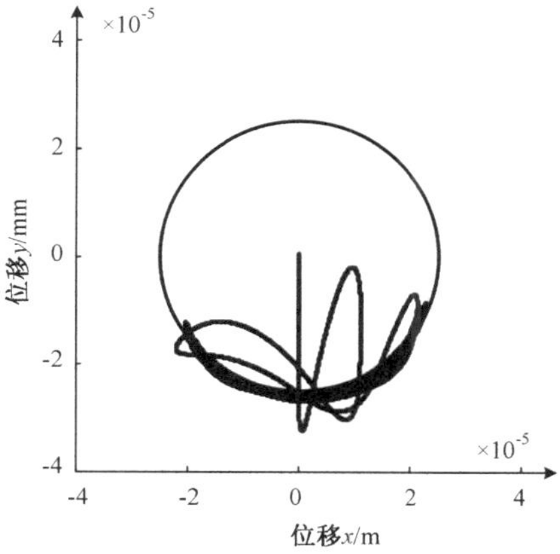

图 7-14　“转子-深沟球轴承”系统在上/下单元均故障下的轴心轨迹

根据图 7-14 可知，上/下单元均故障时转子的“间隙-碰摩”分为弹跳阶段和涡动阶段。转子直接跌落到深沟球轴承内圈底部，首先呈现弹跳碰撞现象，而后在深沟球轴承内圈上作反复的正/反向涡动运动。

为了进一步分析转子跌落至深沟球轴承内圈上的“弹跳-涡动”情况，分别提取转子单方向位移、相轨迹、碰摩力、电磁力等的变化情况，如图 7-15 所示。

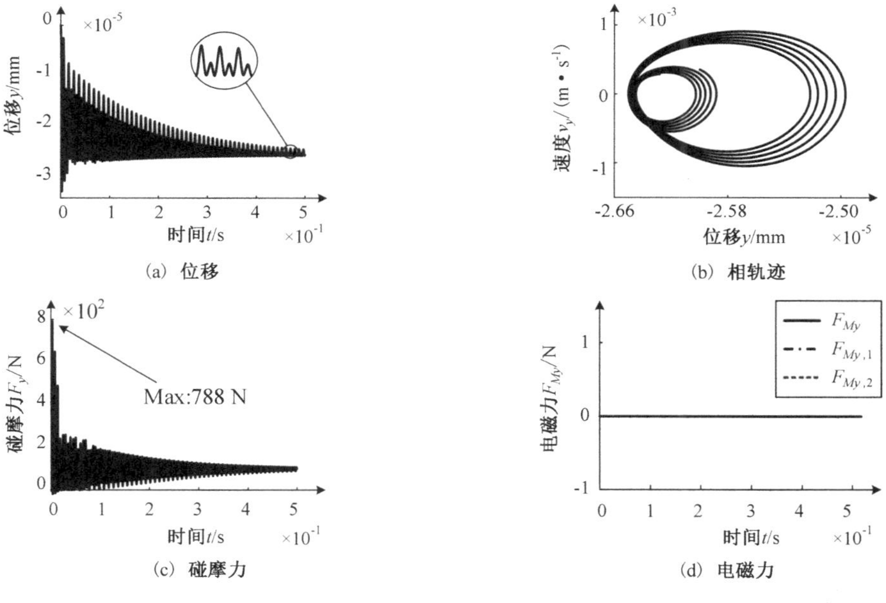

图 7-15　“转子-深沟球轴承”系统在上/下单元均故障的转子碰摩运动规律

根据图 7-15 可知，转子跌落后的弹跳阶段主要发生在 0. 02 s 之内。该阶段内，转子单方向位移以及碰摩力均发生剧烈的抖动，且幅值逐渐减小，其中最大碰摩力的数值为 788 N。

涡动阶段主要发生在 0.02 s 之后。该阶段内,位移逐渐收敛到-25 μm 左右,表明转子将逐渐稳定在间隙圆底部;相轨迹呈现双周期闭合圆环,表征转子位移将周期性出现两种峰值震颤,且呈现逐渐递减的趋势;系统无残余电磁力;碰摩力的变化情况与位移相似,也出现两种峰值逐渐递减的震颤,收敛到 100 N 左右,且其矢量值正好与转子自重相平衡。

7.2.4　三种保护装置下转子碰摩行为对比分析

1. 上单元故障下的碰摩行为对比分析

对比图 7-4、图 7-8 和图 7-12 可知,上单元故障下转子跌落在固定环/深沟球轴承上的轴心轨迹基本一致,均保持较长时间的弹跳现象,而后为小幅值的正/反涡动现象;而油液的动态挤压效应,使得转子跌落至静压系统上时仅在跌落位置附近发生微小震颤,无复杂弹跳和涡动现象。

对比图 7-5、图 7-9 和图 7-13 可知,与固定环和深沟球轴承保护装置相比,转子跌落至静压系统上的位移较为平稳;相轨迹为相同频率、三种不同幅值的运动叠加;最大碰摩力较固定环和深沟球轴承装置分别减小了 81.9%、81.8%;残余电磁力变化更加平缓,碰撞弹跳和涡动程度大幅减小。

2. 上/下单元均故障下的碰摩行为对比分析

对比图 7-6、图 7-10 和图 7-14 可知,上/下单元均故障下转子跌落在固定环上的轴心轨迹先保持较长时间的弹跳现象,而后为小幅值的正/反涡动现象;跌落在深沟球轴承时,仅发生短暂的弹跳现象,而后为较大幅值的正/反涡动现象;由于油液的动态挤压效应,当跌落至静压系统时仅在跌落位置附近发生微小震颤,无复杂弹跳和涡动现象。

由图 7-7、图 7-11 和图 7-15 可知,与固定环和深沟球轴承保护装置相比,上/下单元均故障下转子跌落至静压系统上的位移变化较为平稳,仅发生轻微的震颤;相轨迹表现为相同频率、往复运动的形式;最大碰摩力相比固定环和深沟球轴承中的分别减小了 91.8%、91.6%,碰撞弹跳和涡动程度大幅减小。

3. 对比分析结果

综上所述,电磁故障模式下三种保护装置对转子"间隙-碰摩"的影响程度如表 7-2 和表 7-3 所示。

表 7-2　上单元故障下三种保护装置对"间隙-碰摩"现象的影响

保护装置	弹跳时间	涡动	最大碰摩力	碰摩部位
固定环	<0.07 s	有	880 N	转子和固定环
深沟球轴承	<0.06 s	有	872 N	转子和轴承内圈
静压支承	无	无	159 N	转子和磁极

表 7-3　双边故障下三种保护装置对“间隙-碰摩”现象的影响

保护装置	弹跳时间	涡动	最大碰摩力	碰摩部位
固定环	<0.1 s	有	802 N	转子和固定环
深沟球轴承	<0.02 s	有	788 N	转子和轴承内圈
静压支承	无	无	66 N	转子和磁极

7.3　本章小结

本章通过建立电磁故障模式下转子在三种保护装置中的碰摩动力学方程,仿真模拟了转子在三种保护装置中的“间隙-碰摩”动力学行为。研究表明:三种保护装置对“弹跳时间”“碰摩力”和“碰摩程度”的影响为:固定环>深沟球轴承>静压支承;与固定环和深沟球轴承这类电磁轴承传统保护装置相比,转子在静压系统中“间隙-碰摩”的部位为转子和磁极,但无弹跳和涡动现象;对比转子在三种保护装置中的弹跳时间和最大碰摩力可知,转子在静压系统中无弹跳现象且最大碰摩力大幅减小,故在磁液双悬浮轴承系统中无须安装保护轴承。

参考文献

[1] 国统调查报告网. 2018—2024 年中国磁悬浮轴承行业市场分析及发展策略研究预测报告[R]. 北京: 中金企信(北京)国际信息咨询有限公司, 2018.

[2] 田野, 孙岩桦, 杨利花, 等. 箔片—电磁混合轴承的稳态承载特性及控制 [J]. 摩擦学学报, 2013, 33(1): 49-56.

[3] 节凤丽, 王维民, 刘宾宾. 重载磁力轴承力学特性和热特性分析与优化 [J]. 风机技术, 2018, 60(4): 62-68.

[4] 赵建华, 杜东源, 张斌, 等. 一种电磁—静压双重支承的径向轴承: ZL201710265591.9 [P]. 2018-12-07.

[5] 朱亮, 王宏. 转子跌落保护系统试验台架的设计和研究 [J]. 原子能科学技术, 2015, 49 (Suppl.): 386-340.

[6] 吴晓晨. 磁液双悬浮轴承系统静态分岔与 Hopf 分岔研究 [D]. 秦皇岛: 燕山大学, 2020.

[7] Bouzidane A, Thomas M. An Electrorheological Hydrostatic Journal Bearing for Controlling Rotor Vibration [J]. Computers & Structures, 2008, 86(3/5): 463-472.

[8] Gao D R, Zhao J H, Zhang Z C, et al. Study on the Influence of PM Flow Controller Parameters on the Performance of Liquid Hydrostatic Guide Way [J]. Chinese Journal of Mechanical Engi-

neering, 2011, 47(18): 186-194.

[9] Charki A, Diop K, Champmartin S, et al. Reliability of a Hydrostatic Bearing [J]. Journal of Tribology-Transactions of the ASME, 2014, 136(1): 117-121.

[10] 张振华, 王飞, 吴向阳, 等. 不同结构参数对水润滑滑动轴承动压效应的影响 [J]. 液压气动与密封, 2019, 39(2): 09-14.

[11] 胡灿, 熊万里, 孙文彪, 等. 可控节流液体静压主轴回转精度提升的机理研究 [J]. 机械工程学报, 2019, 55(11): 160-168.

[12] 田助新. 液体静压推力轴承支承特性及其影响因素研究 [D]. 武汉: 华中科技大学, 2018.

[13] 罗传林. 油气二相流动静压滑动轴承电主轴承载性能研究 [D]. 广州: 广东工业大学, 2006.

第 8 章　单参数下转子固有频率及响应幅值分析

8.1 等价刚度、等价阻尼与初始参数之间的规律分析

液体静压支承系统采用恒流量供油方式，电磁支承系统采用 PD 位置闭环控制模式，磁液双悬浮轴承单自由度支承系统的非线性动力方程：

$$m\ddot{x}+f(\dot{x},x)+f_1(x)+f_2(x)=0 \tag{8-1}$$

式中，$f(\dot{x},x)=\left[\dfrac{\varphi_1}{(h_0+x\cos\theta)^3}+\dfrac{\varphi_1}{(h_0-x\cos\theta)^3}\right]\dot{x}$；$f_1(x)=\dfrac{\varphi_2}{(h_0+x\cos)^2}+\dfrac{\varphi_2}{(h_0-x\cos)^2}$；$f_2(x)=\dfrac{\varphi_3}{(h_0-x\cos\theta)^3}-\dfrac{\varphi_3}{(h_0+x\cos\theta)^3}$；$\varphi_1=\dfrac{2\mu A_e A_b\cos^2\theta}{\bar{B}}$；$\varphi_2=2ki_0^2\cos\theta$；$\varphi_3=\dfrac{2\mu q_0 A_e\cos\theta}{\bar{B}}$。

对式(8-1)进行线性化处理，得到单自由度支承系统的线性动力方程：

$$m\ddot{x}+c_n\dot{x}+k_n x=0 \tag{8-2}$$

其中径向支承等效刚度 k_n、等效阻尼 c_n 如下所示：

$$k_n=(12-8K)\frac{\mu q_0 A_e\cos^2\theta}{\bar{B}h_0^4} \tag{8-3}$$

$$c_n=\frac{4\mu A_e A_b\cos^2\theta}{\bar{B}h_0^3} \tag{8-4}$$

根据式(8-3)、式(8-4)可知磁液双悬浮轴承的径向支承等效刚度 k_n、等效阻尼 c_n 与轴承可调参数——磁液比例系数 K、流量 q_0、液膜厚度 h_0 之间的关系。

其中磁液双悬浮轴承的设计参数如表 8-1 所示。

表 8-1 磁液双悬浮轴承设计参数

支承腔长度 A/m	支承腔宽度 B/m	封液带宽度 a/m	封液带宽度 b/m
0.1	0.02	0.006	0.004
流量系数 $\bar{B}$/无量纲	润滑液黏度(μ/Pa·s)	轴质量 m/kg	空气磁导率 μ_0/(H/m)
4.3611	1.3077×10^{-3}	100	$4\pi\times10^{-7}$
支承腔面积 A_e/mm²	挤压面积 A_b/mm²	油膜厚度 h_0/μm	夹角 θ/°
1504	1056	100	22.5
线圈匝数 N/无量纲	磁极面积 A_1/mm²	初始电流 i_0/A	流量 q/(m³/s)
60	1 000	1.7	1.6

8.2 单参数下转子的模态分析

共振是指当机械系统所受的外载荷频率接近或等于其自身固有频率时发生的大幅振动现象,该现象对机械系统的安全性、稳定性存在影响。机械系统发生共振时的振动频率为共振频率,其在数值上接近固有频率。转子共振时的大幅振动可能导致与磁液双悬浮轴承的定子、机匣发生碰撞,因此防止共振对于磁液双悬浮轴承运行的安全性、稳定性具有重要意义。由于共振频率在数值上接近磁液双悬浮轴承转子的固有频率,通过模态分析转子的固有频率对于防止转速设计不合理导致共振的发生是非常必要的。

8.2.1 模态分析的基本理论

磁液双悬浮轴承支承下转子的动力学方程为:

$$[\boldsymbol{M}]\{\ddot{u}\}+\Omega[\boldsymbol{J}]\{\dot{\mu}\}+[\boldsymbol{C}]\{\dot{\mu}\}+[\boldsymbol{K}]\{\mu\}=[\boldsymbol{F}(t)] \tag{8-5}$$

其中,矩阵$[\boldsymbol{M}]$代表转子的质量项,矩阵$[\boldsymbol{C}]$代表转子的阻尼项,矩阵$[\boldsymbol{K}]$代表转子的刚度项,三者均为实对称矩阵。矩阵$[\boldsymbol{J}]$表示转子的回转特征,$\{\mu\}$为广义位移,$\{\dot{\mu}\}$为广义速度,$\{\ddot{\mu}\}$为广义加速度,而矩阵$[\boldsymbol{F}(t)]$代表转子的负载项。

转子的临界转速在数值上等于其固有频率,因此对于临界转速的求解问题便转化为转子固有频率的求解问题,即对式(8-5)的齐次式特征值的计算问题:

$$[\boldsymbol{M}]\{\ddot{u}\}+\Omega[\boldsymbol{J}]\{\dot{\mu}\}+[\boldsymbol{C}]\{\dot{\mu}\}+[\boldsymbol{K}]\{\mu\}=0 \tag{8-6}$$

模态分析时,仅考虑结构在约束作用下的自由振动状况,可以忽略阻尼。因此动力学方程可以表达为:

$$[\boldsymbol{M}]\{\ddot{u}\}+[\boldsymbol{K}]\{\mu\}=0 \tag{8-7}$$

对于简谐振动的系统,上式通解为$\{\mu\}=\{x\}\mathrm{e}^{j\omega t}$,从而得到运动方程:

$$([\boldsymbol{K}] - \omega^2[\boldsymbol{M}])\{x\} = 0 \tag{8-8}$$

令 $\{x\}$ 非零,此时各自由度质点振动幅度不全为零,则有:

$$|[K] - \omega^2[M]| = 0 \tag{8-9}$$

对矩阵 $([\boldsymbol{K}] - \omega^2[\boldsymbol{M}])$ 的特征值 $\lambda_i = \omega_i^2$ 开方得到 ω_i,为固有频率;而对应特征值 λ_i 的特征向量 $\{x_i\}$ 就是与固有频率相对应的模态振型,其中 $i = 1,2,\cdots, n$。

8.2.2 模态分析前处理

转子的三维模型如图 8-1 所示。转子材料为 45 号钢,其弹性模量 270 GPa,泊松比 0.3,密度 7 850 kg/m^3。由于止推盘与转轴、导磁套与转轴之间均为过盈配合,故两者之间采用"bonded"连接方式。两个轴向永磁体分别通过螺母固定在止推盘上,故两轴向永磁体分别与止推盘采用"bonded"连接方式。

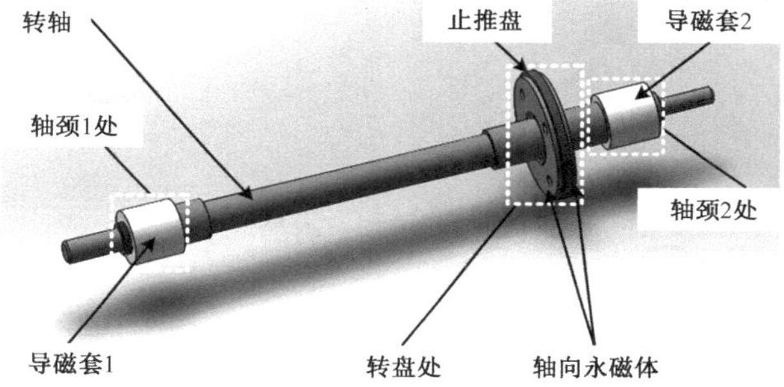

图 8-1　转子的三维模型

采用"Hex Dominant"方法对转子进行网格划分,单元尺寸为 10^{-2} m。

根据式(8-3)、式(8-4)计算可得,磁液比例系数 K、流量 q_0、液膜厚度 h_0 变化下轴承系统的径向支承等效刚度 k_n、等效阻尼 c_n,通过"Bearing"功能中加载 k_n、c_n 数值来模拟磁液双悬浮轴承对转子轴颈 1 处、轴颈 2 处的支承约束,图 8-2 为示意简图。另外通过"Remote Displacement"功能对转子绕其转动方向的转动自由度和平动自由度进行约束。

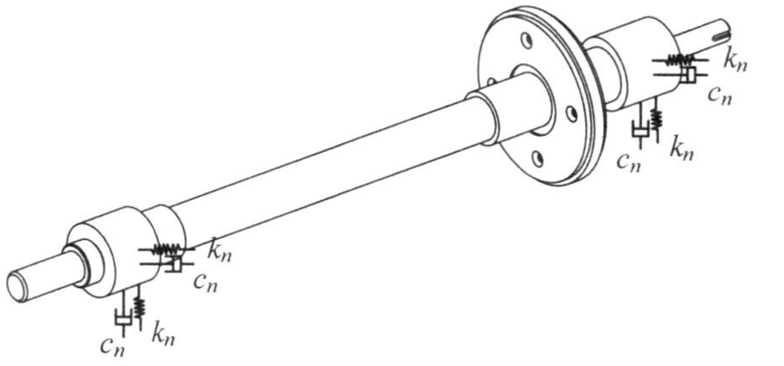

图 8-2　转子支承约束示意图

8.2.3 模态分析求解结果

设定磁液比例系数 $K=1$，流量 $q_0=1\times10^{-4}\ \mathrm{m^3/s}$，液膜厚度 $h_0=1\times10^{-4}\ \mathrm{m}$。通过后处理中的"Total Deformation"功能，得到各阶固有频率下转子的振型，如图 8-3 所示。

(a) 一阶振型

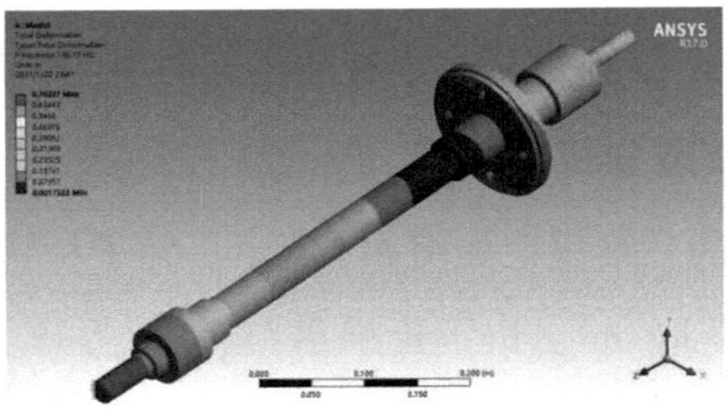

(b) 二阶振型

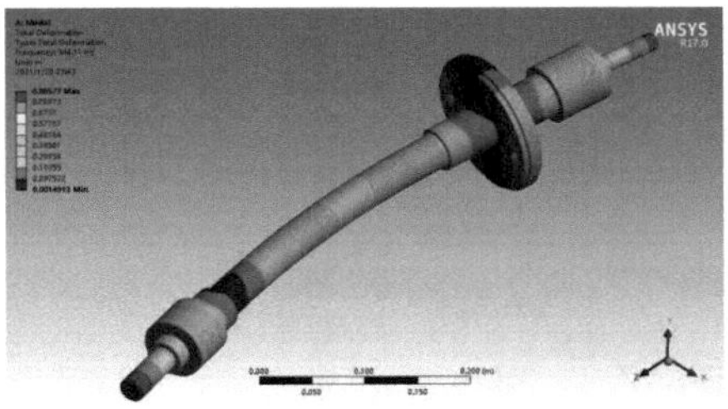

(c) 三阶振型

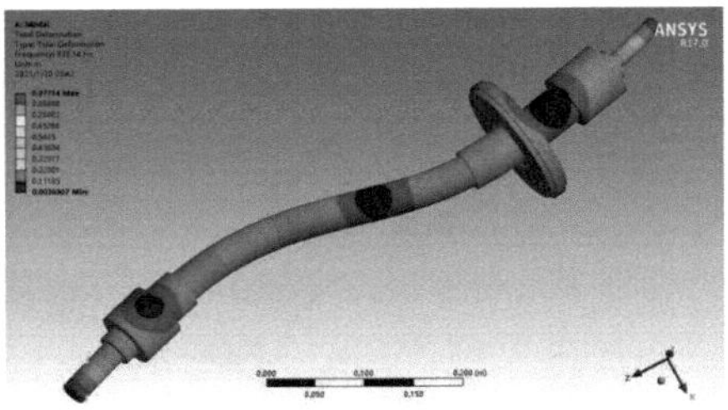

(d) 四阶振型

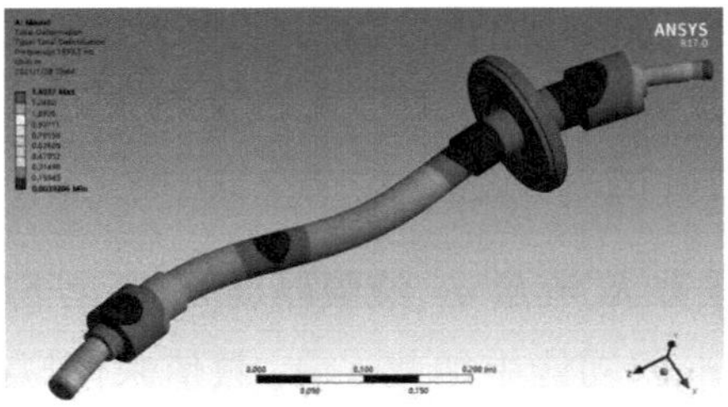

(e) 五阶振型

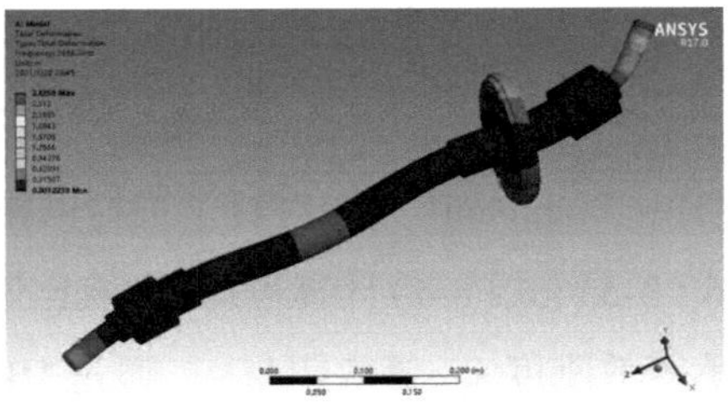

(f) 六阶振型

图 8-3 转子的振型云图

表 8-2 转子的固有频率及振动结点

阶次	一阶	二阶	三阶	四阶	五阶	六阶
固有频率/Hz	91.63	136.19	344.11	938.14	1898.7	2630.7
振动结点数		1	2	3	4	

根据图 8-3 所示，一阶振型下转子的位移由图中左侧至右侧逐渐增大，右半侧的位移均为最大；二阶振型下转子中间位置存在一个振动结点，位移由振动结点向两侧逐渐增大，最大位移位置处于最左端；三阶、四阶、五阶振型下转子的中部分别存在两个、三个、四个振动结点，

位移由每个振动结点向两侧逐渐增大，最大位移位置均处于转子的两端；六阶振型下转子中部的振动结点连成一片，最大位移位置处于最右端。

8.2.4　磁液比例系数与固有频率之间的规律

设定流量 $q_0=1\times10^{-4}\ m^3/s$，液膜厚度 $h_0=100\ \mu m$。磁液比例系数 K 的取值范围为 0.5～1.4，其间每隔 0.1 选取一个 K 值。根据式(8-3)、式(8-4)计算出每组参数所对应的径向支承等效刚度 k_n、等效阻尼 c_n，通过对转子进行模态分析提取转子第一、二阶固有频率随磁液比例系数 K 变化的规律，如图 8-4 所示。图中转子的第一、二阶固有频率均随着磁液比例系数 K 值的减小而增大。其中当磁液比例系数 K 的值从 1.4 降至 0.5 时，一阶固有频率从 42.54 Hz 升至 128.53 Hz，提升了 85.99 Hz；二阶固有频率从 61.17 Hz 升至 191.68 Hz，提升了 130.51 Hz。因此，当磁液比例系数 K 值处于 0.5～1.0 之间，各阶的固有频率越高，转子的稳定转速区间也就越大。还可以看出，二阶固有频率的增幅比一阶固有频率大。

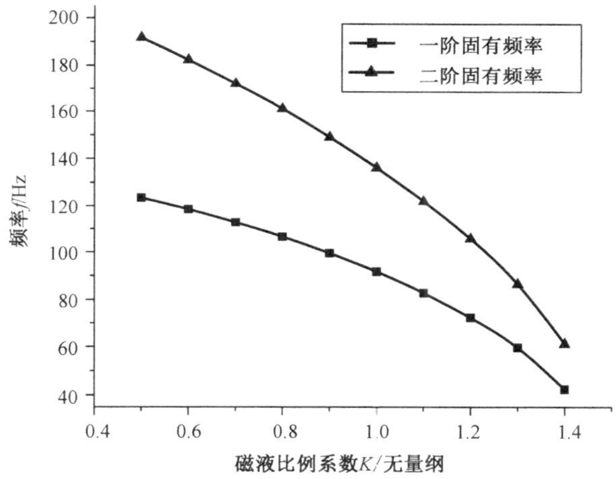

图 8-4　磁液比例系数与固有频率之间的关系

8.2.5　流量与固有频率之间的规律

设定磁液比例系数 $K=1$，液膜厚度 $h_0=100\ \mu m$。流量 q_0 的取值范围为 $0.5\sim1.6\times10^{-4}\ m^3/s$，间隔为 $0.1\times10^{-4}\ m^3/s$。同理根据式(8-3)、式(8-4)计算出每组参数所对应的径向支承等效刚度 k_n、等效阻尼 c_n，通过模态分析提取转子第一、二阶固有频率随流量 q_0 变化的规律，如图 8-5 所示。

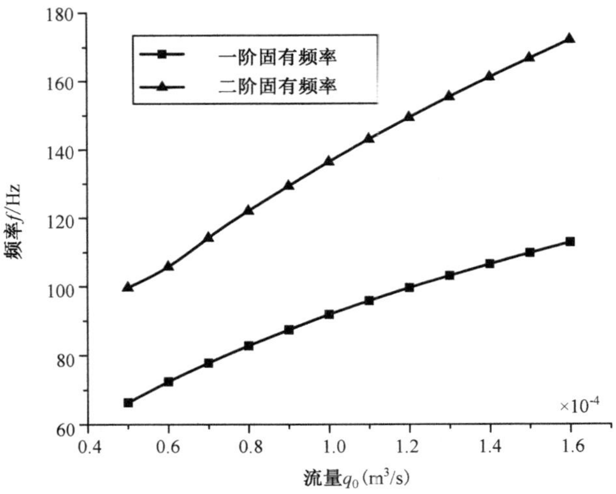

图 8-5　流量与固有频率之间的关系

图中转子的第一、二阶固有频率均随着流量 q_0 的增大而增大。其中当流量 q_0 的值从 0.5×10^{-4} m³/s 升至 1.6×10^{-4} m³/s 时，一阶固有频率从 66.42 Hz 升至 112.76 Hz，提升了 46.34 Hz；二阶固有频率从 96.68 Hz 升至 171.98 Hz，提升了 75.3 Hz。因此，当流量 q_0 值处于 1.6×10^{-4} m³/s 左右，各阶的固有频率最高，转子的稳定转速区间最大。还可以看出，二阶固有频率的增幅比一阶固有频率的增幅大。

8.2.6　液膜厚度与固有频率之间的规律

设定磁液比例系数 $K=1$，流量 $q_0=1\times10^{-4}$ m³/s。液膜厚度 h_0 的取值范围为 15~120 μm。同理根据式(8-3)、式(8-4)分别计算出液膜厚度 h_0 为 15 μm、30 μm、60 μm、80 μm、100 μm、120 μm 时对应的径向支承等效刚度 k_n、等效阻尼 c_n，通过模态分析提取转子第一、二阶固有频率随液膜厚度 h_0 变化的规律，如图 8-6 所示。

图中转子的第一、二阶固有频率均随着液膜厚度 h_0 的减小而增大。当液膜厚度 h_0 的值从 120 μm 降至 15 μm 时，一阶固有频率从 65.28 Hz 升至 228.74 Hz，提升了 163.46 Hz；二阶固有频率从 94.95 Hz 升至 848.8 Hz，提升了 753.85 Hz。其中当液膜厚度 h_0 在 15~30 μm 之间时，该参数对一阶固有频率的影响很小，只提升了 2.52 Hz；当 h_0 在 30~80 μm 之间时，该参数对二阶固有频率的影响很大，提升了 478.55 Hz。总的来说，当液膜厚度 h_0 的值处于 15~30 μm 之间时，第一、二阶固有频率越高，转子的稳定转速区间也就越大。还可以看出，二阶固有频率的增幅比一阶固有频率的增幅大。

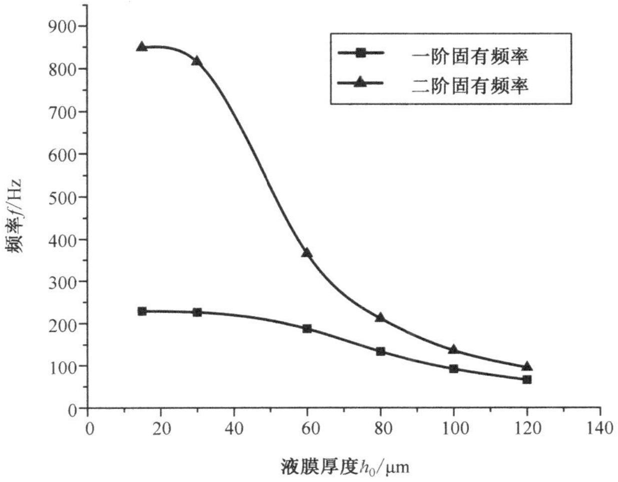

图 8-6　液膜厚度与固有频率之间的关系

通过以上分析，调节磁液比例系数 K、流量 q_0、液膜厚度 h_0 均可以提升转子的固有频率，扩大转子的稳定转速区间。但是其中调节液膜厚度 h_0 为最有效的调整方式。

8.3　单参数下转子的谐响应分析

如果在转子的设计转速区间内无法避免发生共振，那么通过谐响应分析转子固有频率下的响应幅值以避免与磁液双悬浮轴承的定子、机匣发生碰撞是非常有必要的。

8.3.1　谐响应分析的理论基础

谐响应分析被用于求解正弦规律的外载荷作用下线性结构的稳态响应，其目的是计算在特定频率下结构的位移响应以及位移响应值与频率的关系曲线。位移响应值与频率的关系曲线上存在"峰值响应"，同时可以观察峰值频率所对应的应力。需要注意的是，谐响应分析仅针对结构的稳态受迫振动，而非瞬态振动。谐响应分析能够有效预测结构的稳态动力特性，使技术人员能够检验结构能否克服共振、疲劳、其他受迫振动导致的失稳现象。

相比于模态分析仅能求解结构的振型且振型中的位移响应值是经过归一化处理的，谐响应分析可以得到各阶固有频率下真实的位移响应幅值。谐响应分析中的动力平衡方程如下所示：

$$[\boldsymbol{M}]\{\ddot{\mu}\}+[\boldsymbol{C}]\{\dot{\mu}\}+[\boldsymbol{K}]\{\mu\}=\{\boldsymbol{F}^a\} \tag{8-10}$$

式中，矩阵 $[\boldsymbol{M}]$ 代表转子的质量项，矩阵 $[\boldsymbol{C}]$ 代表转子的阻尼项，矩阵 $[\boldsymbol{K}]$ 代表转子的刚度项，三者均为实对称矩阵。$\{\mu\}$ 为广义位移，$\{\dot{\mu}\}$ 为广义速度，$\{\ddot{\mu}\}$ 为广义加速度，而矩阵 $\{\boldsymbol{F}^a\}$ 代表转子的负载项。

谐响应分析中结构上各节点阻尼的不同导致相位不同,因此节点拥有相同的频率但是相位不同。位移表达式如下所示:

$$\{\mu\} = \{\mu_{max} e^{i\phi}\} e^{i\Omega t} \tag{8-11}$$

式中,μ_{max} 为最大位移;i 为单位复数;Ω 为强迫运动的圆频率,单位为弧度每秒(rad/s),$\Omega=2\pi f$;f 为强迫振动的频率,单位为赫兹(Hz);t 为时间,单位为秒(s);φ 为位移相位偏移,单位为弧度(rad)。

结构中的每一个节点,对应位移表达式中的最大位移 μ_{max} 和强迫振动圆频率 Ω 可能都不相同,复数表示方法为:

$$\{\boldsymbol{\mu}\} = (\{\boldsymbol{\mu}_1\} + i\{\boldsymbol{\mu}_2\})e^{i\Omega t} \tag{8-12}$$

其中,$\{\boldsymbol{\mu}_1\} = \{\boldsymbol{\mu}_{max}\cos\phi\}$ 表示实位移分量;$\{\boldsymbol{\mu}_2\} = \{\boldsymbol{\mu}_{max}\sin\phi\}$ 表示虚位移矢量。

力矢量的表达方式与位移相同,则

$$\{\boldsymbol{F}\} = (\{\boldsymbol{F}_1\} + i\{\boldsymbol{F}_2\})e^{i\Omega t} \tag{8-13}$$

其中,$\{\boldsymbol{F}_1\} = \{\boldsymbol{F}_{max}\cos\psi\}$ 表示实力矢量;$\{\boldsymbol{F}_2\} = \{\boldsymbol{F}_{max}\sin\psi\}$ 表示虚力矢量。

把位移表达式与力矢量表达式代入动力平衡方程中,得:

$$(-\Omega[\boldsymbol{M}] + i\Omega[\boldsymbol{C}] + [\boldsymbol{K}])(\{\boldsymbol{\mu}_1\} + i\{\boldsymbol{\mu}_2\})e^{i\Omega t} = (\{\boldsymbol{F}_1\} + i\{\boldsymbol{F}_2\})e^{i\Omega t} \tag{8-14}$$

约掉与时间相关的量 $e^{i\Omega t}$,得出谐响应求解的基本方程如下:

$$(-\Omega[\boldsymbol{M}] + i\Omega[\boldsymbol{C}] + [\boldsymbol{K}])(\{\boldsymbol{\mu}_1\} + i\{\boldsymbol{\mu}_2\}) = \{\boldsymbol{F}_1\} + i\{\boldsymbol{F}_2\} \tag{8-15}$$

8.3.2 谐响应分析求解结果

谐响应分析的前处理设置与模态分析保持一致,具体参照 8.2.2。

磁液双悬浮轴承参数的取值范围同 8.2.4。根据式(8-3)、式(8-4)计算出各组参数对应的径向支承等效刚度 k_n、等效阻尼 c_n,对转子进行谐响应分析得到各磁液比例系数 K 值对应下转盘、轴颈 1、轴颈 2 处的谐响应频谱如图 8-7 所示。

磁液双悬浮轴承参数的取值范围同 8.2.5。同理根据式(8-3)、式(8-4)计算出各组参数对应的径向支承等效刚度 k_n、等效阻尼 c_n,对转子进行谐响应分析得到各流量 q_0 值对应下转盘、轴颈 1、轴颈 2 处的谐响应频谱如图 8-8 所示。

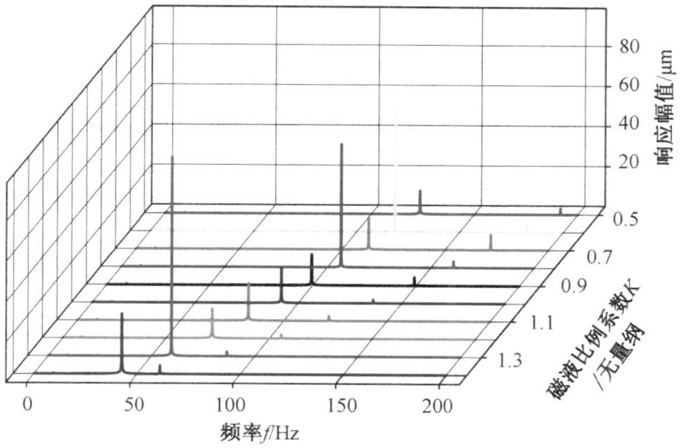

(a) 转盘处的谐响应频谱

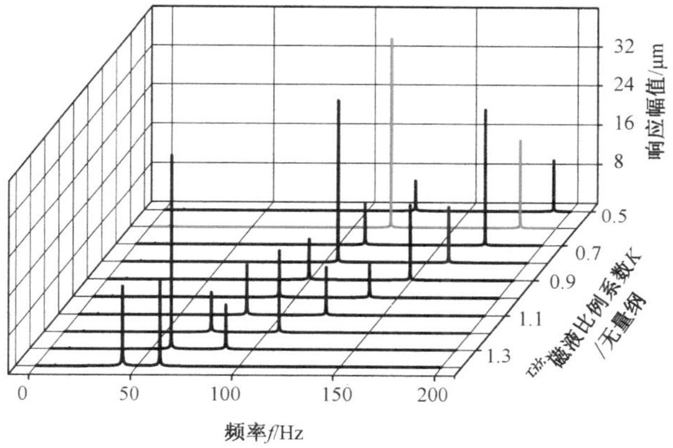

(b) 轴颈1处的谐响应频谱

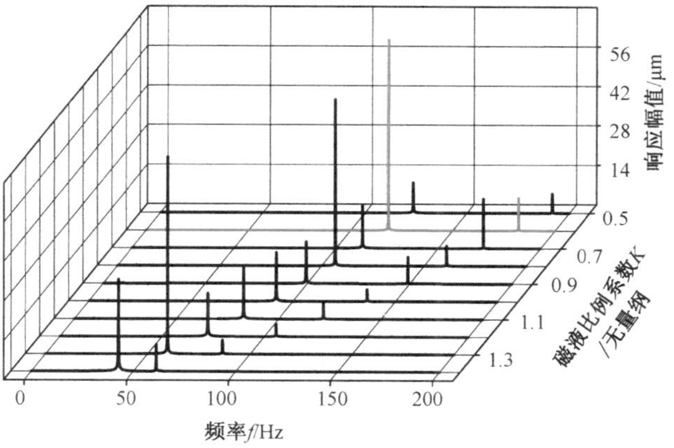

(c) 轴颈2处的谐响应频谱

图 8-7 各磁液比例系数下的谐响应频谱

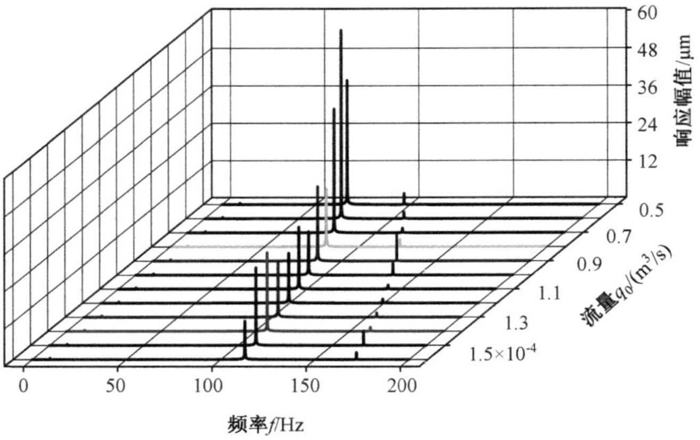

(a) 转盘处的谐响应频谱

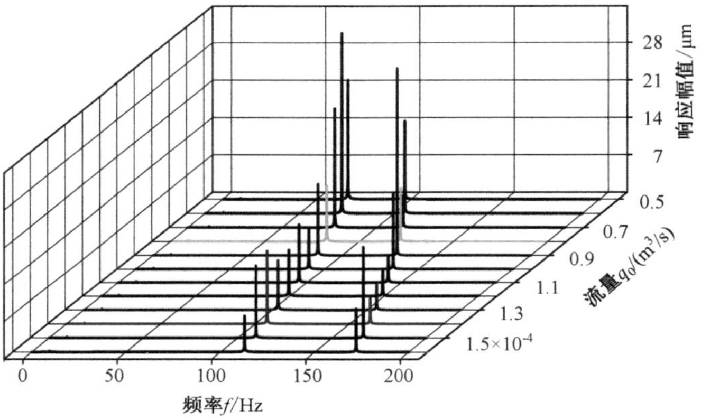

(b) 转颈1处的谐响应频谱

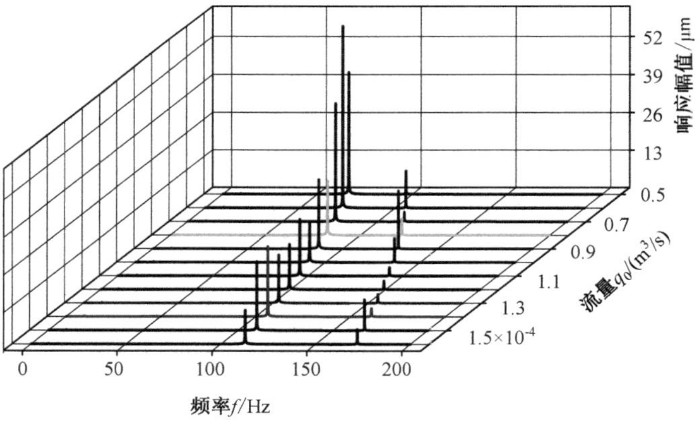

(c) 转颈2处的谐响应频谱

图 8-8　不同流量下的谐响应频谱

磁液双悬浮轴承参数的取值范围同 8.2.6。根据式(8-3)、式(8-4)计算出各组参数对应的径向支承等效刚度 k_n、等效阻尼 c_n,对转子进行谐响应分析得到各液膜厚度 h_0 对应下转盘、轴颈 1、轴颈 2 处的谐响应频谱如图 8-9 所示。

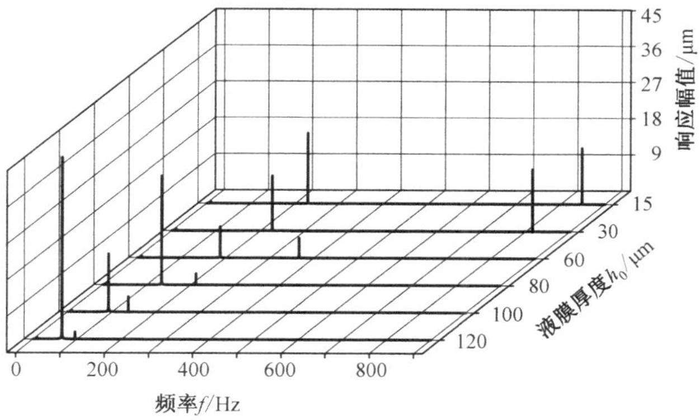

(a) 转盘处的谐响应频谱

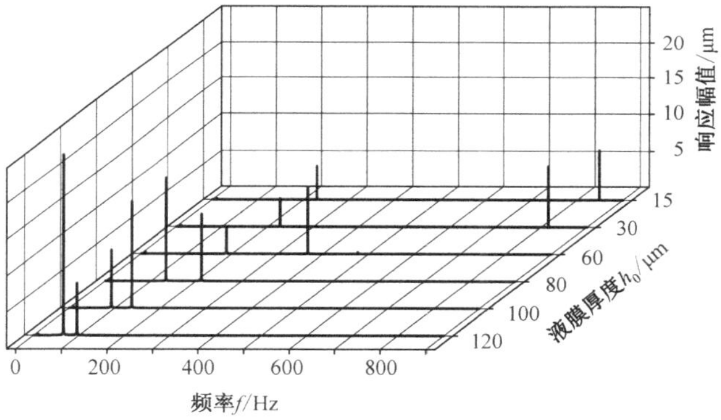

(b) 转颈1处的谐响应频谱

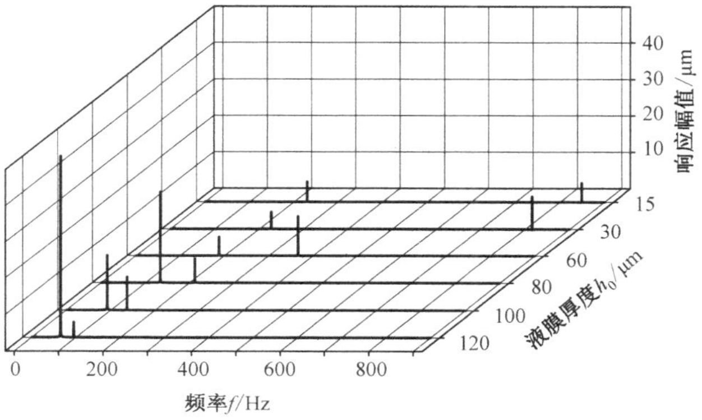

(c) 转颈2处的谐响应频谱

图 8-9　不同液膜厚度下的谐响应频谱

8.3.3 磁液比例系数与响应幅值之间的规律

根据图 8-7 中每个磁液比例系数 K 值所对应的谐响应频谱，提取出转子在第一、二阶固有频率下的响应幅值(也就是共振振幅)，其中包括转盘处、轴颈 1 处、轴颈 2 处沿横截面 x 方向的响应幅值，得到响应幅值随磁液比例系数 K 变化的规律如图 8-10 所示。

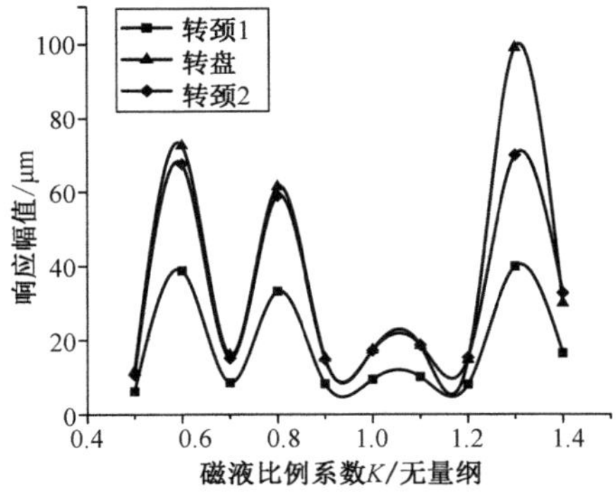

(a) 一阶固有频率下的响应幅值

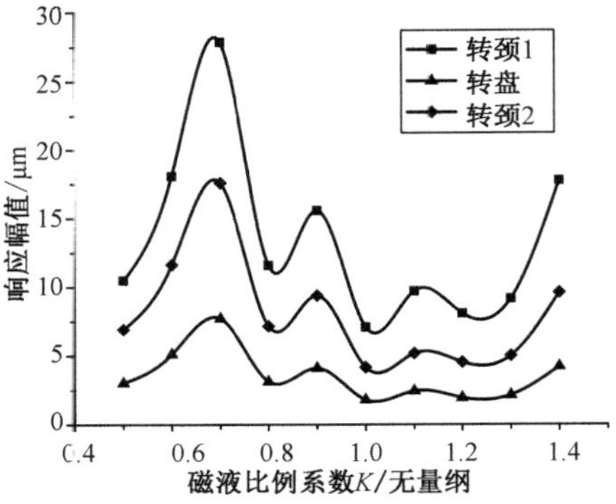

(b) 二阶固有频率下的响应幅值

图 8-10 响应幅值随磁液比例系数的变化规律

根据图 8-10(a)所示，当磁液比例系数 K 值在 0.5、0.7、1.4 左右以及 0.9～1.2 之间时，转子在一阶固有频率下的响应幅值较弱；当 K 值在 0.6、0.8、1.3 左右时，转子的响应幅值较剧烈，尤其是当 K 值在 1.3 时转盘处，x 方向的响应幅值达到 99 μm，很有可能与机匣发生碰撞(转盘处与机匣之间的间隙恒为 100 μm)。一阶固有频率下转盘处与轴颈 2 处的响应幅值基本相等，并且大于轴颈 1 处的响应幅值。

根据图 8-10(b)所示，当磁液比例系数 K 值在 0.5、0.8 左右以及 1.0～1.3 之间时，转子在二阶固有频率下的响应幅值较弱；当 K 值在 0.7、0.9、1.4 左右时，转子的响应幅值较剧烈。二阶固有频率下轴颈 1 处的响应幅值大于轴颈 2 处，并且轴颈 2 处的响应幅值大于转盘处。

磁液比例系数 K 值的选取应该避免转子三个数据采集点在第一、二阶固有频率下产生剧烈的共振响应。数值选取的优先原则为：首先根据一阶固有频率下响应幅值的变化规律选取 K 值，其次再根据二阶固有频率下响应幅值的变化规律选取 K 值。

8.3.4 流量与响应幅值之间的规律

根据图 8-8 中每个流量 q_0 值所对应的谐响应频谱，提取出转子在第一、二阶固有频率下的响应幅值(也就是共振振幅)，其中包括转盘处、轴颈 1 处、轴颈 2 处沿横截面 x 方向的响应幅值，得到响应幅值随流量 q_0 变化的规律如图 8-11 所示。

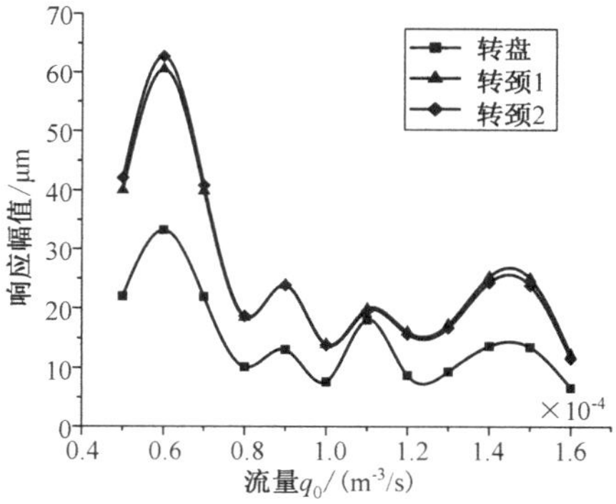

(a) 一阶固有频率下的响应幅值

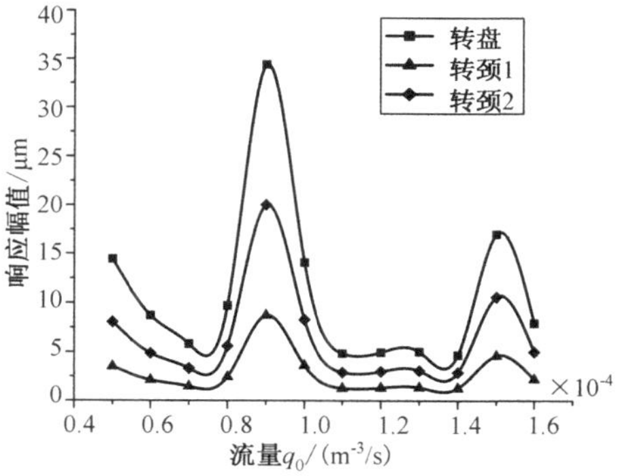

(b) 二阶固有频率下的响应幅值

图 8-11 响应幅值随流量的变化规律

根据图 8-11(a)所示,当流量 q_0 值在 0.5~0.7×10^{-4} m^3/s 之间时,转子在一阶固有频率下的响应幅值较剧烈,尤其是当 q_0 值在 0.6×10^{-4} m^3/s 时,转盘处以及轴颈 2 处的响应幅值分别达到 60.54 μm、72.4 μm,存在转子与轴承定子或机匣发生碰撞的风险(轴颈处与轴承定子之间的间隙为 100 μm,转盘处与机匣之间的间隙恒为 100 μm)。一阶固有频率下转盘处与轴颈 2 处的响应幅值基本相等,并且大于轴颈 1 处的响应幅值。

根据图 8-11(b)所示,当流量 q_0 值在 1.6×10^{-4} m^3/s 左右以及 0.6~0.8×10^{-4} m^3/s、1.1~1.4×10^{-4} m^3/s 之间时,转子在二阶固有频率下的响应幅值较弱;当 q_0 值在 0.9×10^{-4} m^3/s 左右时,转子的响应幅值较剧烈。二阶固有频率下轴颈 1 处的响应幅值大于轴颈 2 处,并且轴颈 2 处的响应幅值大于转盘处。

同理,流量 q_0 值的选取应该避免转子三个数据采集点在第一、二阶固有频率下产生剧烈的共振响应。数值选取的优先原则为:首先根据一阶固有频率下响应幅值的规律选取 q_0 值,其次再根据二阶固有频率下响应幅值的变化规律选取 q_0 值。

8.3.5 液膜厚度与响应幅值之间的规律

根据图 8-9 中每个液膜厚度 h_0 值所对应的谐响应频谱,提取出转子在第一、二阶固有频率下的响应幅值(也就是共振振幅),其中包括轴颈 1 处、转盘处、轴颈 2 处沿横截面 x 方向的响应幅值,得到响应幅值随液膜厚度 h_0 变化的规律如图 8-12 所示。

已知转盘处与机匣之间的间隙恒定为 100 μm。根据磁液双悬浮轴承的原理,轴颈处与轴承定子之间的间隙即为液膜厚度 h_0,当 h_0 值在 15~120 μm 之间变化时,间隙也随 h_0 值进行等值变化。图 8-12 中的斜线为轴颈处与轴承定子之间间隙的变化规律,若轴颈 1 处、轴颈 2 处响应幅值的曲线超过斜线,那么说明固有频率下的共振响应,转子的轴颈处与轴承定子会发生碰撞。

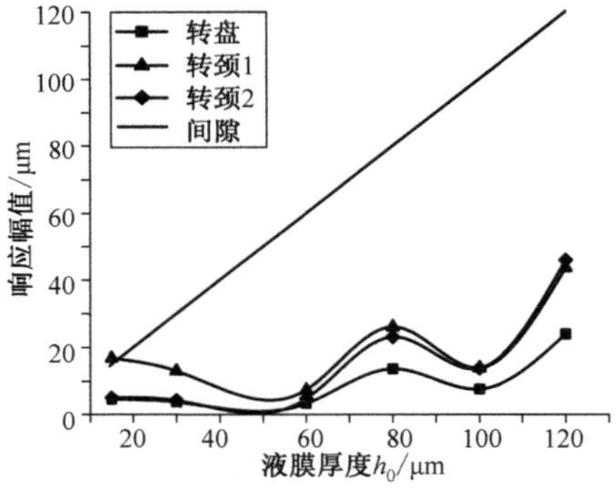

(a) 一阶固有频率下的响应幅值

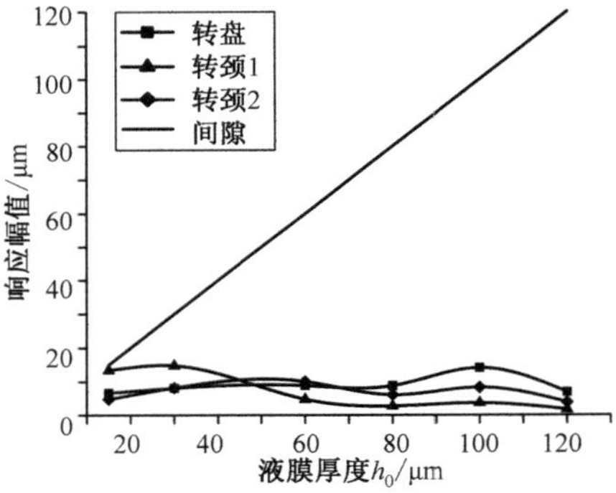

(b) 二阶固有频率下的响应幅值

图 8-12 响应幅值随液膜厚度的变化规律

根据图 8-12(a)所示，当液膜厚度 h_0 值在 30 μm、60 μm、100 μm 时，转子在一阶固有频率下的响应幅值较弱；当液膜厚度 h_0 值在 80 μm、120 μm 时，转子的响应幅值较剧烈。但是轴颈 1 处、轴颈 2 处响应幅值的曲线均未超过斜线，并且各 h_0 值下轴颈处的响应幅值仅占间隙的较小比例；转盘处的响应幅值相较于恒定为 100 μm 的机匣间隙仅占较小的比例。因此在液膜厚度 h_0 的取值范围内，一阶固有频率下转子不会与轴承定子或机匣发生碰撞。一阶固有频率下转盘处的响应幅值大于轴颈 2 处，并且轴颈 2 处的响应幅值大于轴颈 1 处。

根据图 8-12(b)所示，二阶固有频率下，转子三个信号采集点的响应幅值与液膜厚度 h_0 值之间并无显著的变化规律可循。轴颈 1 处、轴颈 2 处响应幅值的曲线均未超过斜线，并且各 h_0 值下轴颈处的响应幅值仅占间隙的较小比例；转盘处的响应幅值相较于恒定为 100 μm 的机匣间隙仅占较小的比例。因此二阶固有频率下转子同样不会与轴承定子或机匣发生碰撞。

同理，液膜厚度 h_0 值的选取应该避免转子三个数据采集点在第一、二阶固有频率下产生剧烈的共振响应。数值选取的优先原则为：首先根据一阶固有频率下响应幅值的变化规律选取 h_0 值，其次再根据二阶固有频率下响应幅值的变化规律选取 h_0 值。

8.4 本章小结

本章通过 ANSYS Workbench 有限元分析软件对转子进行模态分析，防止因转速设计不合理导致的共振发生，得到磁液比例系数 K、流量 q_0、液膜厚度 h_0 分别与第一、二阶固有频率之间的规律。若在转子的设计转速区间内无法避免共振发生，那么通过谐响应分析转子固有频率下的响应幅值以避免与轴承定子或机匣发生碰撞，得到了轴承参数与固有频率下响应幅值之间的规律。具体规律如下：

（1）在磁液比例系数 K 的取值范围内，K 值越小，各阶固有频率越大。当 K 值最小为 0.5 时，第一、二阶固有频率分别为 128.53 Hz、191.68 Hz。在流量 q_0 的取值范围内，q_0 值越大，各阶固有频率越大。当 q_0 值最大为 1.6×10^{-4} m^3/s 时，第一、二阶固有频率分别为 112.76 Hz、171.98 Hz。在液膜厚度 h_0 的取值范围内，h_0 值越小，各阶固有频率越大。当 h_0 值最小为 15 μm 时，第一、二阶固有频率分别为 228.74 Hz、848.8 Hz。

（2）在磁液比例系数 K 的取值范围内，第一、二阶固有频率增幅分别为 80.99 Hz、130.51 Hz。在流量 q_0 的取值范围内，第一、二阶固有频率增幅分别为 46.34 Hz、75.3 Hz。在液膜厚度 h_0 的取值范围内，第一、二阶固有频率增幅分别为 168.46 Hz、758.85 Hz。可知，二阶固有频率的增幅均比一阶固有频率的增幅大。调节磁液双悬浮轴承的三个参数均可以提升转子的固有频率，扩大稳定转速区间，其中调节液膜厚度 h_0 是最有效的调整方式。

（3）综合考虑，磁液比例系数 K 值处于 1.0～1.2 之间时各阶固有频率下的响应幅值较弱。特别注意 $K=1.3$ 时，一阶固有频率下转盘处的响应幅值达到 99 μm，很有可能与机匣发生碰撞。流量 q_0 值处于 $1.1\sim1.3\times10^{-4}$ m^3/s、1.6×10^{-4} m^3/s 时各阶固有频率下的响应幅值较弱。当 $q_0=0.6\times10^{-4}$ m^3/s 时，一阶固有频率下转盘处以及轴颈 2 处的响应幅值分别达到 60.54 μm、72.4 μm，存在与轴承定子或机匣发生碰撞的可能。在液膜厚度 h_0 的取值范围内，各阶固有频率下转子的响应幅值相比于间隙仅占较小的比例，因此没有发生碰撞的可能性。

（4）一阶固有频率下转子的振型：转盘处的响应幅值≥轴颈 2 处>轴颈 1 处；二阶固有频率下转子的振型：轴颈 1 处的响应幅值>轴颈 2 处>转盘处（排除图 8-12（b）中无明显变化规律可循的情况）。

参 考 文 献

[1] 中国轴承工业编审委员会. 中国轴承工业发展史[M]. 北京：中国轴承工业协会，2018.
[2] 胡业发，周祖德，江征风. 磁力轴承的基础理论与应用[M]. 北京：机械工业出版社，2006.
[3] 汇智联恒. 2015—2020 年中国磁悬浮轴承行业市场研究及发展前景预测报告[R]. 北京：北京汇智联恒咨询有限公司，2015.
[4] 田野，孙岩桦，杨利花，等. 箔片—电磁混合轴承的稳态承载特性及控制[J]. 摩擦学学报，2013，33(1)：49-56.
[5] 节凤丽，王维民，刘宾宾. 重载磁力轴承力学特性和热特性分析与优化[J]. 风机技术，2018，60(4)：62-68.

[6] 张剀，徐旸，董金平，等. 储能飞轮中的主动磁轴承技术[J]. 储能科学与技术，2018，7(5)：783-793.

[7] 朱戬，刘学平. 基于李雅普诺夫函数的电磁轴承电压控制[J]. 机电工程技术，2018，47(9)：23-27，87.

[8] 姚剑飞，刘亮，王维民. 电磁力参数快速寻优的转子多频振动抑制研究[J]. 振动、测试与诊断，2018，38(4)：738-743,872.

[9] 赵建华，杜东源，张斌，等. 一种电磁—静压双重支承的径向轴承：ZL201710265591.9[P]. 2018-12-07.

[10] Herzog R，Buhler P，Gahler C，et al. Unbalance Compensation Using Generalized Notch Filters in the Multivariable Feedback of Magnetic Bearings [J]. IEEE Transactions on Control Systems Techology，1996，45(5)：580-586.

[11] Schweitzer G，Maslen E H. Magnetic Bearings：Theory，Design，and Application to Rotating Machinery [M]. Berlin：Springer，2009：15-17.

第 9 章　双参数下转子固有频率以及响应幅值分析

9.1　双参数下转子的固有频率分析

分别计算得到磁液比例系数 K 与流量 q_0、磁液比例系数 K 与液膜厚度 h_0、流量 q_0 与液膜厚度 h_0 共同影响下磁液双悬浮轴承的径向支承等效刚度 k_n、等效阻尼 c_n。通过 ANSYS Workbench 有限元分析软件对转子进行模态分析，其网格划分、边界条件以及模拟磁液双悬浮轴承施加的力约束条件保持原设置，最终得到转子的第一、二阶固有频率与轴承的双参数之间的规律。

9.1.1　磁液比例系数与流量共同影响下固有频率的规律

设定液膜厚度 $h_0 = 100\ \mu m$。磁液比例系数 K 的取值范围为 0.5~1.4，取值间隔为 0.1。流量 q_0 的取值范围为 $0.5 \sim 1.6\times10^{-4}\ m^3/s$，取值间隔为 $0.1\times10^{-4}\ m^3/s$。通过 ANSYS Workbench 有限元分析软件对各组变量下的转子进行模态分析，提取数据，绘制转子的各阶固有频率随着磁液比例系数 K 与流量 q_0 变化的规律，如图 9-1、图 9-2 所示。

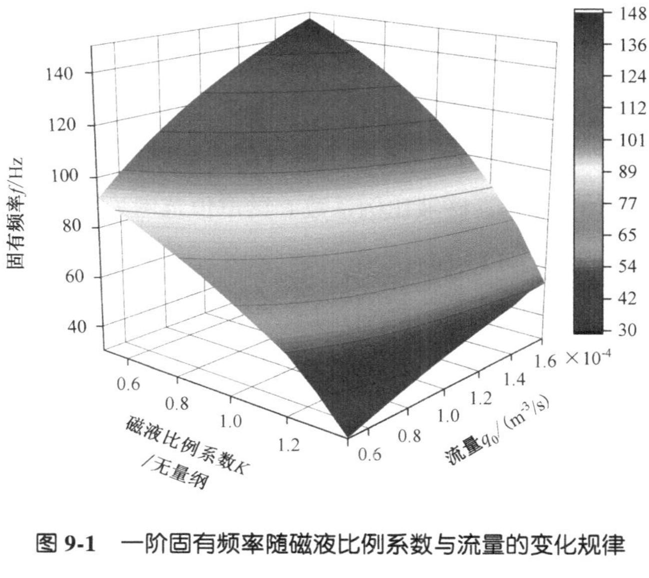

图 9-1　一阶固有频率随磁液比例系数与流量的变化规律

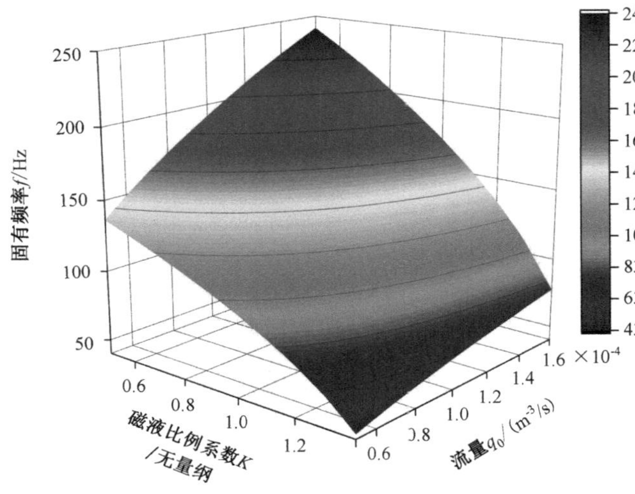

图 9-2　二阶固有频率随磁液比例系数与流量的变化规律

根据图 9-1 可知,转子一阶固有频率的总体变化趋势为随着磁液比例系数 K 值的减小以及流量 q_0 值的增大,一阶固有频率趋于增大;随着 K 值的增大以及 q_0 值的减小,一阶固有频率趋于减小。当 $K=1.4$、$q_0=0.5\times10^{-4}$ m³/s 时一阶固有频率最小,为 30.25 Hz;当 $K=0.5$、$q_0=1.6\times10^{-4}$ m³/s 时一阶固有频率最大,为 147.47 Hz;当 $K=1.4$、$q_0=1.6\times10^{-4}$ m³/s 时一阶固有频率为 59.58 Hz;当 $K=0.5$、$q_0=0.5\times10^{-4}$ m³/s 时一阶固有频率为 91.76 Hz。

根据图 9-2 可知,转子二阶固有频率的总体变化趋势与一阶固有频率基本相同。当 $K=1.4$、$q_0=0.5\times10^{-4}$ m³/s 时二阶固有频率最小,为 49.33 Hz;当 $K=0.5$、$q_0=1.6\times10^{-4}$ m³/s 时二阶固有频率最大,为 241.19 Hz;当 $K=1.4$、$q_0=1.6\times10^{-4}$ m³/s 时二阶固有频率为 77.41 Hz;当 $K=0.5$、$q_0=0.5\times10^{-4}$ m³/s 时二阶固有频率为 136.38 Hz。

9.1.2　磁液比例系数与液膜厚度共同影响下固有频率的规律

设定流量 $q_0=1.0\times10^{-4}$ m³/s。磁液比例系数 K 的取值范围为 0.5~1.4,取值间隔为 0.2。液膜厚度 h_0 的取值范围为 15~120 μm,取值分别为 15 μm、30 μm、60 μm、80 μm、100 μm、120 μm。同理,通过对各组变量下的转子进行模态分析,提取数据,绘制转子的各阶固有频率随磁液比例系数 K 与液膜厚度 h_0 变化的规律,如图 9-3、图 9-4 所示。

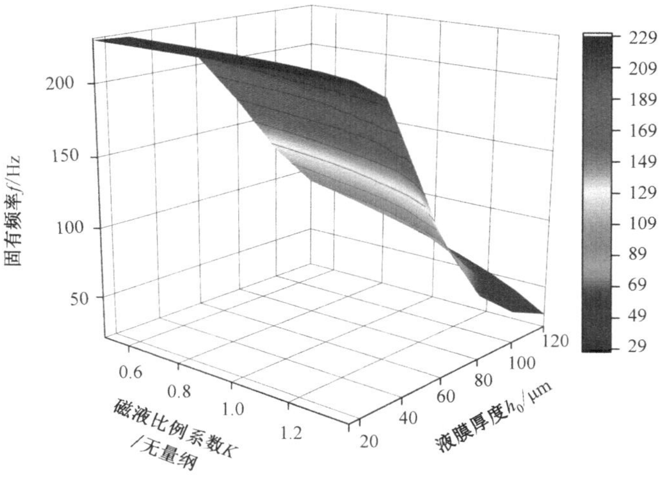

图 9-3　一阶固有频率随磁液比例系数与液膜厚度的变化规律

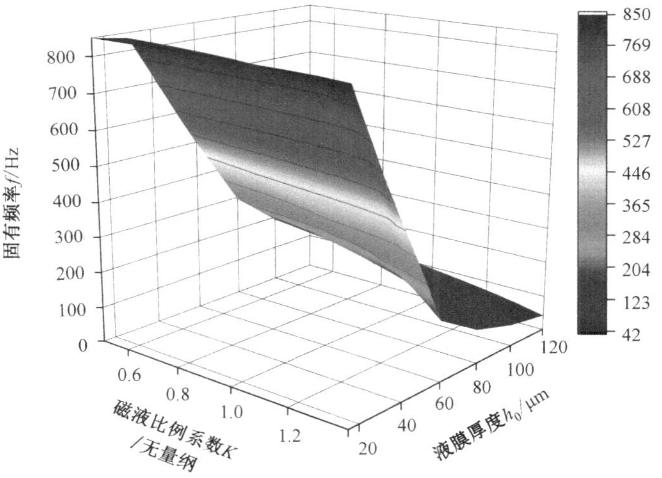

图 9-4　二阶固有频率随磁液比例系数与液膜厚度的变化规律

根据图 9-3 可知，转子一阶固有频率的总体变化趋势为随磁液比例系数 K 值的减小以及液膜厚度 h_0 值的减小，一阶固有频率趋于增大；随着 K 值的增大以及 h_0 值的增大，一阶固有频率趋于减小，总体来说，一阶固有频率随着 K 值的减小而增大，但是当 h_0 值处于 15~60 μm 之间时一阶固有频率的增幅非常小，当 h_0 值处于 60~120 μm 之间时一阶固有频率的增幅较大。当 $K=1.4$、$h_0=120$ μm 时一阶固有频率最小，为 29.71 Hz；当 $K=0.5$、$h_0=15$ μm 时一阶固有频率最大，为 228.82 Hz；当 $K=1.4$、$h_0=15$ μm 时一阶固有频率为 228.07 Hz；当 $K=0.5$、

$h_0=120\ \mu m$ 时一阶固有频率为 90.26 Hz。

根据图 9-4 可知，转子二阶固有频率的总体变化趋势与一阶固有频率的变化趋势基本相同。当 $K=1.4$、$h_0=120\ \mu m$ 时二阶固有频率最小，为 42.55 Hz；当 $K=0.5$、$h_0=15\ \mu m$ 时二阶固有频率最大，为 849.67 Hz；当 $K=1.4$、$h_0=15\ \mu m$ 时二阶固有频率为 841.3 Hz；当 $K=0.5$、$h_0=120\ \mu m$ 时二阶固有频率为 139.96 Hz。

9.1.3 液膜厚度与流量共同影响下固有频率的规律

设定磁液比例系数 $K=1$。液膜厚度 h_0 的取值范围为 15~120 μm，取值分别为 15 μm、30 μm、60 μm、80 μm、100 μm、120 μm。流量 q_0 的取值范围为 $0.5\sim1.6\times10^{-4}\ m^3/s$，取值间隔为 $0.2\times10^{-4}\ m^3/s$。同理，通过对各组变量下的转子进行模态分析，绘制转子的各阶固有频率随液膜厚度 h_0 与流量 q_0 变化的规律，如图 9-5、图 9-6 所示。

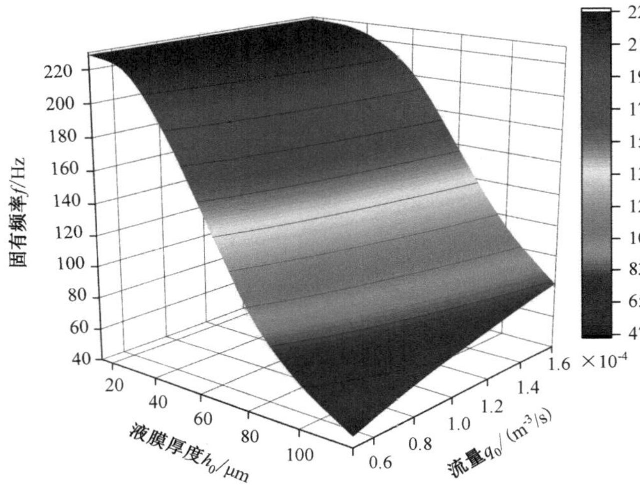

图 9-5 一阶固有频率随液膜厚度与流量的变化规律

根据图 9-5 可知，转子一阶固有频率的总体变化趋势为随流量 q_0 值的增大以及液膜厚度 h_0 值的减小，一阶固有频率趋于增大；随着 q_0 值的减小以及 h_0 值的增大，一阶固有频率趋于减小，总体来说，一阶固有频率随着 q_0 值的增大而增大，但是当 h_0 值处于 15~30 μm 之间时一阶固有频率的增幅非常小，当 h_0 值处于 80~120 μm 之间时一阶固有频率的增幅较大。当 $q_0=0.5\times10^{-4}\ m^3/s$、$h_0=120\ \mu m$ 时一阶固有频率最小，为 46.67 Hz；当 $q_0=1.6\times10^{-4}\ m^3/s$、$h_0=15\ \mu m$ 时一阶固有频率最大，为 228.8 Hz；当 $q_0=0.5\times10^{-4}\ m^3/s$、$h_0=15\ \mu m$ 时一阶固有频率为 228.57 Hz；当 $q_0=1.6\times10^{-4}\ m^3/s$、$h_0=120\ \mu m$ 时一阶固有频率为 81.47 Hz。

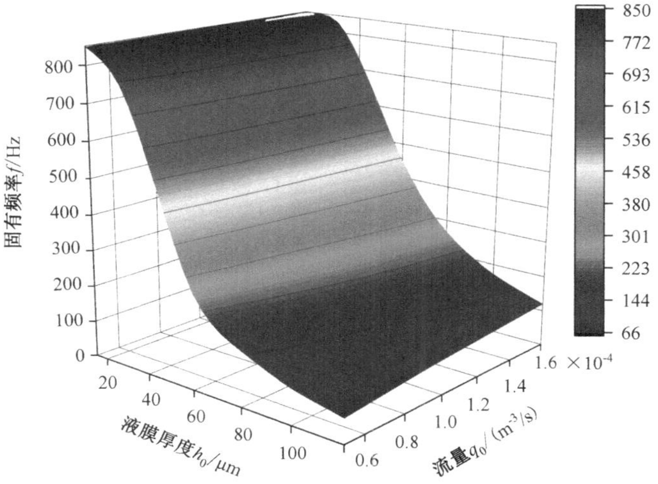

图 9-6 二阶固有频率随液膜厚度与流量的变化规律

根据图 9-6 可知,转子二阶固有频率的总体变化趋势与一阶固有频率的变化趋势基本相同。当 q_0=0.5×10⁻⁴ m³/s、h_0=120 μm 时二阶固有频率最小,为 67.23 Hz;当 q_0=1.6×10⁻⁴ m³/s、h_0=15 μm 时二阶固有频率最大,为 849.46 Hz;当 q_0=0.5×10⁻⁴ m³/s、h_0=15 μm 时一阶固有频率为 847.01 Hz;当 q_0=1.6×10⁻⁴ m³/s、h_0=120 μm 时一阶固有频率为 119.94 Hz。

9.2 双参数下转子的响应幅值分析

计算求得双参数共同影响下磁液双悬浮轴承的径向支承等效刚度 k_n、等效阻尼 c_n。通过 ANSYS Workbench 有限元分析软件对转子进行谐响应分析,其网格划分、边界条件以及模拟磁液双悬浮轴承施加的力约束条件的设置保持原设置,提取第一、二阶固有频率下转子的三个数据采集点——轴颈 1 处、轴颈 2 处以及转盘处沿着截面 x 方向的响应幅值,得到转子的响应幅值与双参数之间的规律。

9.2.1 磁液比例系数与流量共同影响下响应幅值的规律

磁液双悬浮轴承参数的设定与 9.1.1 一致。通过对转子进行谐响应分析,提取三个数据采集点的响应幅值,得到各阶固有频率下转子的响应幅值随磁液比例系数 K 与流量 q_0 变化的规律,如图 9-7、图 9-8 所示。

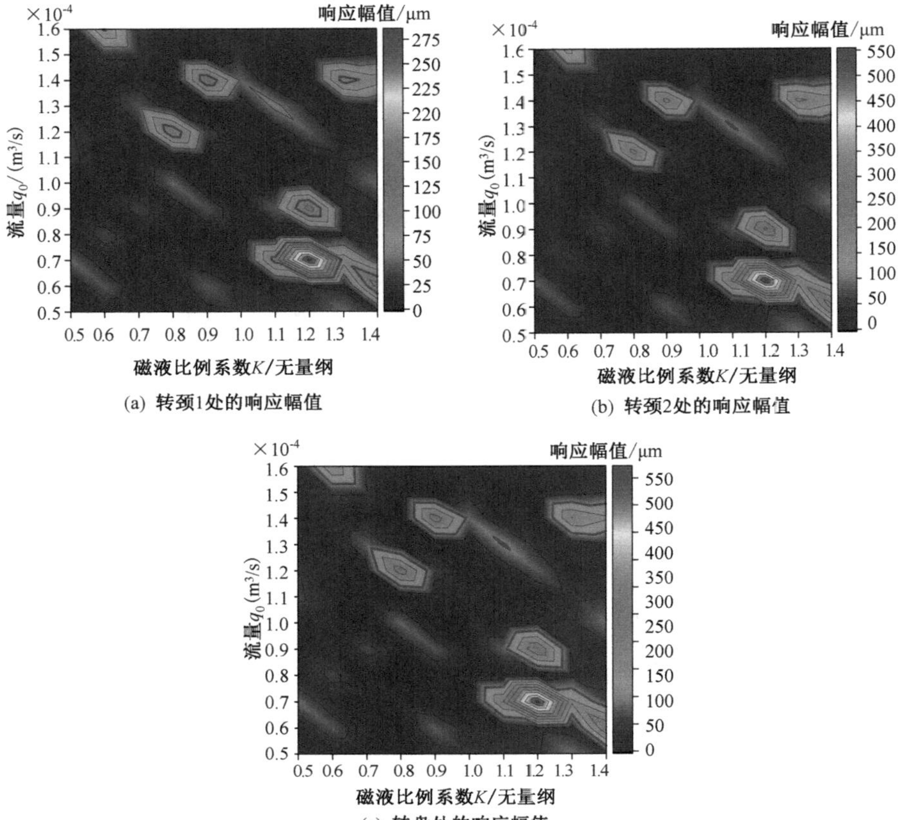

(a) 转颈1处的响应幅值　(b) 转颈2处的响应幅值

(c) 转盘处的响应幅值

图 9-7　一阶固有频率下响应幅值随磁液比例系数与流量的变化规律

图 9-7(a)为磁液比例系数 K 与流量 q_0 共同影响下，转子跨越一阶固有频率时轴颈 1 处响应幅值的变化规律。当 K 与 q_0 的取值范围落在第二条等高线区域内，跨越一阶固有频率时轴颈 1 处响应幅值已经达到 50 μm，响应幅值较为剧烈；当 K 与 q_0 的取值范围在 $K=1.08\sim1.3$ 且 $q_0=0.61\sim0.78\times10^{-4}$ m³/s、$K=1.32\sim1.4$ 且 $q_0=0.57\sim0.68\times10^{-4}$ m³/s、$K=1.15\sim1.23$ 且 $q_0=0.86\sim0.93\times10^{-4}$ m³/s、$K=0.76\sim0.82$ 且 $q_0=1.17\sim1.22\times10^{-4}$ m³/s、$K=0.88\sim0.93$ 且 $q_0=1.37\sim1.43\times10^{-4}$ m³/s、$K=1.28\sim1.34$ 且 $q_0=1.38\sim1.41\times10^{-4}$ m³/s、$K=0.61\sim0.62$ 且 $q_0=1.59\sim1.6\times10^{-4}$ m³/s 之内，存在七个等高线区域，为响应幅值 100 μm 的等高线。若 K 与 q_0 的取值范围落入等高线区域内，跨越一阶固有频率时轴颈 1 处一定会与轴承定子发生碰撞(设定液膜厚度 $h_0=100$ μm)。

图 9-7(b)为磁液比例系数 K 与流量 q_0 共同影响下，转子跨越一阶固有频率时轴颈 2 处响应幅值的变化规律。K 与 q_0 的取值范围只要落在等高线区域内，跨越一阶固有频率时轴颈 2 处响应幅值就已经达到 50 μm，响应幅值应较为剧烈。当 K 与 q_0 的取值范围在 $K=1.04\sim$

1.3 且 q_0=0.61~0.78×10^{-4} m^3/s、K=1.3~1.4 且 q_0=0.54~0.75×10^{-4} m^3/s、K=1.11~1.27 且 q_0=0.82~0.97×10^{-4} m^3/s、K=0.76~0.87 且 q_0=1.13~1.28×10^{-4} m^3/s、K=0.83~0.98 且 q_0=1.33~1.46×10^{-4} m^3/s、K=0.56~0.65 且 q_0=1.53~1.6×10^{-4} m^3/s、K=1.24~1.4 且 q_0=1.32~1.46×10^{-4} m^3/s、K=1.08~1.12 且 q_0=1.27~1.31×10^{-4} m^3/s 之内，存在七个等高线区域，为响应幅值 100 μm 的等高线。若 K 与 q_0 的取值范围落入等高线区域内，跨越一阶固有频率时轴颈 2 处一定会与轴承定子发生碰撞。

图 9-7(c)为磁液比例系数 K 与流量 q_0 共同影响下，转子跨越一阶固有频率时转盘处响应幅值的变化规律。当 K 与 q_0 的取值范围落在第二条等高线区域内，跨越一阶固有频率时转盘处响应幅值已经达到 50 μm，响应幅值较为剧烈；当 K 与 q_0 的取值范围在 K=1.04~1.3 且 q_0=0.61~0.79×10^{-4} m^3/s、K=1.3~1.4 且 q_0=0.54~0.76×10^{-4} m^3/s、K=1.11~1.27 且 q_0=0.82~0.97×10^{-4} m^3/s、K=0.76~0.87 且 q_0=1.13~1.29×10^{-4} m^3/s、K=0.83~0.99 且 q_0=1.33~1.46×10^{-4} m^3/s、K=0.55~0.66 且 q_0=1.52~1.6×10^{-4} m^3/s、K=1.24~1.4 且 q_0=1.33~1.46×10^{-4} m^3/s、K=1.07~1.12 且 q_0=1.27~1.33×10^{-4} m^3/s 之内，存在七个等高线区域，为响应幅值 100 μm 的等高线。若 K 与 q_0 的取值范围落入等高线区域内，跨越一阶固有频率时转盘处一定会与机匣发生碰撞(转盘处与机匣的间隙恒为 100 μm)。

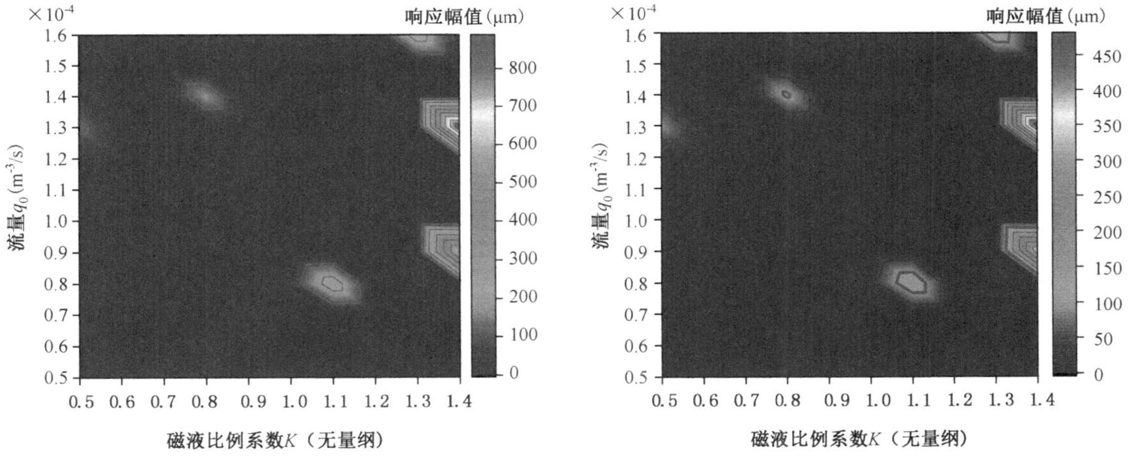

(a) 转颈1处的响应幅值　　(b) 转颈2处的响应幅值

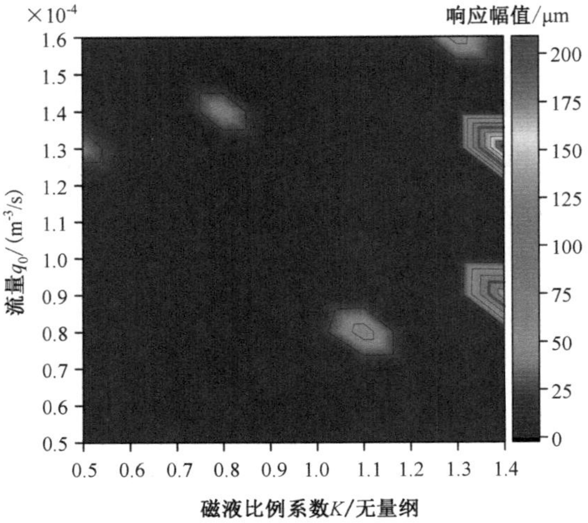

(c) 转盘处的响应幅值

图 9-8　二阶固有频率下响应幅值随磁液比例系数与流量的变化规律

图 9-8(a)为磁液比例系数 K 与流量 q_0 共同影响下，转子跨越二阶固有频率时轴颈 1 处响应幅值的变化规律。K 与 q_0 的取值范围只要落在等高线区域内，跨越二阶固有频率时轴颈 1 处响应幅值就已经达到 100 μm，轴径 1 处一定会与轴承定子发生碰撞。等高线区域的范围在：K=1.02~1.16 且 q_0=0.74~0.86×10^{-4} m³/s、K=1.31~1.4 且 q_0=0.81~1.0×10^{-4} m³/s、K=1.3~1.4 且 q_0=1.2~1.4×10^{-4} m³/s、K=1.23~1.37 且 q_0=1.53~1.6×10^{-4} m³/s、K=0.75~0.84 且 q_0=1.35~1.44×10^{-4} m³/s、K=0.5~0.53 且 q_0=1.28~1.33×10^{-4} m³/s 之内。

图 9-8(b)为磁液比例系数 K 与流量 q_0 共同影响下，转子跨越二阶固有频率时轴颈 2 处响应幅值的变化规律。K 与 q_0 的取值范围只要落在等高线区域内，跨越一阶固有频率时轴颈 2 处响应幅值就已经达到 50 μm，响应幅值较为剧烈。当 K 与 q_0 的取值范围在 K=1.32~1.4 且 q_0=0.82~0.97×10^{-4} m³/s、K=1.06~1.13 且 q_0=0.76~0.84×10^{-4} m³/s、K=1.31~1.4 且 q_0=1.21~1.38×10^{-4} m³/s、K=1.27~1.34 且 q_0=1.56~1.6×10^{-4} m³/s、K=0.79~0.81 且 q_0=1.38~1.4×10^{-4} m³/s 之内，存在五个等高线区域，为响应幅值 100 μm 的等高线。若磁液比例系数 K 与流量 q_0 的取值范围落入等高线区域内，则表示跨越二阶固有频率时转子的轴颈 2 处一定会与轴承定子发生碰撞。

图 9-8(c)为磁液比例系数 K 与流量 q_0 共同影响下，转子跨越二阶固有频率时转盘处响应幅值的变化规律。当 K 与 q_0 的取值范围落在第二条等高线区域内，跨越二阶固有频率时转盘处响应幅值已经达到 50 μm，响应幅值较为剧烈；当 K 与 q_0 的取值范围在 K=1.36~1.4 且 q_0=0.86~0.94×10^{-4} m³/s、K=1.34~1.4 且 q_0=1.24~1.35×10^{-4} m³/s 之内，存在两个等高

线区域，为响应幅值 100 μm 的等高线。若 K 与 q_0 的取值范围落入等高线区域内，跨越二阶固有频率时转盘处一定会与机匣发生碰撞。

9.2.2　磁液比例系数与液膜厚度共同影响下响应幅值的规律

磁液双悬浮轴承参数的设定与 9.1.2 一致。通过 ANSYS Workbench 有限元分析软件对转子进行谐响应分析，提取三个数据采集点的响应幅值，得到各阶固有频率下转子的响应幅值随磁液比例系数 K 与液膜厚度 h_0 变化的规律，如图 9-9、图 9-10 所示。

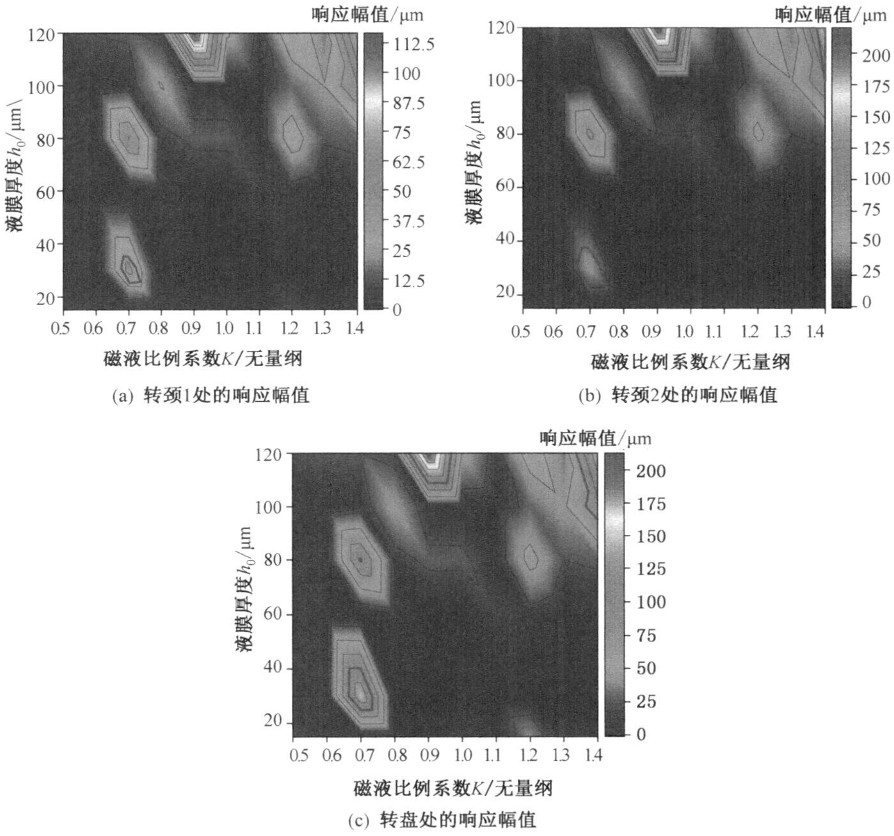

图 9-9　一阶固有频率下响应幅值随磁液比例系数与液膜厚度的变化规律

图 9-9(a) 为磁液比例系数 K 与液膜厚度 h_0 共同影响下，转子跨越一阶固有频率时轴颈 1 处响应幅值的变化规律。由于其中的一个变量为液膜厚度 h_0，并且转子的轴颈 1 与轴承定子之间的间隙等于变量 h_0，所以轴颈 1 与轴承定子之间的间隙随变量 h_0 的变化而变化。当 h_0 的取值范围在 15～60 μm 之间时，间隙也随 h_0 值同时在 15～60 μm 之间变化，因此当 K 与 h_0 的取值范围落在第二条等高线区域内，跨越一阶固有频率时响应幅值已经达到 25 μm，相比于取值在 15～60 μm 的间隙响应幅值较为剧烈；当 h_0 的取值范围在 60～120 μm 之间时，间

隙也随 h_0 值同时在 60~120 μm 之间变化,因此当 K 与 h_0 的取值范围落在第五条等高线区域内,跨越一阶固有频率时响应幅值已经达到 62.5 μm,相比于取值在 60~120 μm 的间隙响应幅值较为剧烈。当 K 与 h_0 的取值范围在 K=0.67~0.73 且 h_0=25~35 μm 之内,存在一个标线区域。若取值范围落入该区域内,跨越一阶固有频率时轴颈 1 处一定与定子发生碰撞。

图 9-9(b)为一阶固有频率下轴颈 2 处响应幅值的变化规律。与图 9-9(a)同理,轴颈 2 与轴承定子的间隙随变量 h_0 的变化而变化。当 h_0 的取值范围在 15~60 μm 之间时,间隙也随 h_0 值同时在 15~60 μm 之间变化,因此当 K 与 h_0 的取值范围落在第一条等高线区域内,跨越一阶固有频率时响应幅值已经达到 25 μm,相比于取值在 15~60 μm 的间隙响应幅值较为剧烈,有可能与轴承定子发生碰撞;当 h_0 的取值范围在 60~120 μm 之间时,间隙也随 h_0 值同时在 60~120 μm 之间变化,因此当 K 与 h_0 的取值范围落在第五条等高线区域内,跨越一阶固有频率时响应幅值已经达到 125 μm,相比于取值在 60~120μm 的间隙响应幅值非常剧烈,轴颈 2 处与轴承定子会发生碰撞。当 K 与 h_0 的取值范围在 K=0.65~0.75 且 h_0=22~38 μm、K=0.85~0.95 且 h_0=107~120 μm、K=1.37~1.4 且 h_0=100~120 μm 之内,存在三个标线区域。若 K 与 h_0 的取值范围落入标线区域内,跨越一阶固有频率时轴颈 2 处一定与定子发生碰撞。

图 9-9(c)为一阶固有频率下转盘处响应幅值的变化规律。转盘与机匣的间隙恒定为 100 μm,不随变量 h_0 的改变而改变。当 K 与 h_0 的取值范围落在第二条等高线区域内,跨越一阶固有频率时响应幅值已经达到 50 μm,响应幅值较为剧烈;当 K 与 h_0 的取值范围在 K=0.66~0.73 且 h_0=24~40 μm、K=0.84~0.96 且 h_0=108~120 μm、K=1.33~1.4 且 h_0=95~120 μm、K=0.7~0.71 且 h_0=79~81 μm 之内,存在四个等高线区域,为响应幅值 100 μm 的等高线。若 K 与 h_0 的取值范围落入等高线区域内,跨越一阶固有频率时转盘处一定会与机匣发生碰撞。

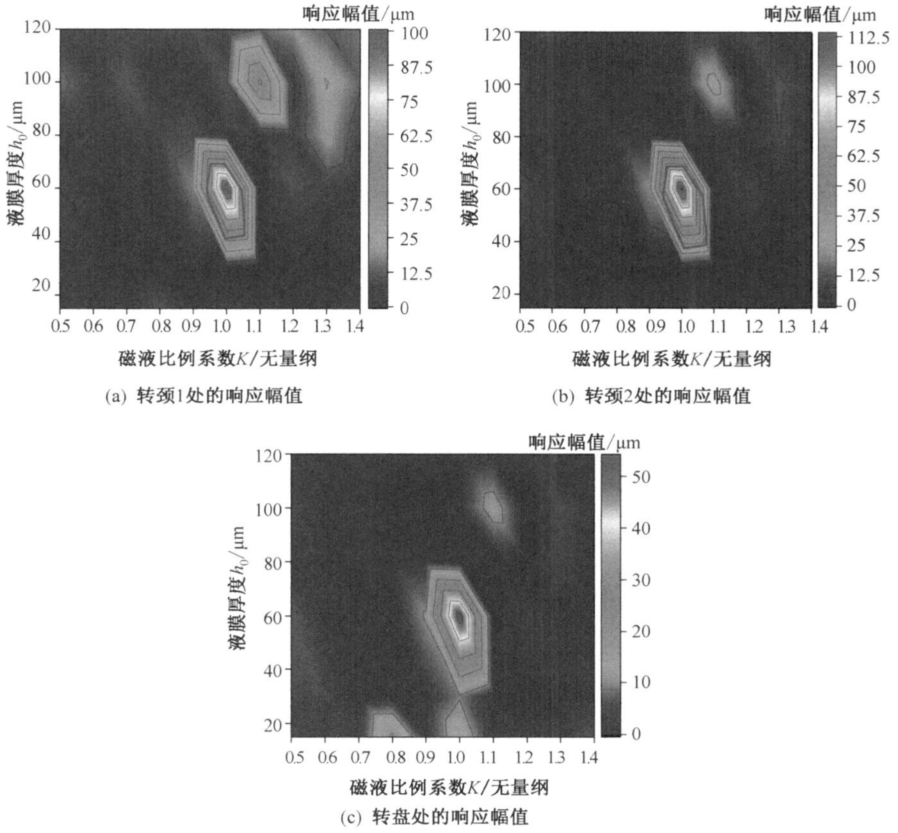

图 9-10　二阶固有频率下响应幅值随磁液比例系数与液膜厚度的变化规律

图 9-10(a)为磁液比例系数 K 与液膜厚度 h_0 共同影响下,转子跨越二阶固有频率时轴颈 1 处响应幅值的变化规律。与图 9-9(a)同理,轴颈 1 与轴承定子之间的间隙随变量 h_0 的变化而变化。当 h_0 的取值范围在 15~80 μm 之间时,间隙也随 h_0 值同时在 15~80 μm 之间变化,因此当 K 与 h_0 的取值范围落在第四条等高线区域内,跨越二阶固有频率时响应幅值已经达到 50 μm,相比于取值在 15~80 μm 的间隙响应幅值非常剧烈,会与轴承定子发生碰撞;当 h_0 的取值范围在 80~120 μm 之间时,间隙也随 h_0 值同时在 80~120 μm 之间变化,跨越二阶固有频率时响应幅值最大仅达到 51.9 μm,相比于取值在 80~120 μm 的间隙响应幅值较弱,不会发生碰撞。当 K 与 h_0 的取值范围在 K=0.94~1.05 且 h_0=41~67 μm 之内,存在一个标线区域。若 K 与 h_0 的取值范围落入标线区域内,跨越二阶固有频率时轴颈 1 处一定会与轴承定子发生碰撞。

图 9-10(b)为磁液比例系数 K 与液膜厚度 h_0 共同影响下,转子跨越二阶固有频率时轴颈 2 处响应幅值的变化规律。与图 9-9(b)同理,轴颈 2 与轴承定子之间的间隙随变量 h_0 的变化

而变化。当 h_0 的取值范围在 15~80 μm 之间时，间隙也随 h_0 值同时在 15~80 μm 之间变化，因此当 K 与 h_0 的取值范围落在第三条等高线区域内，跨越二阶固有频率时响应幅值已经达到 37.5 μm，相比于取值在 15~80 μm 的间隙响应幅值较为剧烈，会与定子发生碰撞；当 h_0 的取值范围在 80~120 μm 之间时，间隙也随 h_0 值同时在 80~120 μm 之间变化，跨越二阶固有频率时响应幅值最大仅达到 29.9 μm，相比于取值在 80~120 μm 的间隙响应幅值较弱，不会发生碰撞。当 K 与 h_0 的取值范围在 K=0.93~1.07 且 h_0=37~69 μm 之内，存在一个标线区域。若 K 与 h_0 的取值范围落入标线区域内，跨越二阶固有频率时轴颈 2 处一定会与轴承定子发生碰撞。

图 9-10(c)为磁液比例系数 K 与液膜厚度 h_0 共同影响下，转子系统跨越二阶固有频率时转盘处响应幅值的变化规律。与图 9-9(c)同理，转盘与机匣之间的间隙不随变量 h_0 的改变而改变，恒定为 100 μm。当 K 与 h_0 的取值范围落在第五条等高线区域内，跨越二阶固有频率时响应幅值仅达到 50 μm，响应幅值较弱，不会与机匣发生碰撞。

9.2.3 液膜厚度与流量共同影响下响应幅值的规律

磁液双悬浮轴承参数的设定与 9.1.3 一致。通过对转子进行谐响应分析，提取三个数据采集点的响应幅值，得到各阶固有频率下转子的响应幅值随液膜厚度 h_0 与流量 q_0 变化的规律，如图 9-11、图 9-12 所示。

图 9-11(a)为液膜厚度 h_0 与流量 q_0 共同影响下，转子跨越一阶固有频率时轴颈 1 处响应幅值的变化规律。与图 9-9(a)同理，轴颈 1 与轴承定子之间的间隙随变量 h_0 的变化而变化。当 h_0 的取值范围在 15~60 μm 之间时，间隙也随 h_0 值同时在 15~60 μm 之间变化，当 h_0 与 q_0 的取值范围落在第一条等高线区域内，跨越一阶固有频率时响应幅值仅达到 12.5 μm，相比于取值在 15~60 μm 的间隙响应幅值较弱，不会与轴承定子发生碰撞；当 h_0 的取值范围在 60~120 μm 之间时，间隙也随 h_0 值同时在 60~120 μm 之间变化，当 h_0 与 q_0 的取值范围落在第五条等高线区域内，跨越一阶固有频率时响应幅值已经达到 62.5 μm，相比于取值在 60~120 μm 的间隙响应幅值较为剧烈，但是不会与轴承定子发生碰撞。

图 9-11(b)为液膜厚度 h_0 与流量 q_0 共同影响下，转子跨越一阶固有频率时轴颈 2 处响应幅值的变化规律。与图 9-9(b)同理，轴颈 2 与轴承定子之间的间隙随变量 h_0 的变化而变化。当 h_0 的取值范围在 15~60 μm 之间时，间隙也随 h_0 值同时在 15~60 μm 之间变化，跨越一阶固有频率时响应幅值还未达到 25 μm，相比于取值在 15~60 μm 的间隙响应幅值较弱，不会与轴承定子发生碰撞；当 h_0 的取值范围在 60~120 μm 之间时，同理，间隙也随 h_0 值同时在 60~120 μm 之间变化，因此当 h_0 与 q_0 的取值范围落在第五条等高线区域内，跨越一阶固有频率时响应幅值已经达到 125 μm，相比于取值在 60~120 μm 的间隙响应幅值非常剧烈，轴颈 2 处与轴

承定子会发生碰撞。当 h_0 与 q_0 的取值范围在 $h_0=109\sim120\ \mu m$ 且 $q_0=1.15\sim1.25\times10^{-4}\ m^3/s$ 之内，存在一个标线区域。若 h_0 与 q_0 的取值范围落入标线区域内，跨越一阶固有频率时轴颈 2 处一定会与轴承定子发生碰撞。

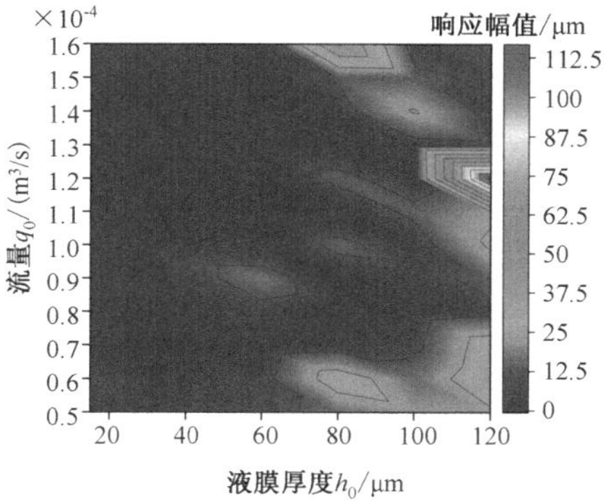

(a) 转颈1处的响应幅值

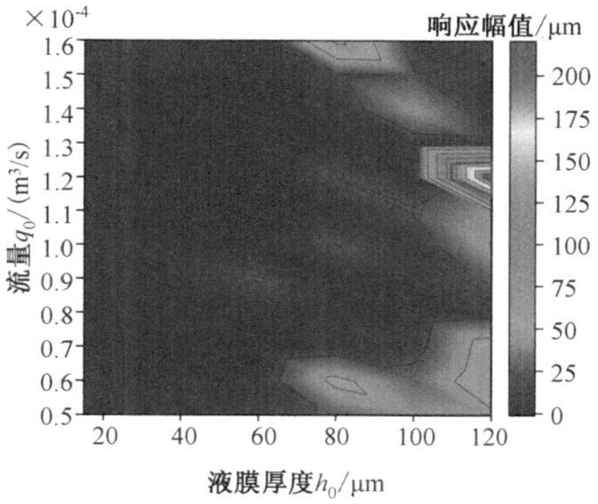

(b) 转颈2处的响应幅值

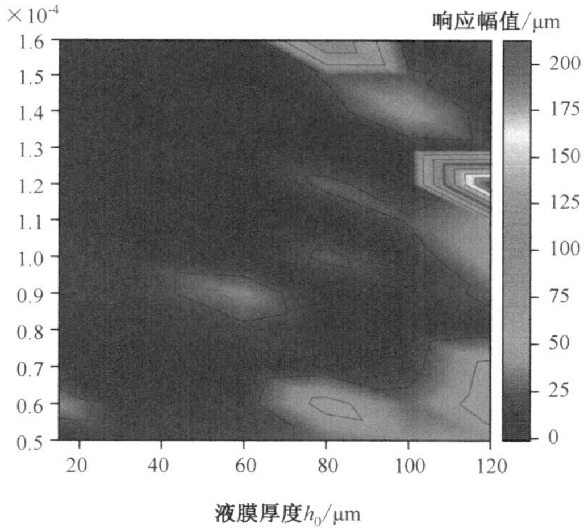

(c) 转盘处的响应幅值

图 9-11　一阶固有频率下响应幅值随液膜厚度与流量的变化规律

图 9-11(c)为液膜厚度 h_0 与流量 q_0 共同影响下，转子跨越一阶固有频率时转盘处响应幅值的变化规律。与图 9-9(c)同理，转盘与机匣的间隙不随变量 h_0 的改变而改变，恒定为 100 μm。当 h_0 与 q_0 的取值范围落在第二条等高线区域内，跨越一阶固有频率时响应幅值已经达到 50 μm，响应幅值较为剧烈；当 h_0 与 q_0 的取值范围在 $h_0=108\sim120\ \mu m$ 且 $q_0=1.15\sim1.26\times10^{-4}\ m^3/s$ 之内，存在四个等高线区域，为响应幅值 100 μm 的等高线。若 h_0 与 q_0 的取值范围落入等高线区域内，跨越一阶固有频率时转盘处一定会与机匣发生碰撞。

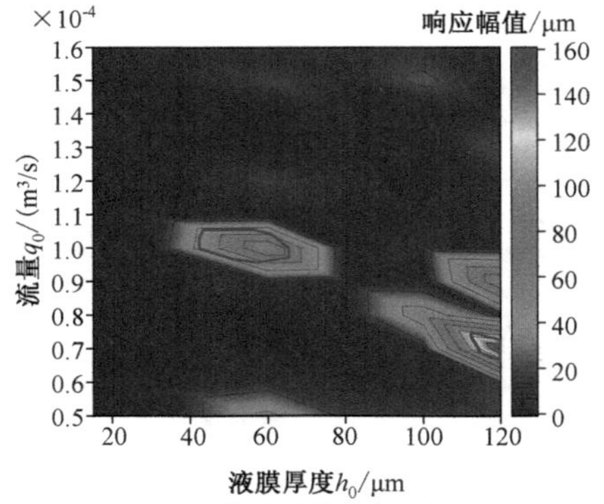

(a) 转颈1处的响应幅值

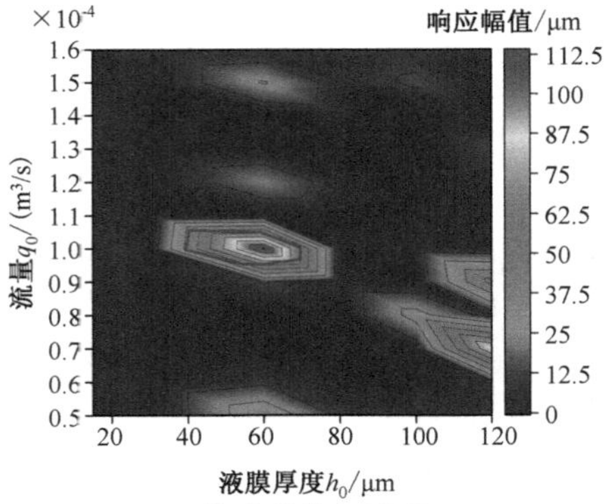

(b) 转颈2处的响应幅值

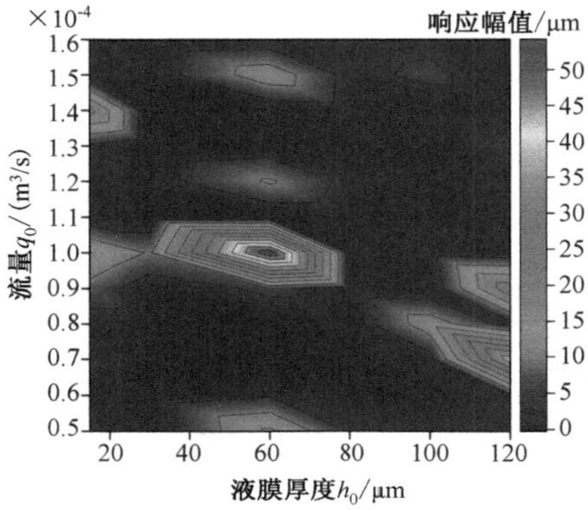

(c) 转盘处的响应幅值

图 9-12　二阶固有频率下响应幅值随液膜厚度与流量的变化规律

图 9-12(a)为液膜厚度 h_0 与流量 q_0 共同影响下,转子跨越二阶固有频率时轴颈 1 处响应幅值的变化规律。与图 9-9(a)同理,轴颈 1 与轴承定子之间的间隙随变量 h_0 的变化而变化。当 h_0 的取值范围在 15~120 μm 之间时,间隙也随 h_0 值同时在 15~120 μm 之间变化;当 h_0 与 q_0 的取值范围落在第八条等高线区域内,跨越二阶固有频率时响应幅值达到 160 μm,一定会与轴承定子发生碰撞。当 h_0 与 q_0 的取值范围在 h_0=42~65 μm 且 q_0=0.95~1.06×10^{-4} m^3/s、h_0=112~120 μm 且 q_0=0.67~0.75×10^{-4} m^3/s 内,存在两个标线区域。若 h_0 与 q_0 的取值范围落入标线区域内,跨越二阶固有频率时轴颈 1 处一定会与轴承定子发生碰撞。

图 9-12(b)为液膜厚度 h_0 与流量 q_0 共同影响下,转子跨越二阶固有频率时轴颈 2 处响应幅值的变化规律。与图 9-9(b)同理,轴颈 2 与轴承定子之间的间隙随变量 h_0 的变化而变化。当 h_0 的取值范围在 15~120 μm 之间时,间隙也随 h_0 值同时在 15~120 μm 之间变化;当 h_0 与 q_0 的取值范围落在第九条等高线区域内,跨越二阶固有频率时响应幅值就达到 112.5 μm,相比于取值在 15~120 μm 的间隙响应幅值较为剧烈,一定会与轴承定子发生碰

撞。当 h_0 与 q_0 的取值范围在 $h_0=38\sim70$ μm 且 $q_0=0.95\sim1.05\times10^{-4}$ m^3/s 内，存在一个标线区域。若 h_0 与 q_0 的取值范围落入标线区域内，跨越二阶固有频率时轴颈 2 处一定会与轴承定子发生碰撞。

图 9-12(c) 为液膜厚度 h_0 与流量 q_0 共同影响下，转子跨越二阶固有频率时转盘处响应幅值的变化规律。与图 9-9(c) 同理，转盘与机匣的间隙不随变量 h_0 的改变而改变，恒定为 100 μm。当 h_0 与 q_0 的取值范围落在第十条等高线区域内，跨越二阶固有频率时响应幅值仅达到 50 μm，响应幅值较弱，不会与机匣发生碰撞。

9.3　固有频率及其响应幅值的试验测试

9.3.1　压电式加速度传感器系统

在试验时，将压电式加速度传感器 1、2 分别放置于转子上靠近轴承支承的位置，通过力锤敲击转子给予激励信号，力锤与压电式加速度传感器 1、2 分别产生三路模拟信号，并通过信号转换器转换为数字信号，电脑将时域下的加速度信号予以采集，最终通过傅里叶变换转化为频域下的位移响应信号，如图 9-13 所示。

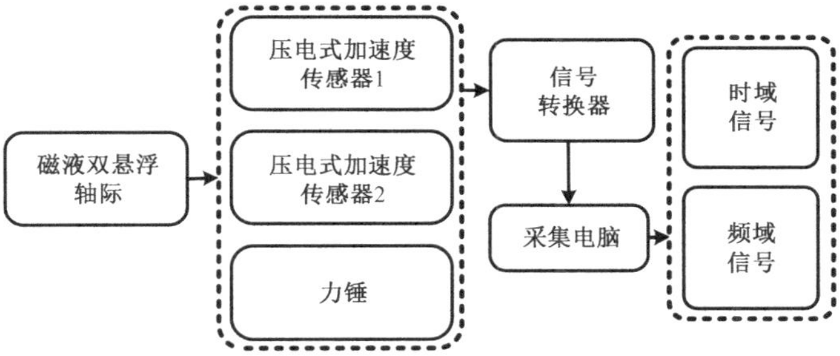

图 9-13　压电式加速度传感器系统原理示意图

9.3.2　试验结果分析

当 $K=1$、$q_0=1\times10^{-4}$ m^3/s 时，得到转子的加速度时域信号及其响应幅值频谱，如图 9-14、图 9-15 所示。

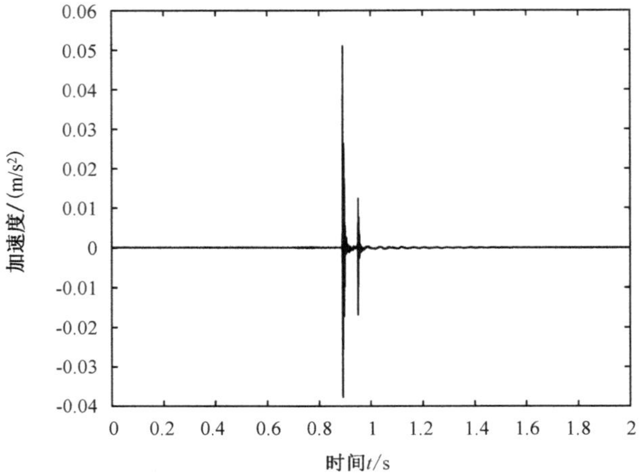

图 9-14 加速度时域信号图

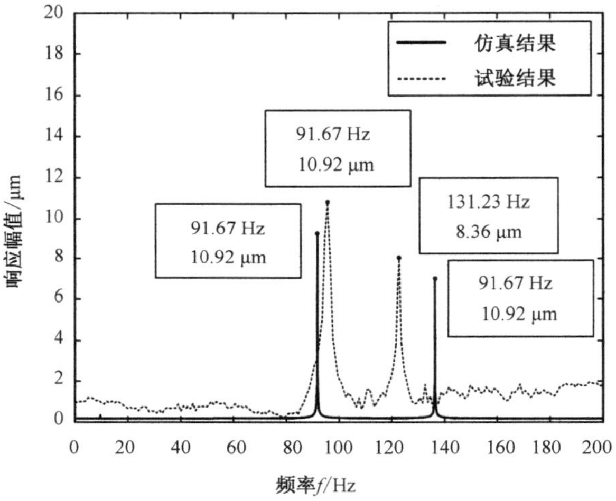

图 9-15 响应幅值频谱的试验与仿真对比图

根据图 9-15 可知,一阶固有频率范围内的试验及其仿真结果分别为 95.88 Hz、91.67 Hz,误差为 4.6%;响应幅值分别为 10.92 μm、9.49 μm,误差为 15%。二阶固有频率范围内的试验及其仿真结果分别为 123.5 Hz、131.23 Hz,误差为 9.3%;响应幅值分别为 8.36 μm、7.08 μm,误差为 113.7%。而在非固有频率范围之内,响应幅值的试验结果与仿真结果之间存在幅值为 1~2 μm 的细碎跳动,可能是电磁系统电流脉动以及静压系统压力脉动所导致的。

汇总试验数据,得到了磁液比例系数、流量与各阶固有频率之间的影响作用关系,如图 9-16、图 9-17 所示。

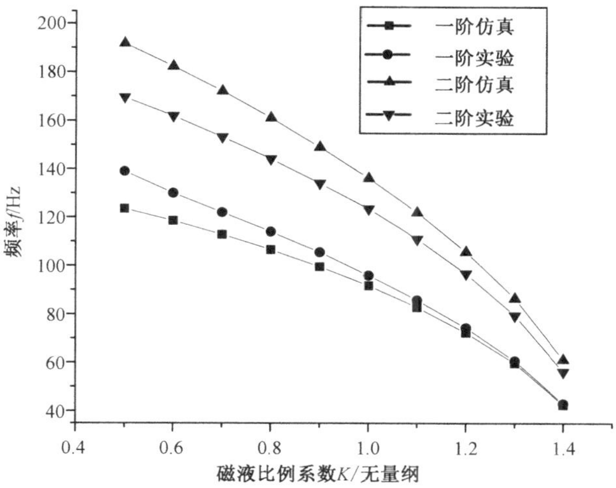

图 9-16　*K* 变化下固有频率的试验与仿真对比图

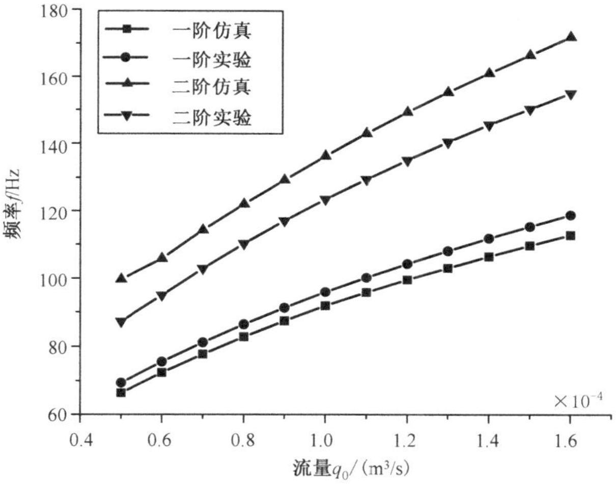

图 9-17　q_0 变化下固有频率的试验与仿真对比图

根据图 9-16 可知,随着磁液比例系数 K 增大,一阶、二阶固有频率的试验结果以及仿真结果均逐渐减小;一阶固有频率的试验结果略高于仿真结果,且误差随 K 的增加由 15.5 Hz (12.6%)逐渐降低至 0.5 Hz (1.2%);二阶固有频率的试验结果略低于仿真结果,且误差随 K 的增加由 22.2 Hz (11.6%)逐渐降低至 5.0 Hz (8.2%),处于工程允许范围之内。

根据图 9-17 可知,随着流量 q_0 增大,一阶、二阶固有频率的试验结果以及仿真结果均逐渐增大;一阶固有频率的试验结果略高于仿真结果,且误差随 q_0 的增加由 3.1 Hz (4.5%)逐渐增加至 13.0 Hz (5.3%);二阶固有频率的试验结果略低于仿真结果,且误差随 q_0 的增加由 12.5 Hz (9.2%)逐渐增加至 113.7 Hz (9.8%),处于工程允许范围之内。

同理，得到了磁液比例系数、流量与响应幅值之间的影响作用关系，如图 9-18、图 9-19 所示。

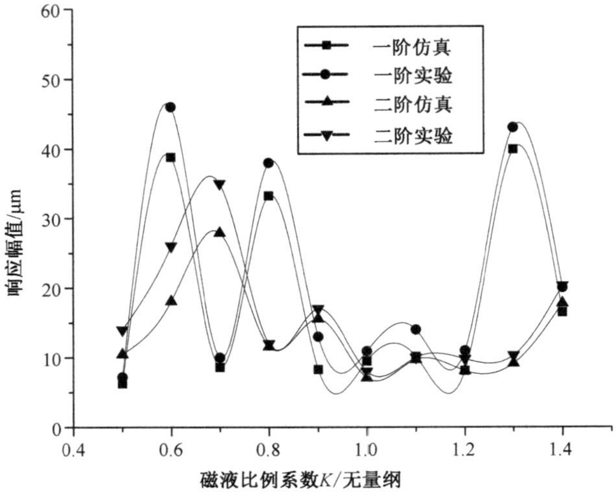

图 9-18　响应幅值随 K 的变化曲线

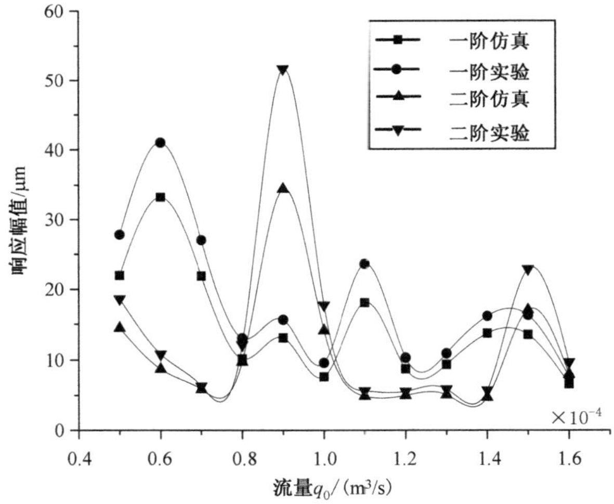

图 9-19　响应幅值随 q_0 的变化曲线

根据图 9-18 可知，一阶、二阶固有频率下响应幅值的试验结果均略高于仿真结果；当 K 为 0.6、0.5 时，一阶固有频率下响应幅值误差的最大值、最小值分别为 7.18 μm (18.5%)、0.95 μm (15.2%)；当 K 为 0.7、1.1 时，二阶固有频率下响应幅值误差的最大值、最小值分别为 7.14 μm (25.6%)、0.29 μm (3.0%)，处于工程允许范围之内。

根据图 9-19 可知，一阶、二阶固有频率下响应幅值的试验结果均略高于仿真结果；当 q_0

为 0.6×10^{-4} m^3/s、1.6×10^{-4} m^3/s 时，一阶固有频率下响应幅值误差的最大值、最小值分别为 7.77 μm（23.4%）、0.99 μm（15.0%）；当 q_0 为 0.9×10^{-4} m^3/s、0.7×10^{-4} m^3/s 时，二阶固有频率下响应幅值误差的最大值、最小值分别为 17.66 μm（39.6%）、0.46 μm（7.9%），处于工程允许范围之内。

9.4　本章小结

本章通过对转子进行模态分析，得到转子第一、二阶固有频率与磁液双悬浮轴承双参数之间的规律；对转子进行谐响应分析，提取第一、二阶固有频率下轴颈 1 处、轴颈 2 处以及转盘处的响应幅值，得到转子共振时的响应幅值与双参数之间的规律。研究结果表明：在磁液比例系数 K 与流量 q_0 共同影响下，转子的各阶固有频率随着磁液比例系数 K 的减小以及流量 q_0 的增大而趋于增大。一阶固有频率下转子三个数据提取点发生碰撞的数域分别为 7、7、7 个；二阶固有频率下发生碰撞的数域分别为 6、5、2 个。在磁液比例系数 K 与液膜厚度 h_0 共同影响下，转子的各阶固有频率随磁液比例系数 K 的减小以及液膜厚度 h_0 的减小而趋于增大；一阶固有频率下三个数据提取点发生碰撞的数域分别为 1、3、4 个；二阶固有频率下发生碰撞的数域分别为 1、1、0 个。在流量 q_0 与液膜厚度 h_0 共同影响下，转子的各阶固有频率随流量 q_0 的增大以及液膜厚度 h_0 的减小而趋于增大；一阶固有频率下三个数据提取点发生碰撞的数域分别为 0、1、1 个；二阶固有频率下发生碰撞的数域分别为 2、1、0 个。这为磁液双悬浮轴承拥有较好的各级固有频率、较为理想的响应幅值以及规避转子与轴承定子、机匣发生碰撞，提供了一定的数据支撑。

此外通过对固有频率及其响应幅值的试验结果和仿真结果进行对比分析，研究结果表明：

（1）关于磁液比例系数 K 与固有频率的规律，一阶固有频率的试验结果略高于仿真结果，且误差随 K 的增加逐渐降低；二阶固有频率略低于仿真结果，且误差随 K 的增加逐渐降低；最大误差比例不超过 12.6%（$K=0.5$）。

（2）关于流量 q_0 与固有频率的规律，一阶固有频率的试验结果略高于仿真结果，且误差随 q_0 的增加逐渐增加；二阶固有频率略低于仿真结果，且误差随 q_0 的增加逐渐增加；最大误差比例不超过 9.8%（$q_0=1.6\times10^{-4}$ m^3/s）。

（3）关于磁液比例系数 K 与响应幅值的规律，各阶固有频率下响应幅值的试验结果均略高于仿真结果，且最大误差比例不超过 25.6%（$K=0.7$）。

（4）关于流量 q_0 与响应幅值的规律，各阶固有频率下响应幅值的试验结果均略高于仿真结果，且最大误差比例不超过 39.6%（$q_0=0.9\times10^{-4}$ m^3/s）。

参考文献

[1] Tamisier V, Font S, Lacour M, et al. Attenuation of Vibrations Due to Unbalance of an Active magnetic Bearings Milling Electro-Spindle [J]. CIRP Annals-Manufacturing Technology, 2001, 50(1): 255-258.

[2] Matras A L, Flowers G T, Fuentes R, et al. Suppression of Persistent Rotor Vibrations Using Adaptive Techniques [J]. Journal of Vibration & Acoustics, 2003, 128(6): 682-689.

[3] Herzog R, Buhler P, Gahler C, et al. Unbalance Compensation Using Generalized Notch Filters in the Multivariable Feedback of Magnetic Bearings [J]. IEEE Trans. Control Sys. Tech, 1996, 4(5): 580-586.

[4] 靳光华，胡升魁，张锦文. 主动磁悬浮轴承的原理结构[M]. 上海：上海微电机研究所，1983.

[5] 杨泉林. 磁悬浮实验列车模型的解耦控制系统[J]. 自动化学报，1989，15(1)：23-29.

[6] 杜国伟，王有志，杨国军，等. 165 kW 鼓风机改型电磁轴承后转子动力学分析与试验[J]. 风机技术，2017，59(4)：39-44.

[7] Yang G, Shi Z, Mo N, et al. Research on Active Magnetic Bearing Applied in Chinese Modular High-Temperature Gas-Cooled Reactor [J]. Progress in Nuclear Energy, 2014(77): 352-360.

[8] Xu Y, Di L, Zhou J, et al. Active Magnetic Bearings Used as Exciters for Rolling Element Bearing Outer Race Defect Diagnosis [J]. Isa Transactions, 2016(61): 221-228.

[9] Xu Y, Zhou J, Di L, et al. Active Magnetic Bearings Dynamic Parameters Identification from Experimental Rotor Unbalance Response [J]. Mechanical Systems & Signal Processing, 2016(83): 228-240.

[10] 李万杰，张国民，王新文，等. 飞轮储能系统用超导电磁混合磁悬浮轴承设计[J]. 电工技术学报，2020，35(1)：10-18.

[11] 张维煌，朱烷秋，袁野. 磁悬浮轴承应用发展及关键技术综述[J]. 电工技术学报，2015，30(12)：12-20.

[12] 张瑞涛. 高精度高刚度双锥支撑液体静压转台设计与研制[D]. 哈尔滨：哈尔滨工业大学，2020.

第10章 碰撞状态下转子的瞬态动力学特性分析

10.1 瞬态动力学分析的理论基础

瞬态动力学分析被用于求解结构受到随时间任意变化外载荷时的动力学响应,其中动力学响应包括结构在时间变量下的位移、应力以及应变。在瞬态动力学分析中由于需要表达载荷与时间之间的关联性,惯性力、阻尼是不能被忽略的。若不计惯性力、阻尼,那么本质上等同于静力学分析。

线性结构的瞬态动力学平衡方程如下所示:

$$[\boldsymbol{M}]\{\ddot{\mu}\} + [\boldsymbol{C}]\{\dot{\mu}\} + [\boldsymbol{K}]\{\mu\} = [\boldsymbol{F}^a] \tag{10-1}$$

在 ANSYS 中针对式(10-1)的求解方法分别为完全法、模态叠加法和缩减法。其中完全法、缩减法通过对瞬态动力学平衡方程直接积分求解,即使用 Newmark 方法和改进的 HHT 方法;模态叠加法通过坐标转换把瞬态动力学平衡方程进行解耦后再求解。以下对直接积分法、模态叠加法进行详细介绍。

10.1.1 直接积分法

在 ANSYS 中,瞬态动力学问题的求解通常使用隐式 Newmark 方法、HHT 方法。Newmark 方法使用有限差分法,在 Δt 内有:

$$\{\dot{\mu}_{n+1}\} = \{\dot{\mu}_n\} + [(1-\delta)\{\dot{\mu}_n\} + \delta\{\ddot{\mu}_{n+1}\}]\Delta t \tag{10-2}$$

$$\{\boldsymbol{\mu}_{n+1}\} = \{\boldsymbol{\mu}_n\} + \{\dot{\mu}_n\}\Delta t + \left[\left(\frac{1}{2}-\alpha\right)\{\ddot{\mu}_n\} + \alpha\{\ddot{\mu}_{n+1}\}\right]\Delta t^2 \tag{10-3}$$

上式中,α 和 δ 为 Newmark 积分参数。

为了计算位移 μ_{n+1},t_{n+1} 时刻下的动力学平衡方程表达为:

$$[\boldsymbol{M}]\{\ddot{\mu}_{n+1}\} + [\boldsymbol{C}]\{\dot{\mu}_{n+1}\} + [\boldsymbol{K}]\{\mu_{n+1}\} = [\boldsymbol{F}^a] \tag{10-4}$$

为了求解 μ_{n+1},把式(10-2)、式(10-3)重新排列得:

$$\{\ddot{\mu}_{n+1}\} = a_0(\{\boldsymbol{\mu}_{n+1}\} - \{\boldsymbol{\mu}_n\}) - a_2\{\dot{\mu}_n\} - a_3\{\ddot{\mu}_n\} \tag{10-5}$$

$$\{\dot{\mu}_{n+1}\} = \{\dot{\mu}_n\} + a_6\{\ddot{\mu}_n\} + a_7\{\ddot{\mu}_{n+1}\} \tag{10-6}$$

式中，$a_0 = \frac{1}{\alpha\Delta t^2}$；$a_1 = \frac{\delta}{\alpha\Delta t}$；$a_3 = \frac{1}{2\alpha} - 1$；$a_4 = \frac{\delta}{\alpha} - 1$；$a_5 = \frac{\Delta t}{2}\left(\frac{\delta}{\alpha} - 2\right)$；$a_6 = \Delta t(1 - \delta)$；$a_7 = \Delta t\delta$。

若将式(10-5)代入式(10-6)中，那么 $\ddot{\mu}_{n+1}$、$\dot{\mu}_{n+1}$ 可以通过 $\boldsymbol{\mu}_{n+1}$ 来表达。由式(10-4)至式(10-6)得：

$$(a_0[\boldsymbol{M}] + a_1[\boldsymbol{C}] + [\boldsymbol{K}])\{\mu_{n+1}\} = \{\boldsymbol{F}^a\} + [\boldsymbol{M}](a_0\{\mu_n\} + a_2\{\dot{\mu}_n\} + a_3\{\ddot{\mu}_n\}) + [\boldsymbol{C}](a_1\{\boldsymbol{\mu}_n\} + a_4\{\dot{\mu}_n\} + a_5\{\ddot{\mu}_n\}) \tag{10-7}$$

一旦求解出 μ_{n+1}，速度与加速度均可通过式(10-5)、式(10-6)求得。初始施加在节点的速度、加速度可以通过位移约束以及式(10-3)求得。

根据 Ziekiewicz 理论，通过式(10-2)、式(10-3)得到的 Newmark 方法必须满足：

$$\alpha \geqslant \frac{1}{4}\left(\frac{1}{2} + \delta\right)^2,\ \delta \geqslant \frac{1}{2},\ \frac{1}{2} + \delta + \alpha > 0 \tag{10-8}$$

其中参数根据式(10-9)输入：

$$\alpha = \frac{1}{4}(1 + \gamma)^2,\ \delta = \frac{1}{2} + \gamma \tag{10-9}$$

式中，γ 为振幅衰减因子。

根据式(10-8)、式(10-9)可知，$\delta = \frac{1}{2} + \gamma$，$\alpha \geqslant \frac{1}{4}(1 + \gamma)^2$，且 $\gamma \geqslant 0$。因此只要 $\gamma \geqslant 0$，求解便是稳定的。

以下为 HTT 方法。

$$[\boldsymbol{M}]\{\ddot{\mu}_{n+1-\alpha_m}\} + [\boldsymbol{C}]\{\dot{\mu}_{n+1-\alpha_f}\} + [\boldsymbol{K}]\{\boldsymbol{\mu}_{n+1-\alpha_f}\} = \{\boldsymbol{F}^a_{n+1-\alpha_f}\} \tag{10-10}$$

式中，$\{\ddot{\mu}_{n+1-\alpha_m}\} = (1 - \alpha_m)\{\ddot{\mu}_{n+1}\} + \alpha_m\{\ddot{\mu}_n\}$；$\{\boldsymbol{\mu}_{n+1-\alpha_f}\} = (1 - \alpha_f)\{\boldsymbol{\mu}_{n+1}\} + \alpha_f\{\boldsymbol{\mu}_n\}$；$\{\boldsymbol{F}^a_{n+1-\alpha_f}\} = (1 - \alpha_f)\{\boldsymbol{F}^a_{n+1}\} + \alpha_f\{\boldsymbol{F}^a_n\}$。

在 HTT 方法中，四个参数 α、δ、α_f、α_m 分别为：

$$\begin{cases} \alpha = \frac{1}{4}(1 + \gamma)^2 \\ \delta = \frac{1}{2} + \gamma \\ \alpha_f = \gamma \\ \alpha_m = 0 \end{cases} \tag{10-11}$$

α、δ、α_f、α_m 均可直接输入，但是考虑二阶系统的无条件稳定、时间积分的准确性，参数应该遵循以下关系：

$$\begin{cases} \delta \geqslant \dfrac{1}{2} \\ \alpha \geqslant \dfrac{1}{2}\delta \\ \delta = \dfrac{1}{2} - \alpha_m + \alpha_f \\ \alpha_m \leqslant \alpha_f \leqslant \dfrac{1}{2} \end{cases} \tag{10-12}$$

此时若 α_f 和 α_m 同时为 0,则 HTT 方法本质上等同于 Newmark 方法。

把式(10-12)、式(10-2)代入式(10-10),可得:

$$\begin{aligned} &(a_0[\boldsymbol{M}] + a_1[\boldsymbol{C}] + (1-\alpha_f)[\boldsymbol{K}])\{\boldsymbol{\mu}_{n+1}\} = (1-\alpha_f)\{\boldsymbol{F}_{n+1}^a\} + \alpha_f\{\boldsymbol{F}_n^a\} - \\ &\alpha_f\{\boldsymbol{F}_n^{\text{int}}\} + [\boldsymbol{M}](a_0\{\boldsymbol{\mu}_n\} + a_2\{\dot{\mu}_n\} + a_3\{\ddot{\mu}_n\}) + [\boldsymbol{C}] \end{aligned} \tag{10-13}$$

式中,$a_0 = \dfrac{1-\alpha_m}{\alpha\Delta t^2}$;$a_1 = \dfrac{(1-\alpha_f)\delta}{\alpha\Delta t}$;$a_2 = \dfrac{1-\alpha_m}{\alpha\Delta t}$;$a_3 = \dfrac{1-\alpha_m}{2\alpha} - 1$;$a_4 = \dfrac{(1-\alpha_f)\delta}{\alpha} - 1$;$a_5 = (1-\alpha_f)\left(\dfrac{\delta}{2\alpha} - 1\right)\Delta t$。

通过式(10-10)与式(10-13)之间的对比发现,HTT 方法是将两个连续步长的线性组合来实现瞬态动力学平衡方程。α_f 和 α_m 是两个额外的参数。

在给定幅值衰减因子 γ 时,其余的 4 个参数分别为:

$$\begin{cases} \alpha = \dfrac{1}{4}(1+\gamma)^2 \\ \delta = \dfrac{1}{2} + \gamma \\ \alpha_f = 0 \\ \alpha_m = -\gamma \end{cases} \tag{10-14}$$

或者为:

$$\begin{cases} \alpha = \dfrac{1}{4}(1+\gamma)^2 \\ \delta = \dfrac{1}{2} + \gamma \\ \alpha_f = \dfrac{1-\gamma}{2} \\ \alpha_m = \dfrac{1-3\gamma}{2} \end{cases} \tag{10-15}$$

10.1.2 模态叠加法

对于模态叠加法,式(10-1)中的 $\{\boldsymbol{F}^{a}\}$ 可用下式来表达:

$$\{\boldsymbol{F}^{a}\} = \{\boldsymbol{F}^{nd}\} + s\{\boldsymbol{F}^{s}\} \tag{10-16}$$

式中, $\{\boldsymbol{F}^{nd}\}$ 为时间变量下的节点力;s 为矢量载荷比例因子; $\{\boldsymbol{F}^{s}\}$ 为模态分析中的载荷矢量。

利用模态坐标 y_i 的线性组合来表示节点位移 $\{\boldsymbol{\mu}\}$:

$$\{\boldsymbol{\mu}\} = \sum_{i=1}^{n}\{\boldsymbol{\phi}_i\}y_i \tag{10-17}$$

式中, $\{\phi_i\}$ 为第 i 阶振型;n 为模态数量。

对式(10-17)观察得到,通过模态叠加法对瞬态动力学问题进行求解的过程中模态分析是必不可少的,因为其节点位移包含了模态振型。

把式(10-17)代入式(10-1),得:

$$[\boldsymbol{M}]\sum_{i=1}^{n}\{\boldsymbol{\phi}_i\}\ddot{y}_i + [\boldsymbol{C}]\sum_{i=1}^{n}\{\boldsymbol{\phi}_i\}\dot{y}_i + [\boldsymbol{K}]\sum_{i=1}^{n}\{\boldsymbol{\phi}_i\}y_i = \{\boldsymbol{F}^{a}\} \tag{10-18}$$

对式(10-18)左乘典型模态振型 $\{\boldsymbol{\varphi}_i\}^{\mathrm{T}}$:

$$\{\boldsymbol{\phi}_i\}^{\mathrm{T}}[\boldsymbol{M}]\sum_{i=1}^{n}\{\boldsymbol{\phi}_i\}\ddot{y}_i + \{\boldsymbol{\phi}_i\}^{\mathrm{T}}[\boldsymbol{C}]\sum_{i=1}^{n}\{\boldsymbol{\phi}_i\}\dot{y}_i + \{\boldsymbol{\phi}_i\}^{\mathrm{T}}[\boldsymbol{K}]\sum_{i=1}^{n}\{\boldsymbol{\phi}_i\}y_i = \{\phi_i\}^{\mathrm{T}}\{\boldsymbol{F}^{a}\} \tag{10-19}$$

自然模态的正交条件为:

$$\{\boldsymbol{\phi}_j\}^{\mathrm{T}}[\boldsymbol{K}]\{\boldsymbol{\phi}_i\} = 0, i \neq j \tag{10-20}$$

$$\{\boldsymbol{\phi}_j\}^{\mathrm{T}}[\boldsymbol{M}]\{\boldsymbol{\phi}_i\} = 0, i \neq j \tag{10-21}$$

将以上正交条件代入式(10-19)中得:

$$\{\boldsymbol{\phi}_j\}^{\mathrm{T}}[\boldsymbol{M}]\sum_{i=1}^{n}\{\boldsymbol{\phi}_j\}\ddot{y}_j + \{\boldsymbol{\phi}_j\}^{\mathrm{T}}[\boldsymbol{C}]\sum_{i=1}^{n}\{\boldsymbol{\phi}_j\}\dot{y}_j + \{\boldsymbol{\phi}_j\}^{\mathrm{T}}[\boldsymbol{K}]\sum_{i=1}^{n}\{\boldsymbol{\phi}_j\}y_j = \{\boldsymbol{\phi}_j\}^{\mathrm{T}}\{\boldsymbol{F}^{a}\} \tag{10-22}$$

利用质量矩阵来进行归一化,得到 $\ddot{y}_j$ 的系数为:

$$\{\boldsymbol{\phi}_j\}^{\mathrm{T}}[\boldsymbol{M}]\{\boldsymbol{\phi}_j\} = 0 \tag{10-23}$$

$\dot{y}_j$ 的系数为:

$$\{\boldsymbol{\phi}_j\}^{\mathrm{T}}[\boldsymbol{C}]\{\boldsymbol{\phi}_j\} = 2\xi_j\omega_j \tag{10-24}$$

y_j 的系数为:

$$\{\boldsymbol{\phi}_j\}^{\mathrm{T}}[\boldsymbol{K}]\{\boldsymbol{\phi}_j\} = \omega_j^2 \tag{10-25}$$

为了便于书写,设:

$$f_i = \{\boldsymbol{\phi}_j\}^{\mathrm{T}}\{\boldsymbol{F}^a\} \tag{10-26}$$

将式(10-23)至式(10-26)代入式(10-22)中,得:

$$\ddot{y}_j + 2\omega_j\xi_j\dot{y}_j + \omega_j^2 y_j = f_j \tag{10-27}$$

因为 j 表示任意模态,那么 n 个 y_j 的解耦方程均可通过式(10-27)表达。模态叠加法中最耗费计算时间的部分在模态分析中已经计算完成,因此该方法的计算效率较高。求解式(10-27)得到关于模态域的解,进一步通过式(10-17)转换得到结构的位移矢量。

若通过缩减法模态分析,则通过模态叠加法进行瞬态分析时方程中的刚度矩阵、阻尼矩阵、载荷矢量也应该按照主自由度计算。

若通过 QR 方法模态分析,模态坐标运动微分方程如下所示:

$$[\boldsymbol{I}]\{\ddot{y}\} + [\boldsymbol{\Phi}]^{\mathrm{T}}[\boldsymbol{C}][\boldsymbol{\Phi}]\{\dot{y}\} + ([\boldsymbol{\Lambda}^2] + [\boldsymbol{\Phi}]^{\mathrm{T}}[\boldsymbol{K}_{unsym}][\boldsymbol{\Phi}])\{y\} = [\boldsymbol{\Phi}]^{\mathrm{T}}\{\boldsymbol{F}\} \tag{10-28}$$

式中,$\{\boldsymbol{\Phi}\}$ 为利用质量矩阵对原式进行归一化得到的实特征向量矩阵;$[\boldsymbol{\Lambda}^2]$ 为由 ω_i^2 形成的对角矩阵;$[\boldsymbol{K}_{unsym}]$ 为刚度矩阵的非对称部分。

QR 方法适用于阻尼矩阵是非对称矩阵的情况下。

10.2　碰撞下径向激励对转子动力学特性的影响规律

10.2.1　碰撞载荷下转子的动力方程

通过磁液双悬浮轴承径向支承下转子的五自由度动力方程,推导出碰撞状态下转子的五自由度瞬态动力方程如下所示:

$$\begin{cases}
m\ddot{x} + c_1(\dot{x} - \dot{x}_1) - c_2(\dot{\theta}_y - \dot{\theta}_{y1}) + k_{rr}(x - x_1) - k_{r\phi}(\theta_y - \theta_{y1}) + F_{px} = m\delta\Omega^2\cos\Omega t \\
m\ddot{y} + c_1(\dot{y} - \dot{y}_1) + c_2(\dot{\theta}_x - \dot{\theta}_{x1}) + k_{rr}(y - y_1) + k_{r\phi}(\theta_x - \theta_{x1}) + F_{py} = m\delta\Omega^2\cos\Omega t - mg \\
J_d\theta_x + J_p\Omega\dot{\theta}_y + c_3(\dot{y} - \dot{y}_1) + c_4(\dot{\theta}_x - \dot{\theta}_{x1}) + k_{\phi r}(y - y_1) + k_{\phi\phi}(\theta_x - \theta_{x1}) = 0 \\
J_d\theta_y - J_p\Omega\dot{\theta}_x - c_3(\dot{x} - \dot{x}_1) + c_4(\dot{\theta}_y - \dot{\theta}_{y1}) - k_{\phi r}(x - x_1) + k_{\phi\phi}(\theta_y - \theta_{y1}) = 0 \\
m_a\ddot{x}_a - \gamma_2 c_1(\dot{x} - \dot{x}_1) + \gamma_2 c_2(\dot{\theta}_y - \dot{\theta}_{y1}) - \gamma_2 k_{rr}(x - x_1) + \gamma_2 k_{r\phi}(\theta_y - \theta_{y1}) + F_{bx} = 0 \\
m_a\ddot{y}_a - \gamma_2 c_1(\dot{y} - \dot{y}_1) - \gamma_2 c_2(\dot{\theta}_x - \dot{\theta}_{x1}) - \gamma_2 k_{rr}(y - y_1) - \gamma_2 k_{r\phi}(\theta_x - \theta_{x1}) + F_{by} = -m_a g \\
m_b\ddot{x}_b - \gamma_1 c_1(\dot{x} - \dot{x}_1) + \gamma_1 c_2(\dot{\theta}_y - \dot{\theta}_{y1}) - \gamma_1 k_{rr}(x - x_1) + \gamma_1 k_{r\phi}(\theta_y - \theta_{y1}) + F_{bx} = 0 \\
m_b\ddot{y}_b - \gamma_1 c_1(\dot{y} - \dot{y}_1) - \gamma_1 c_2(\dot{\theta}_x - \dot{\theta}_{x1}) - \gamma_1 k_{rr}(y - y_1) - \gamma_1 k_{r\phi}(\theta_x - \theta_{x1}) + F_{by} = -m_b g
\end{cases} \tag{10-29}$$

其中，F_{px}、F_{py} 表示转盘处所受碰磨力沿着水平及竖直方向的分力。

10.2.2 瞬态动力学分析前处理

以三角脉冲激励的幅值作为变量，通过 ANSYS Workbench 有限元分析软件对转子的转盘处施加峰值分别为 0 kN、10 kN、20 kN、30 kN、40 kN、50 kN 的径向激励，径向激励的方向沿着坐标轴 x 方向。瞬态动力学分析的载荷设置如表 10-1 所示，径向激励的脉冲形式如图 10-1 所示。

表 10-1 载荷设置

载荷步	载荷步 1 结束时间	载荷步 2 结束时间	载荷步 3 结束时间	初始载荷 子步时间	最小载荷 子步时间	最大载荷 子步时间
3	0.002 s	0.004 s	0.2 s	0.000 2 s	0.000 2 s	0.001 s

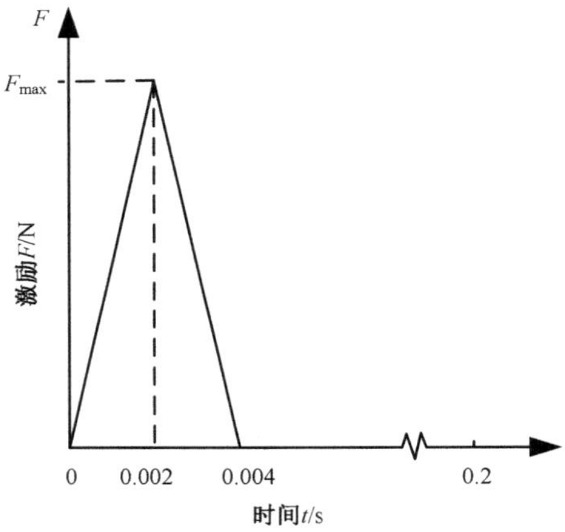

图 10-1 径向激励模型

转子的转速设定为 3 000 rpm，旋转一周用时为 0.02 s，载荷子步的设定意味着转子每转动一周数据采集点最多为 100 个，最少为 20 个，足以保证后处理结果的精度。

10.2.3 径向激励对转子动力学特性的影响规律

通过后处理中的“Probe”探针功能，提取转子上三个信号提取点沿 x、y 方向的位移响应，进而通过“Chart”功能合成轴心轨迹图。在不同峰值的径向激励作用下，轴颈 1 处、轴颈 2 处以及转盘处的轴心轨迹图分别如图 10-2、图 10-3、图 10-4 所示。

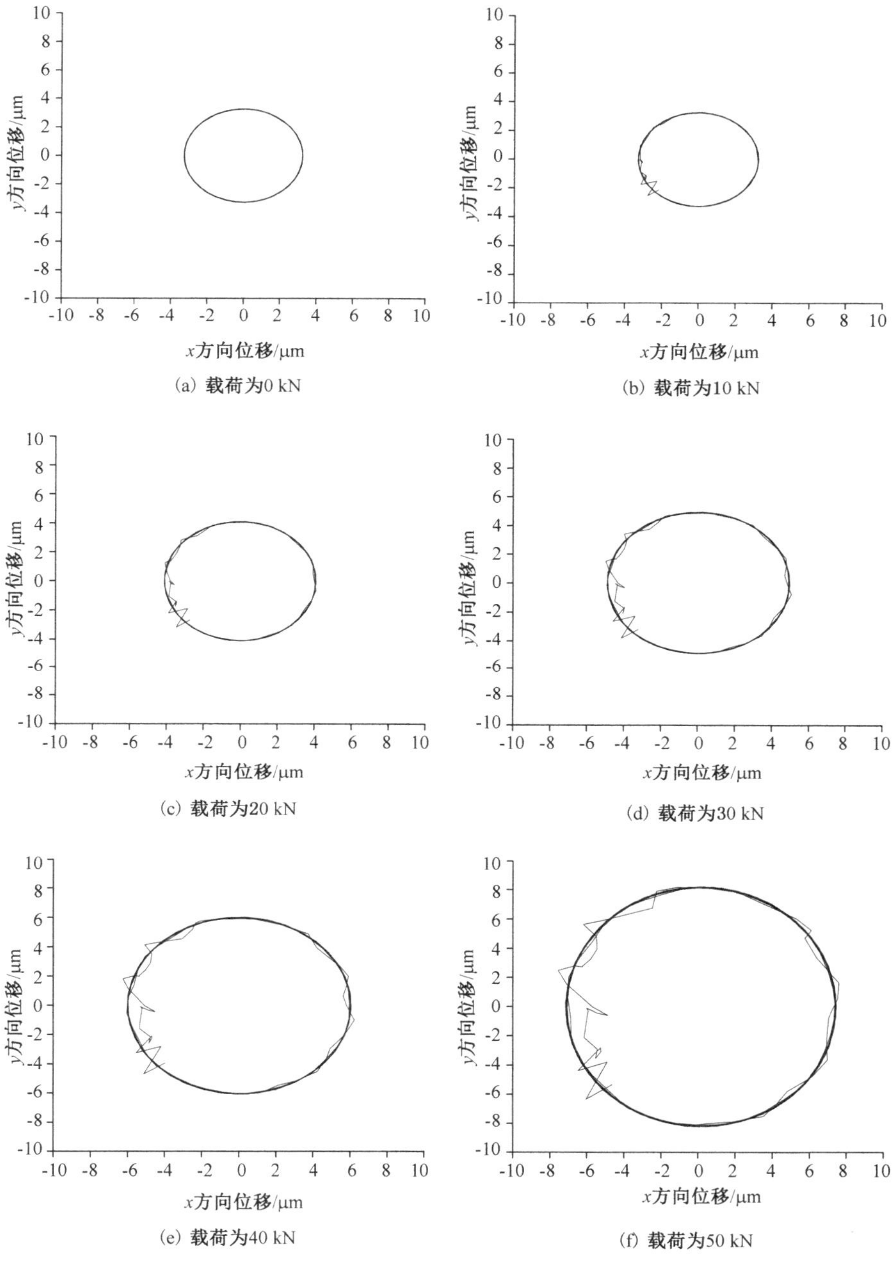

图 10-2　轴颈 1 处轴心轨迹图

各径向激励条件下轴颈 1 处的轴心轨迹图如图 10-2 所示。通过轴颈 1 处轴心轨迹对比可以发现,如图 10-2(a)所示,当未受到径向激励时,轴心作稳定的拟周期圆周运动;如图 10-2(b)至图 10-2(f)所示,当受到径向激励时,轴心会发生小幅振动,并且同时趋向稳定的拟周期圆周运动,最终保持拟周期圆周运动。当径向激励的峰值越大,轴心轨迹的振幅越大,趋向稳定的拟周期圆周运动所需的时间越长，同时拟周期圆周运动的半径越大。当径向激励峰值为 0 kN、10 kN、20 kN、30 kN、40 kN、50 kN 时，轴心所做拟周期圆周运动的半径分别为 3 μm、3 μm、4 μm、5 μm、6 μm、8 μm，当受到 50 kN 径向激励时，轴心趋于稳定后的运动范围是无径向激励时运动范围的 267%。

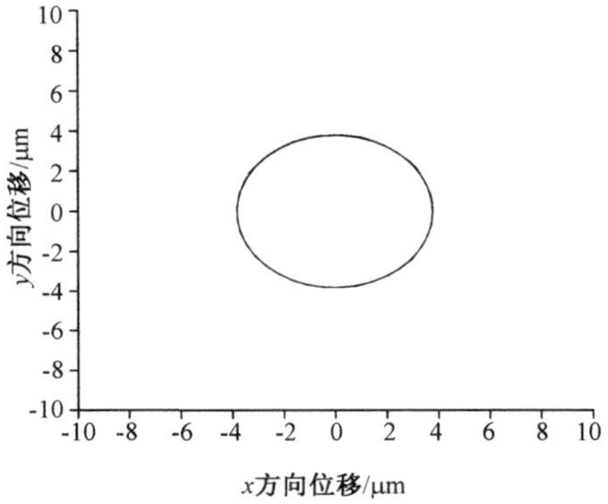

(a) 载荷为0 kN

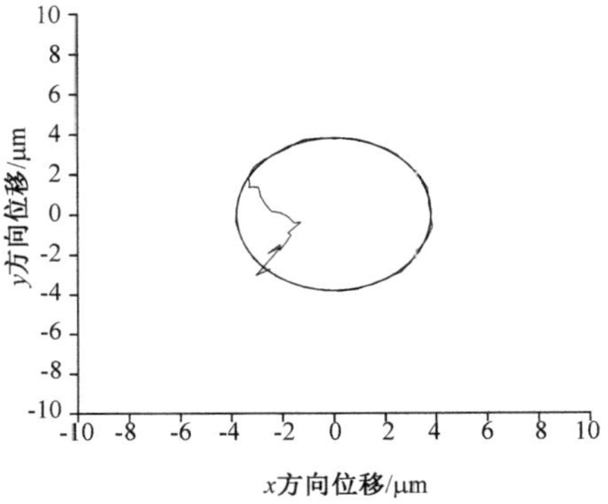

(b) 载荷为10 kN

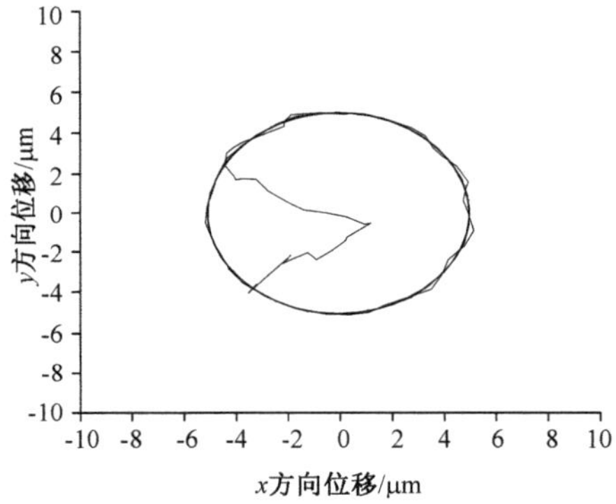

(c) 载荷为20 kN

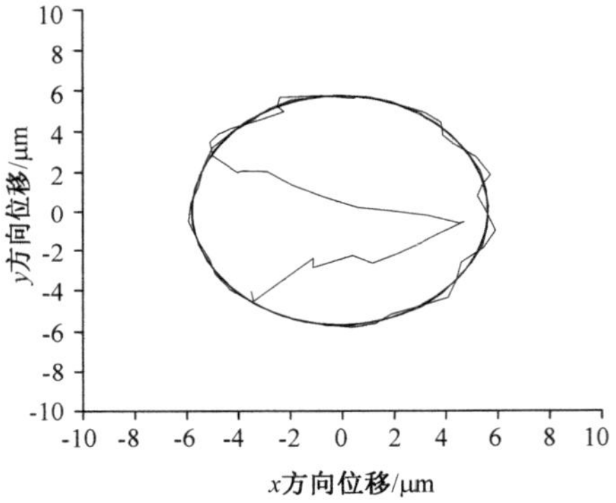

(d) 载荷为30 kN

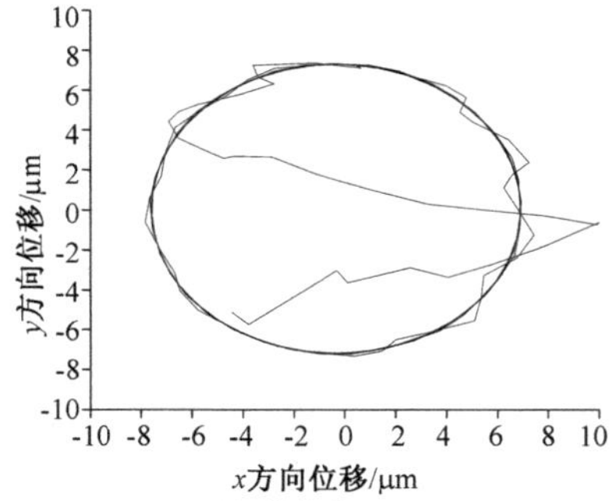

(e) 载荷为40 kN

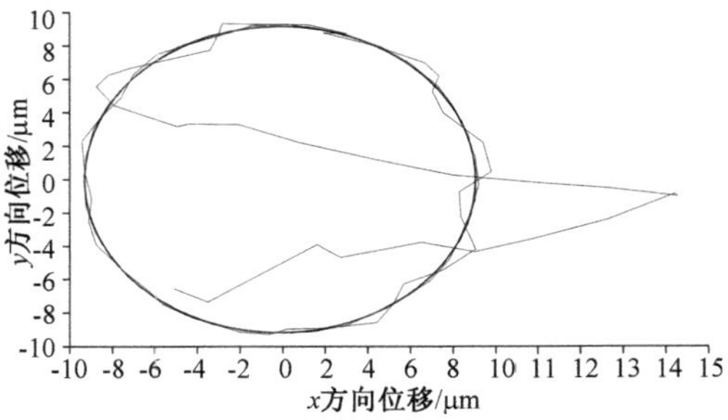

(f) 载荷为50 kN

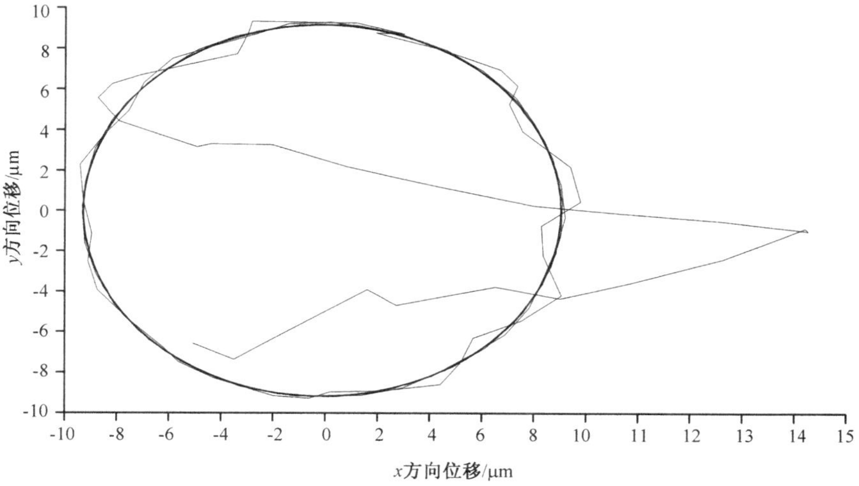

(f) 载荷为50 kN

图 10-3 轴颈 2 处轴心轨迹图

轴颈 2 处的轴心轨迹图如图 10-3 所示。通过轴颈 2 处轴心轨迹对比可以发现，如图 10-3(a)所示，当未受到径向激励时，轴心作稳定的拟周期圆周运动；如图 10-3(b)至图 10-3(f)所示，当受到径向激励时，首先轴心沿坐标轴 x 方向存在一次较大幅度振动，进而转向小幅振动，同时轴心作趋向稳定的拟周期圆周运动，并最终保持拟周期圆周运动。当径向激励的峰值越大，轴心沿 x 方向的首次振动的振幅越大，小幅振动的振幅越大，趋向稳定的拟周期圆周运动所需的时间越长，同时拟周期圆周运动的半径越大。当径向激励峰值为 0 kN、10 kN、20 kN、30 kN、40 kN、50 kN 时，轴心所作拟周期圆周运动的半径分别为 3. 7 μm、3. 8 μm、5 μm、10. 5 μm、7 μm、9 μm；轴心沿 x 方向的首次振动的幅值分别为 −3. 7 μm、−1. 5 μm、1 μm、4. 5 μm、10 μm、14. 5 μm。受到 50 kN 径向激励时，轴心趋于稳定后的运动范围是无径向激励时的 225%。

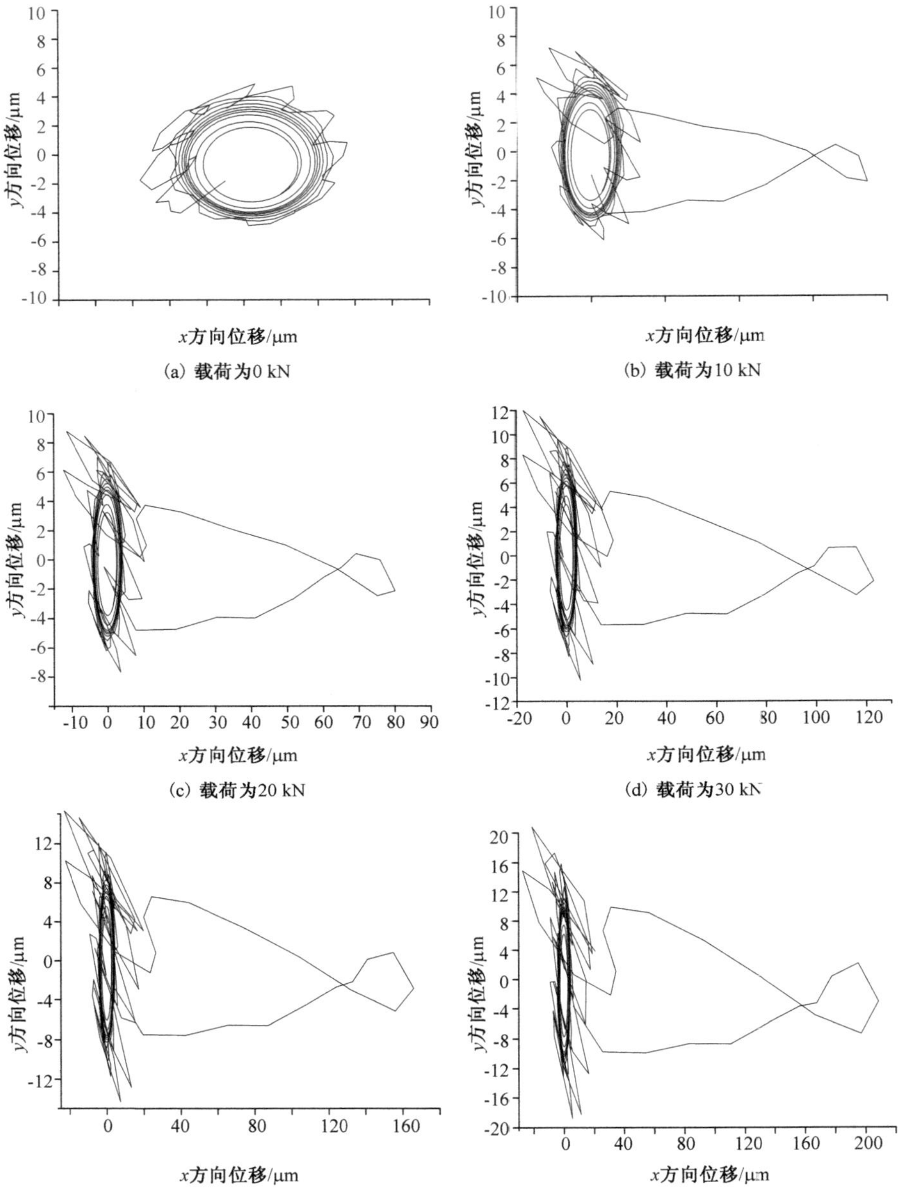

(a) 载荷为0 kN　(b) 载荷为10 kN　(c) 载荷为20 kN　(d) 载荷为30 kN　(e) 载荷为40 kN　(f) 载荷为50 kN

图 10-4　转盘处轴心轨迹图

各径向激励条件下转盘处的轴心轨迹图如图 10-4 所示。通过转盘处轴心轨迹对比可以发现,如图 10-4(a)所示,当未受到径向激励时,首先轴心以较大幅度的振动趋向于作圆周运动,进而圆周运动有向型心收敛的趋势;如图 10-4(b)至图 10-4(f)所示,当受到径向激励时,首先轴心沿坐标轴 x 方向存在一次极大幅度的振动,进而转向较大幅度的振动并且趋向作圆周运动,圆周运动同样有向型心收敛的趋势。同理,当径向激励的峰值越大,轴心沿 x 方向的首次振动的振幅越大,以越大幅值的振动趋向圆周运动,趋向圆周运动所需的时间越长,同时圆周运动的半径越大。当径向激励峰值为 0 kN、10 kN、20 kN、30 kN、40 kN、50 kN 时,轴心所作拟周期圆周运动的半径分别为 4 μm、4.5 μm、5 μm、6 μm、8 μm、10 μm,轴心趋于稳定后的运动范围是无径向激励时的运动范围的 250%。当径向激励峰值为 10 kN、20 kN、30 kN、40 kN、50 kN 时,在坐标轴上轴心沿 x 方向的首次振动的幅值分别为 37 μm、80 μm、125 μm、170 μm、210 μm。初始条件下转子与机匣之间的间隙为 100 μm,这意味当径向激励峰值超过 20 kN 时,转子很有可能与机匣发生连续碰撞。

通过比较同一径向激励条件下轴径 1 处、轴径 2 处以及转盘处的轴心轨迹图可以发现,轴心所作圆周运动半径的关系:转盘处>轴径 2 处>轴径 1;轴心趋向圆周运动之前的振动振幅的关系:转盘处>轴径 2 处>轴径 1 处。

转盘最大外圆处沿轴向的位移响应如图 10-5 所示。如图 10-5(a)所示,当径向激励峰值为 10 kN 时,转盘最大振动幅度为 0.53~-0.62 μm,经过约 0.03 s 达到稳定状态;如图 10-5(b)所示,当径向激励峰值为 50 kN 时,转盘最大振动幅度为 0.57~-0.66 μm,同样经过约 0.03 s 达到稳定状态。通过对比发现,径向激励幅值增大,导致转盘轴向振动的振幅增大 0.04 μm,增大的幅度有限,但是趋向稳定的时间以及稳定状态基本不受影响。

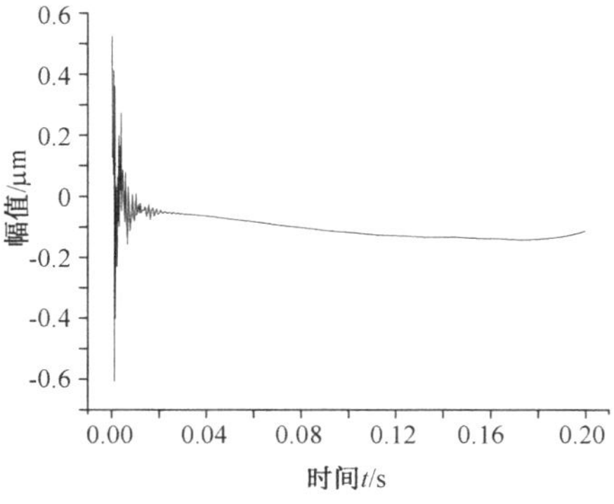

(a) 10 kN径向激励下转盘的轴向位移响应

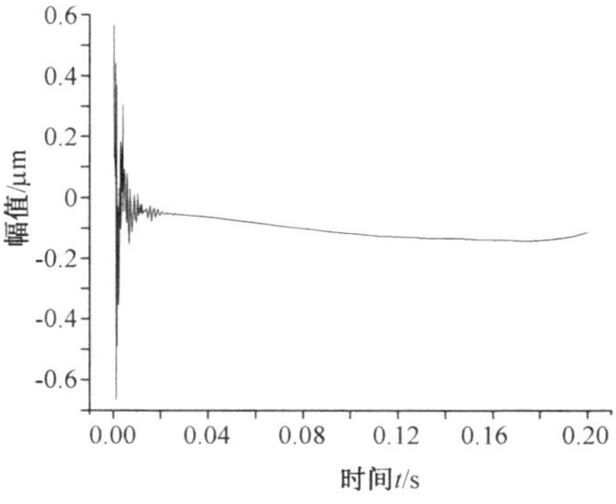

(b) 50 kN径向激励下转盘的轴向位移响应

图 10-5　转盘的轴向位移响应

10.3 连续碰撞对转子动力学特性的影响规律

实际情况中,转子与机匣的碰撞往往不是单次碰撞,而是从最初的单点碰摩,发展到多点碰摩,再到后期的整周摩擦。根据图 10-4 所示,当径向激励峰值超过 20 kN 时,转盘处振动的幅值超过了转子与机匣之间的间隙,因此可以判断转盘处会与机匣发生连续碰撞。本节将模拟转盘处发生连续碰撞时转子的瞬态动力学特性。

10.3.1 瞬态动力学分析前处理

在对转子进行瞬态动力学分析的前处理阶段,网格划分、边界条件以及模拟磁液双悬浮轴承施加的力约束条件的设置均与 10.2.2 中保持一致。施加的连续径向激励载荷由五次相同的三角脉冲激励组成,峰值为 10 kN,施加的方向同样沿着坐标轴 x 方向。瞬态动力学分析的载荷设置如表 10-2 所示,连续径向激励的脉冲形式如图 10-6 所示。

表 10-2 载荷设置

载荷步	1	2	3	4	5	6	7	8	9	10	11
结束时间/s	0.002	0.004	0.006	0.008	0.01	0.012	0.014	0.016	0.018	0.02	0.2

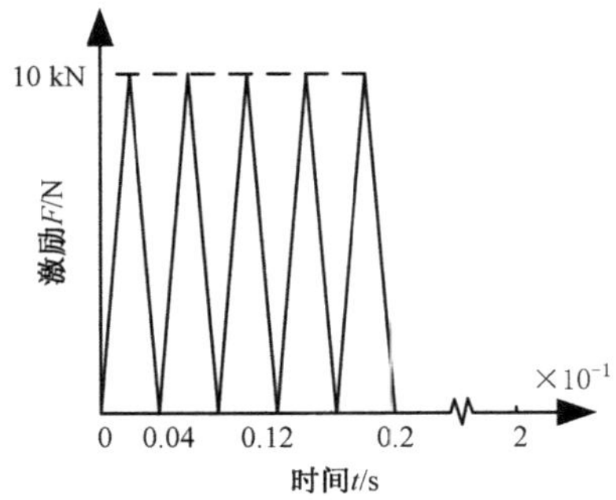

图 10-6 连续径向激励模型

10.3.2 连续碰撞下转子的动力学特性

通过后处理中的"Probe"探针功能与"Chart"功能合成轴心轨迹图。当转子的转盘处被施加峰值为 10 kN 的连续径向激励时,轴颈 1 处、轴颈 2 处以及转盘处的轴心轨迹图如图 10-7 所示。

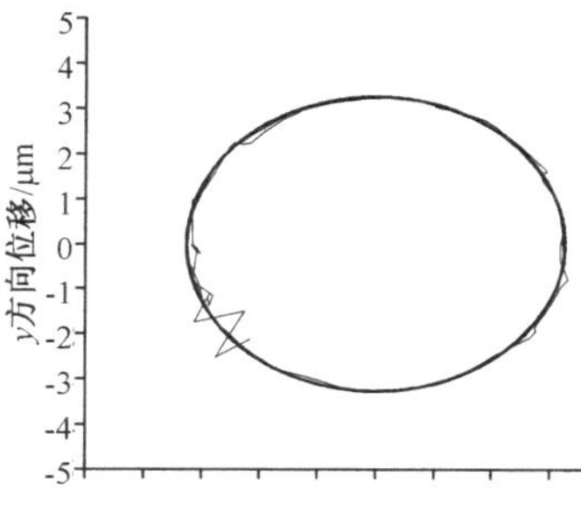

(a) 轴颈1处轴心轨迹

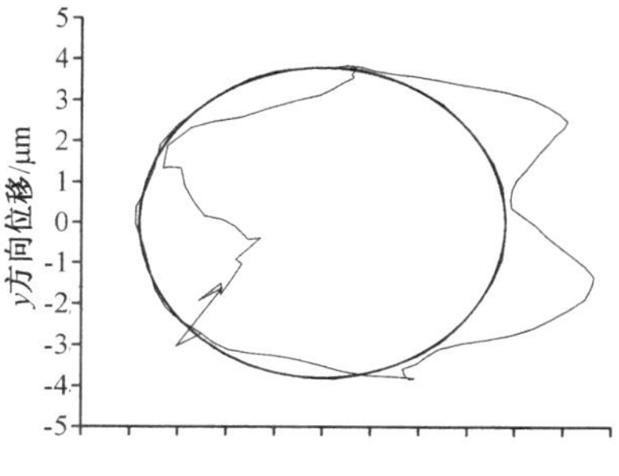

(b) 轴颈2处轴心轨迹

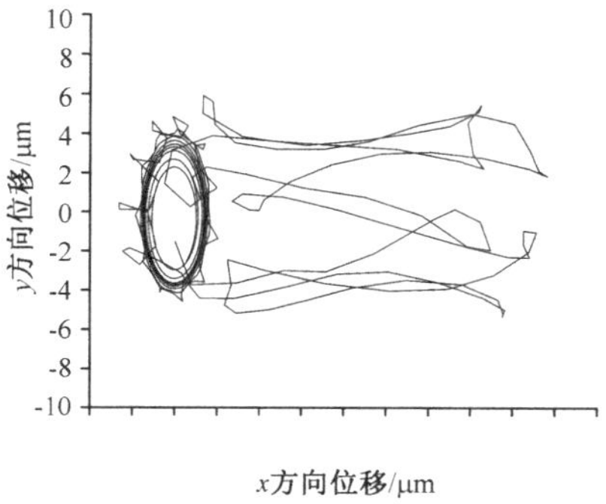

(c) 转盘处轴心轨迹

图 10-7　转子的轴心轨迹图

如图 10-7(a)所示,轴颈 1 处轴心会发生小幅振动,并且同时趋向稳定的拟周期圆周运动,最终保持半径为 3 μm 的拟周期圆周运动。通过与图 10-2(b)对比,轴心在连续径向激励下小幅振动与趋向稳定的时间相较于单次径向激励下的时间要长,但是两种情况下拟周期圆周运动的半径不发生变化。

如图 10-7(b)所示,轴颈 2 处轴心伴随着连续径向激励沿坐标轴 x 方向作连续较大幅度的振动,进而转向小幅振动,并且同时趋向稳定的拟周期圆周运动,最终保持半径为 3. 8 μm 的拟周期圆周运动。通过与图 10-3(b)对比,轴心在连续径向激励下作较大幅度振动的时间长、幅度大,但是两种情况下拟周期圆周运动的半径同样不发生变化。

如图 10-7(c)所示,转盘处轴心伴随着连续径向激励沿坐标轴 x 方向作连续大幅度的振动,振动幅值达到 43 μm,进而转向以较大幅度的振动趋向于作圆周运动,并且圆周运动有向型心收敛的趋势。通过与图 10-4(b)对比,轴心在连续径向激励下作较大幅度振动的时间更长、幅度更大,但是所作圆周运动的半径较小。

如图 10-8(a)所示,当受到峰值为 10 kN 的单次径向激励时,转盘最大振动幅度为 0. 53~−0. 62 μm,经过约 0. 03 s 达到稳定状态;如图 10-8(b)所示,当受到峰值为 10 kN 的连续径向激励时，转盘最大振动幅度仍然为 0.53～-0.62 μm，经过约 0.04 s 达到稳定状态。通过对比发现，相较于单次径向激励，连续径向激励导致转盘轴向振动趋于稳定的时间增加 0.01 s，但是转盘轴向振动的振幅基本不变。

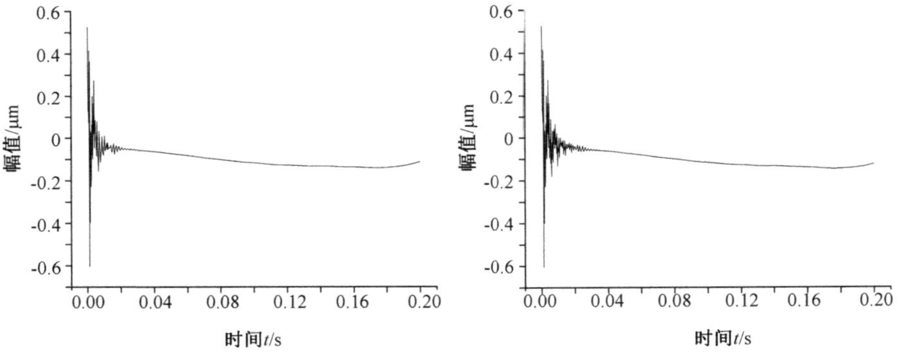

(a) 10 kN径向激励下转盘的轴向位移响应　　(b) 10 kN连续径向激励下转盘的轴向位移响应

图 10-8　转盘的轴向位移响应

10.4　本章小结

本章通过仿真不同峰值的径向激励以及不同碰撞次数作用下转子与机匣发生碰撞时的转子动力学特性，经过后处理技术得到转子的位移响应图、轴心轨迹、等效应力以及剪切应力分布图等。研究结果表明：

（1）当径向激励的峰值增大，轴颈 1 处、轴颈 2 处以及转盘处轴心轨迹的振幅增大，并且以越大的振幅、越长的时间趋向于稳定的圆周运动，同时圆周运动的半径也增大；三处信号提取点动力学特性的关系：转盘处>轴颈 2 处>轴颈 1 处。

（2）当径向激励的峰值增大，转盘处的轴向振幅增大，但是增大幅度有限，趋向稳定的时间以及稳定状态基本不变。

（3）在转子轴向尺寸上等效应力集中于轴颈 1 处、转盘处以及轴颈 2 处。径向激励的峰值增大，集中的等效应力越大，尤其是在轴颈 1 与转盘之间的中间轴、转盘处以及轴颈 2 处该规律更加明显。

（4）在转子轴向尺寸上剪切应力同样集中于轴颈 1 处、转盘处以及轴颈 2 处。径向激励的峰值增大，剪切应力分布情况基本相同，尤其是在轴颈 1 处、转盘处以及轴颈 2 处的剪切应力不随径向激励峰值的变化而改变。

（5）相较于单次径向激励，连续径向激励导致三处信号提取点的振幅更大，趋向稳定的圆周运动所需的时间越长，但是所作圆周运动的半径基本不变。

(6) 相较于单次径向激励,连续径向激励导致转盘轴向振动趋于稳定的时间增加 0.01 s,但是转盘的轴向振幅基本不变。

参考文献

[1] Xu Y, Zhou J, Di L, et al. Active Magnetic Bearings Dynamic Parameters Identification from Experimental Rotor Unbalance Response [J]. Mechanical Systems & Signal Processing, 2016 (83): 228-240.

[2] 徐铮. 专用磨床静压支承系统分析与仿真[D]. 兰州: 兰州理工大学, 2009.

[3] 郭大威. 滑动轴承的失效分析[M]. 北京: 机械工业出版社, 1985.

[4] Xu Y, Di L, Zhou J, et al. Active Magnetic Bearings Used as Exciters for Rolling Element Bearing Outer Race Defect Diagnosis [J]. Isa Transactions, 2016(61): 221-228.

[5] Rajasekhar N E, Sharma S C. Orifice Compensated Multirecess Hydrostatic/Hybrid Journal Bearing System of Various Geometric Shapes of Recess Operating with Micropolar Lubricant [J]. Tribology International, 2011, 44(3): 284-296.

[6] Gao D R, Zhao J H, Zhang Z C, et al. Study on the Influence of PM Flow Controller Parameters on the Performance of Liquid Hydrostatic Guide Way [J]. Chinese Journal of Mechanical Engineering, 2011, 47(18): 186-194.

[7] Bouzidane A, Thomas M. An Electrorheological Hydrostatic Journal Bearing for Controlling Rotor Vibration [J]. Computers & Structures, 2008, 86(35): 463-472.

[8] 范晋伟, 李相智, 穆东辉, 等. 基于 CFX 的液体静压轴承关键参数优化[J]. 制造技术与机床, 2019(7): 37-42,43.

[9] 熊万里, 胡灿, 吕浪, 等. 可控节流参数对液体静压轴承特性的影响研究[J]. 机械工程学报, 2018, 54(21): 63-71.

[10] 杜家磊, 闫攀运, 梁国柱. 涡轮泵流体静压轴承性能计算与试验研究[J]. 北京航空航天大学学报, 2018, 44(2): 322-332.

[11] 张祥雷, 冯伟, 陈站, 等. 主轴振动测试及温升对主轴振动的影响[J]. 机械工程师, 2014(2): 8-9.

[12] 姚方, 马希直. 辊压机液体静压轴承的设计及性能研究[J]. 润滑与密封, 2012, 37(4): 82-86, 101.

[13] 张晋琼. 基于 ANSYS 的液体静压轴承流固耦合分析[J]. 机械工程与自动化, 2016(6):

94-95.

[14] 张静. 气磁悬浮轴承结构设计与性能分析[D]. 扬州：扬州大学，2020.

[15] 赵宁. 磁气混合轴承中弹性箔片径向动压气体轴承的数值分析研究[D]. 南京：南京航空航天大学，2004.

[16] 王伟，姜洋，孙昊成，等. 磁液悬浮式离心血泵的性能仿真分析与实验研究[J]. 北华航天工业学院学报，2013，23(4)：4-6，10.

[17] 冯龙飞，云忠，徐军瑞，等. 一种轴流血泵的磁液双悬浮支承系统[J]. 中国医学物理学杂志，2018，35(8)：939-944.

[18] 舒崚峰，王洪杰，宫汝志. 磁液悬浮离心血泵的流场数值模拟及其优化设计[J]. 节能技术，2019(6)：540-544.

[19] 李万杰，张国民，王新文，等. 飞轮储能系统用超导电磁混合磁悬浮轴承设计[J]. 电工技术学报，2020，35(1)：10-18.

[20] 陈润霖，许吉敏，卫洋洋，等. 超导磁力与静压液膜力复合轴承的静动特性分析[J]. 摩擦学学报，2016，36(5)：531-537.

[21] Zhao J H, Zhou S L, Lu X H, et al. Numerical Simulation and Experimental Study of Heat-Fluid-Solid Coupling of Double Flapper-Nozzle Servo Valve [J]. Chinese Journal of Mechanical Engineering, 2015, 28(5): 1030-1038.